THE SHADOW WAR

JIM SCIUTTO

シャドウ・ウォー

中国・ロシアのハイブリッド戦争最前線

ジム・スキアット

小金輝彦 訳

原書房

シャドウ・ウォー

中国・ロシアのハイブリッド戦争最前線

目次

第一章
シャドウ・ウォーの渦中で

その政府高官は、ウェイターがテーブルに近づくたびに黙り込み、立ち去ってしまうまで口を開こうとはしなかった。かつてこの男は、私にとって会うのが最も難しい情報提供者のひとりだった。接触を試みるのはいつも私の方からで、ほとんどの場合断られるか何の返事も貰《もら》えなかった。だが今回は、相手の方から会いたいと言ってきた。もともとかなり用心深い男だったので、何か言いたいことがあるのだとわかった。彼がランチの場に選んだのは、密談をするには一風変わった場所だった。〈カフェ・ミラノ〉は、権力のうごめくワシントンＤＣのカリカチュアのようなレストランだった。法外な値段の料理、慇懃《いんぎん》な従業員、高価なワインリスト、紳士録に載っているワシントンおよび世界の実力者からなる客層……。そんな場所で、私たちは冷戦以降ではおそらく最も大胆で最も恐ろしいロシアの海外作戦について話し合っていた。

この春先にイギリスのソールズベリーで、元ＫＧＢのスパイであるセルゲイ・スクリパリとその娘のユリアを毒殺するよう指示したのは、ウラジーミル・プーチン本人であると西側諜報機関は確信している――私の情報提供者はそう言った。毒性の強いロシア製の神経剤ノビチョクを使ったこの殺人未遂事件は、イギリスとヨーロッパに衝撃を与えた。ノビチョクが使われたことが、とりわけ人々に不安を抱かせたのだ。ノビチョクは、これまでのアメリカ兵器のなかで最も強力な神経剤VXガス（二〇年以上前に製造・保有が禁止されている）よりも致死性が何倍も高く、体じゅうの神経信号を破壊し、反復的かつ制御不能な筋収縮をもたらして死に至らしめる。被害者は苦痛でのたうちまわり、嘔吐し、口から泡を吹く。その日、ソールズベリーの公園のベンチで発見されたとき、スクリパリ親子はまさにその状態だった。この攻撃が起きてから数か月のあいだ、私が会ったヨーロッパの政府関係者は、誰もが恐ろしそうにこの事件について語った。北大西洋条約機構（NATO）加盟国で人を殺害する可能性のある作戦を実行することで、ロシアは海外での非道な活動に関する新たな恐ろしい基準を設定したことになる。

アメリカと西側の情報機関は、そうした作戦がロシアの上層部の関与なしに実行されるはずはなく、層の厚いクレムリンにおいてもその指示をだせる幹部はプーチンだけだとすぐに推測した。だが、イギリス国内にいる人物の暗殺をロシア大統領が直接命じたとなると、事態は一段と深刻になる。そして私の情報提供者は、いまや西側の情報機関は、プーチンがそれを実行した可能性が非常に高いと結論づけていると語った。スクリパリの暗殺作戦によって、プーチンはふたつの明確なメッセージを発信したように思われた。ひとつは、イギリスと西側諸国に向けた「海外におけるロシアの暴力的行為に国境はない」というもの。そしてもうひとつは、ロシアの反体制派や批判家に向けた「世界のどこにいようと安全は保証されない」というものだ。

私の情報提供者は、さらに気になる情報を伝えるために身を乗りだした。いまやイギリスの捜査当局は、作戦を実行したロシア軍情報機関の職員二人が、数千人を殺害する量のノビチョクをイギリスに持ち込んだと断定しているというのだ。

「数千人？」私は思わず聞き返した。「そう、数千人だ」

西側情報機関は、ロシアの暗殺チームが、数千人のイギリス国民の殺害を企てているとは考えていなかった。だが、極めて危険な毒物をこれほど大量にイギリスに持ち込んだ大胆さは、イギリスの首脳部を啞然とさせた。持ち込まれたノビチョクがたとえ少量であっても、それに触れた人間に、膨大な危険をもたらすからだった。チャーリー・ロウリーとドーン・スタージェスという、スクリパリとは何のつながりもないソールズベリーの仕人ふたりが、ニナ・リッチの香水瓶に似せたノビチョク入りの小瓶を見つけたとき、それが証明された。この小瓶は、明らかにスクリパリの暗殺を企てた者たちが捨てたものだった。それを香水だと思い込んで手首に噴霧したスタージェスは数分もしないうちに具合が悪くなり、数日後に死亡した。ロウリーだけがかろうじて助かった。意外なことに、スクリパリと娘のユリアも、数週間の入院を経たあとで、なんとか命をとりとめたのだった。大量のノビチョクが密かにイギリスに持ち込まれたことで、さらなる死傷者が出る危険が高まった。モスクワは、それをいかに気にしていないか、とりわけイギリスと西側諸国の反応をいかに恐れていないかをはっきりと表明しているように見えた。これは、西側諸国内で起きたロシアによる化学兵器を使った攻撃で前例のないものだった。それとも、過去にもあったのだろうか？

スクリパリの毒殺未遂が明らかになったのと同じくらい衝撃的だったのは、その詳細な手口が私には極めてなじみ深いものだったことだ。一二年前、ＡＢＣニュースの上級海外特派員としてロンドンに駐在していた私は、ロシアの反体制活動家だったアレクサンドル・リトビネンコの暗殺事件を取材した。まるでジョン・ル・カレの小説から盗用したかのような筋書きに沿って、ふたりのロシア人工作員が、お茶のカップに放射性物質のポロニウム２１０を注入してリトビネンコの毒殺を図ったのだ。ポロニウム２１０には、ほんのわずかな量で数人を殺すだけの殺傷能力があった。その放射能があまりに強かったために、イギリスの捜査員たちは後からポロニウム２１０がどのようなルートでイギリスに入ってきて国内をどう移動したかその行程をあまねく追跡することができた。ふたりの工作員は旅客機でロンドンに到着し（座席番号は26Ｅと27Ｆ）、ピカデリー・サーカスのシャフツベリー・アベニューにあるベスト・ウェスタン・ホテルの部屋に入った。その後アーセナル・スタジアムでサッカーの試合を観戦してから、〈Ｉｔｓｕ寿司〉で初めてリトビネンコに会い、メイフェアにあるミレニアム・ホテルのパイン・バーで致死性の放射性物質を投与したのだった。

標的と凶器がセルゲイ・スクリパリの毒殺未遂のときとは違うが、その手口は一緒だった。クレムリンが国の敵とみなした男の国境を越えた暗殺に今回は成功したのだった。スクリパリと同じく、リトビネンコもソ連国家保安委員会（ＫＧＢ）の後継組織であるロシア連邦保安庁（ＦＳＢ）の元職員だった。リトビネンコは、ロシア諜報機関の非合法活動を公に非難したことで、一九九八年にＦＳＢから追放された。彼の最も衝撃的な告発内容は、一冊の本のなかに書かれている。それは、一九九九年に起きたモスクワ高層アパートの連続爆破テロを仕組んだのは、クレムリンが非難したチェチェンのテロリストではなく、ロシア大統領だったというものだ。その目的は、二〇〇〇年に行われる大統領選挙でプーチンを当選させることと、ロシアによる二回目のチェチェンへの軍事介入を正当化することにあったという。

二〇〇〇年に、リトビネンコは妻と息子を連れてロシアからイギリスへ亡命し、政治的亡命者としての保護を求めた。一年後に亡命が認められ、彼はイギリス国民となった。西側のNATO加盟国に新たに居を構えたことで、リトビネンコは安全な生活が送れるものと考えた。そして、ロシア指導者の犯罪と考えられる事件を、ロンドン在住のもうひとりのロシア反体制派でプーチンを批判していたボリス・ベレゾフスキーと組んで暴露しつづけた。亡くなる少し前、リトビネンコは、二〇〇六年に起きたロシア人ジャーナリストのアンナ・ポリトコフスカヤの暗殺は、プーチンの指示によるものだと非難していた。リトビネンコも、結局はスクリパリと同じで、FSBの手の届くところにいたことになる。

二〇〇六年の作戦は比類なく大胆なものだった。リトビネンコが毒物を投与されたミレニアム・ホテルは、ロンドンのアメリカ大使館からほんの半ブロックのところにあった。さらに驚くべきことに、使われた毒物は途方もない殺傷能力をもつものだった。当時、恐れをなしたイギリス当局者たちは、この事件をイギリス史上初めての化学兵器による攻撃で、ロンドンの街頭で汚い爆弾《ダーティーボム》を爆発させたようなものだと語っていた。そして、スクリパリの毒殺未遂のときのように、ロシアの工作員たちは、何千人ものイギリス国民を危険にさらしたのだ。

「イギリス人と海外からの観光客を含む何千人もの人々が、放射能に被曝《ひばく》する危険があったのです」二〇一六年の毒物投与に関するイギリスの公式審理の場で、捜査側の代理人となった弁護士はそう陳述した。

この攻撃のあと、イギリス当局は八〇〇人ほどの人を対象に放射能汚染の検査を実施した。その結果、数十人の放射線量が高いことがわかった。リトビネンコの妻や息子を含む数人は、本人とじかに接触したことによって被曝していた。そうした被曝者たちと、その他の汚染された場所から、致死的な病原体が大流行するように放射能が広がっていった。リトビネンコの家族とほんの少し接触しただけの人も、汚染されていた。さらに、そうした二次被害者と接触した人たちもまた、汚染されていたことが明らかになった。一次的、二次的、三次的な接触によって、汚染が何百人にも広がってしまったのだ。

この事件の取材をしているあいだに、私も犠牲者となる可能性があった。記事を書くために、〈Ｉｔｓｕ寿司〉や〈ミレニアム・ホテル〉といった、リトビネンコがポロニウム２１０に被曝したと思われる場所の多くを訪れていたからだ。ＡＢＣニュースは、私に放射能検査を受けさせた。検査の手法は洗練されたものとはいえず、染料と大量の水を飲んだあとで、放射能汚染が検知できる十分な量の尿検体を提出するというものだった。結婚してまだ数か月しか経っていなかった私と妻は、不安な気持ちで数日を過ごした。幸いなことに、私の検体は陰性を示した。それでもロンドン警察側の代理人弁護士は、この陰謀を「ロンドンの街頭での核攻撃」だと述べて、イギリスの公式審理での陳述を締めくくった。

「ポロニウム２１０をロンドンの市街に持ち込もうと画策したのが誰であれ、その人物は人間の命をまったく気にかけていないのは確かです」リチャード・ホーウェル勅選弁護士はそう証言した。「ポロニウムにさらされることが一般国民にとってどれだけ危険なことか、またどんな長期的な影響がロンドン市民におよぶのか想像がつきません」[1]

ポロニウム２１０は、隠蔽したいと思う殺人にとっては厄介な凶器だ。イギリス調査委員会で証言した原子力の専門家は、その供給元が、モスクワの南数百マイルに位置するサロフの原子力施設であることを突きとめた。捜査員たちは、ふたりの容疑者が行く先々に残した消すことのできない「核の指紋」を検出していった。最も濃い指紋は、ミレニアム・ホテルにあるパイン・バーのテーブルと、そこで出されたティーポットのなかで見つかった。パイン・バーは、リトビネンコが暗殺者と思われるアンドレイ・ルゴボイとドミトリー・コフトンのふたりと会ってお茶をともにした場所だ。

だが、これほど強力な証拠があるにもかかわらず、イギリスがこの毒殺事件に関してロシアを公式に非難するまでに丸一〇年を要した。二〇一六年に、公開調査委員会は、西側の諜報機関が事件後数週間で下した判断通りの結論をまとめた。ロシアがふたりの工作員にロシアの原子炉から調達したポロニウム２１０を使って、リトビネンコを暗殺させたというものだ。容疑者のひとりは、元ＫＧＢのボディガードだった。スクリパリの事件と同じく、この作戦もプーチン本人の指示による可能性が高いと調査委員会は判断した。

調査委員会を率いていたサー・ロバート・オーウェンはこう結論づけた。「私は、ミスター・ルゴボイとミスター・コフトンが、二〇〇六年一一月一日にパイン・バーのティーポットにポロニウム２１０を入れたと確信しています。また、ふたりがミスター・リトビネンコを毒殺する意図をもっていたのも確かだと思います[2]」

スクリパリの毒殺未遂が世界に警鐘を鳴らすより一二年も前の二〇〇六年に、クレムリンはすでに西側の国で殺人をやりおおせると判断していたのだ。そしてその判断がほぼ正しいことがやがて証明されることになる。リトビネンコの死から丸一〇年が経過して、イギリスは遅ればせながら四人のロシア人外交官を国外追放した。二〇一七年には、アメリカ議会が、アメリカによって可決されたロシア国民のみを対象とした「マグニツキー法」をルゴヴォイに適用して制裁を科した。二〇〇六年の暗殺作戦に対する罰は――慎重に検討されたためにかなり遅くなってしまったが――ロシアの行動を変えさせるには不十分であることが明らかだった。おそらくロシアにとっては、二〇一八年にソールズベリーの街頭で再度暗殺を試みるための下準備だったのだろう。さらに追い打ちをかけるように、ルゴヴォイはロシア連邦議会の議員に選出され、いまもその地位にある。

数千人の命を脅かす凶器を使ったふたつの暗殺事件が、一二年の間隔をあけて、ロシア大統領の指令のもとに西側諸国において実行されたのだ。ロシアにしてみれば、どの攻撃がアメリカおよび西側諸国に仕掛けたシャドウ・ウォーの先制攻撃なのかを特定するのは困難だ。だが、過去一〇年間の事件は、拡大するロシアの攻撃と、ロシアの意図に関する西側諸国の根強い思い込みというふたつの路線を露呈させた。同じパターンが中国に関しても見られる。中国は、おそらくもっと現実的な危険を孕《はら》んだシャドウ・ウォーの最初の一撃を、アメリカに対して繰りだしていた。

リトビネンコ殺害後、ロシアは、二〇〇七年のエストニアに対するサイバー攻撃、二〇〇八年のグルジア(現ジョージア)侵攻といった、さらに大胆な一連の敵対的行為に手を染めるようになる。二〇一四年二月には、クリミアとウクライナに侵攻して併合した。戦火を交えることなく、ヨーロッパの主権国家の一部をまんまと切り取ったのだ。その直後、ウクライナ東部で、武装した志願兵とウクライナ軍とのあいだに戦争が勃発し、国の状況はいっそう不安定なものとなった。サイバー空間においては、二〇一四年から二〇一五年にかけて、ロシアはアメリカ国務省の電子メール・システムに長期間にわたる広範な攻撃を仕掛けた。これは、二〇一六年の米大統領選挙を標的としたサイバー攻撃の前哨戦だったと、国家安全保障局は後になって明らかにした。二〇一六年のロシアの介入は、敵対的行為を新たなレベルの攻撃に引きあげ、アメリカの民主主義に対する奇襲攻撃――政治的な「パール・ハーバー」――だといわれた。事前の警告がなく、当然ながらアメリカの国家安全保障機関の不意をついたものだったからだ。だが実際には、ハードパワーとソフトパワーを組み合わせていたるところでアメリカを攻撃するロシアの新しい攻撃戦略の前兆が、二〇一六年以前にも数多くあったのだ。

アメリカのもうひとつの国際的な競争相手である中国も似たような戦略を取っていたが、おそらくより巧妙な攻撃を仕掛けていた。二〇〇〇年代半ばまでに、アメリカの技術と国家機密を盗みだそうという中国の国家的努力はすでにパワー全開となっていて、公共と民間の両部門で多大な成果をあげていた。二〇一四年、中国は国際法と物理法則の両方に背いて、南シナ海の真ん中にまったく新しい主権領域の建設を目論《もくろ》み、東南アジアの数か国が主権を主張する海域に一連の人工島を建設しはじめたのだ。中国は、アメリカを追い越し、必要ならば戦争をしてでもアメリカを打ち負かすという明確な意図をもって、軍事力と、海中から宇宙にまでおよぶ軍事的勢力範囲の拡大を図っていた。

アメリカの政府や諜報機関の内部では、最初こうした攻撃的な手口を見逃し、その後も軽視していた。バラク・オバマ大統領が率いるアメリカ政府関係者は、南シナ海の人工島を軍事目的で使うことはないという中国の約束を信じた。だが中国政府はその約束をほとんど間髪入れずに反故《ほご》にした。オバマは、後にアメリカの企業秘密に対するサイバー攻撃から撤退するという中国側の約束を受け入れるが、悪質な活動は現在も広く活発に行われている。こうした攻撃行為の存在をようやく認めたあとも、多くのアメリカ政府関係者や政治専門家は、それを短期的なものでいつでも撃退できると言い続けた。

ロシアに関して、アメリカの歴代指導者たちは、前任者が果たせなかったロシアとの関係正常化をなし得るという強い信念を抱き続けていた。だがリトビネンコの暗殺と、わずか数か月前に起こったロシアによるグルジア侵攻のあとでは、ロシアとの関係を「リセット」するというオバマ政権の試みは失敗する運命にあった。当時の国務長官だったヒラリー・クリントンが、ジュネーヴでロシア外相のセルゲイ・ラブロフに赤い「リセット・ボタン」の模型を贈呈した姿は、西側諸国がモスクワの意図を慢性的に読み違えていたことを示す象徴として、今後もずっと残ることだろう。ロシアのハッカー集団は、アメリカ国務省の電子メール・システムに入り込み、発覚するまで何か月ものあいだ好き勝手に活動していた。その後も、ロシアのクリミア併合を予測したアメリカ諜報機関はひとつもなかった。

オバマ政権のクレムリンを甘くみる傾向は、ほとんど最後まで変わらなかった。二〇一四年のG7サミットで、オバマ大統領は、ロシアの領土拡大の野心は一九世紀の遺物だとして、ロシアを首脳国の座から追放した。二〇一四年のオバマのコメントは、二〇一二年一〇月の米大統領選最終討論会で、ミット・ロムニーの提示した外交政策の優先課題をこき下ろしたときの繰り返しだった。「アメリカが直面している最大の地政学的脅威は何かと問われて、あなたはアルカイダではなくロシアだと答えた。冷戦は二〇年前に終結したというのに、まるで一九八〇年代の外交政策に逆戻りするかのようだ」

そのときのオバマに対するロムニーの反論が、いまとなっては将来を暗示したものに思える。「ロシアが地政学上の敵であるのは明らかだ。ロシアやプーチン大統領については、楽観的な見方をするつもりはない」

だが二〇一六年には、ドナルド・トランプ大統領のモスクワとプーチンに対する楽観的な考え方がオバマのロシア軽視にとって代わることになる。二〇一六年までの期間が、前兆を見逃したことや一貫性のない対応によって惑わされたものだとすると、二〇一六年の米大統領選におけるロシアの介入への対応で、アメリカは誤った無反応から意図的な無関心へと移行する危険を冒したといえる。

オバマとトランプの両陣営によって繰り返された過ちの中核にあったのは、ロシアと中国の目標および意図の根本的な読み違えだった。それは、ロシアと中国がアメリカと同じものを望んでいるという期待――結局は勘違いだった――によるものだ。

「一九九〇年代に、ウラジーミル・プーチンと会ったことがある」二〇一五年から二〇一七年までアメリカ国防長官を務め、一九九〇年代には国防次官補をしていたこともあるアシュトン・カーターはそう語った。「私の目には明らかだったが、国防省や戦略家たちがみな気づいていたかどうかはわからない。プーチンは……いってみれば西側諸国の妨害をするという目標を自らに課していた。それが、プーチンと建設的に向き合ううえで克服できない障害となっていたのだ」

中国に関するアメリカ政府の一般的な見方は、それと酷似したものだったと、カーターは言う。「中国は、一九九〇年代には少なくとも、アメリカが中心となってつくりあげ中国がその恩恵を受けていた安全保障システムへの参加と強化へのかかわりを深める方向に進むものと思っていた。だが中国は、みずから日の当たる立場に立つことを主張するようになったのだ」

アメリカは、敵対国の考え方に対する根本的な判断を誤っただけでなく、ロシアと中国が目標を達成するために何をするか、またどうやってそれを遂行するかが根本的に変わったことに気づくことができなかった。実際には、アメリカの主要な敵対国は、アメリカと西側諸国に対して、まったく新しいタイプの戦争を目論んでそれを実行したのだ。

この新たな脅威の出現とともに、アメリカの安全保障体制を率いる国家安全保障局の上層部は、いまやアメリカにとって最も緊急性の高い国家安全保障上の脅威の深さと幅を理解できなかったと認めている。

「我々は、相手がどうやってそれを実行するかをもっと研究する必要がある。当然ながら我々自身のやり方とは違うからだ」二〇〇六年から二〇〇九年までCIA長官を務めたマイケル・ヘイデン将軍は私にそう語った。「空中戦については知っている。二次、三次攻撃のこともわかっている。我々もしていることだからだ。だが、これはしたことがない」

「これ」とはハイブリッド戦争のことで、簡単にいうと、通常の戦争となる一歩手前にとどまりながら敵国を攻撃するという戦略である。いわゆる「グレーゾーン」と呼ぶ領域で、さまざまなハードおよびソフト・パワーを駆使する戦術だ。重要インフラへのサイバー攻撃から、宇宙資産を脅かすことや、国内の分裂に拍車をかけるための情報活動さらには本格的な侵略すれすれの領土獲得までを行う。これは、影《シャドウ》のなかで行われる戦争――シャドウ・ウォー――だが、全面戦争と同じくらい実体があり持続的な結果をもたらすものだ。

本書は、西側諸国に敵対する国々が、武力戦争で勝つことは難しくても、勝利へつながる別の道があることに気づいたときに何が起きるかについて書いたものだ。アメリカと西側諸国は、敵対国のしていることを読み違える傾向があり、彼らの活動を旧態依然のレンズを通して眺めている。ロシアと中国の、動機も目的もそして長期的な結果も間違って解釈しがちだ。さらに、アメリカと西側諸国が自分たちの最大の強みだと考えているもの――開かれた社会、軍事面でのイノベーション、地上および宇宙空間での技術優位性、世界機関における長期的な指導力――を、こうした敵対国が蝕《むしば》み弱体化させている。

アメリカは、国際紛争に対する新たな指針を必要としている。古い指針はもはや機能していないからだ。中国とロシアが新たな冷戦をはじめているのに、アメリカが気づかなかったようなものだ。その戦術は新しいもので変化しつづけているが、目的は変わっていない。西側諸国とその同盟国、そしてそうした国々が拠り所としている制度を弱体化させ不安定にすることで、国際舞台での自分たちの権力拡大を図ろうとしているのだ。これらの二大敵対国が、他の国にもそのやり方を示すことで、イランや北朝鮮も同じ道をたどりはじめている。照準を定められているのはアメリカだけではない。彼らを支援しない国はすべて潜在的な標的となる。

いずれアメリカは、シャドウ・ウォーを外交政策上最も重要な課題と考えるようになるだろう――たとえいまは、ほとんどのアメリカ人がシャドウ・ウォーについて何も知らなくとも。少しでも早くそれが政治論争や国際会議の主要テーマとなれば、アメリカの未来はそれだけ明るく安全なものになるに違いない。

シャドウ・ウォーは、ロシアや中国の情報機関の奥深くに隠された秘密の計画に基づくものではない。その背後にある戦略と考え方は、ありふれた情景のなかに潜んでいたのだ。二〇一三年二月、ロシア連邦軍参謀総長のワレリー・ゲラシモフ将軍は、週刊ニュースレター『軍需産業クーリエ』に発表した小論文のなかで、ロシアの戦略を詳細に語り世界に知らしめた。「二一世紀になり、戦争状態と平和状態の境界線が不明明になる傾向がみられる」ゲラシモフは「将来の展望における科学の価値」という無難なタイトルをつけた論文のなかでそう書いている。「戦争はもはや宣言されることなく、見たことのない枠組みに従って始まり進行している[3]」

ゲラシモフは、表向きは現代において敵対する国々が行う戦争をロシアがどう見ているかを述べている。だが彼の論文は、驚くほど率直に、敵対国――主にはアメリカと西側諸国――に対して戦争を仕掛けるためのロシア自身の戦略を述べていて、軍事的および非軍事的な手段を網羅した、西側情報機関が「ゲラシモフ・ドクトリン」と呼ぶものの土台となっている。「戦争の基準そのものが変わった」と、ゲラシモフは書いている。「政治的・戦略的目標を達成するうえで非軍事的な手段が担う役割が拡大し、多くの場合において、有効性の点で武器の力を超えている[4]」

ロシアの司令官として国の軍事戦略を公に述べたゲラシモフは、ロシアがまさに翌年クリミアとウクライナ東部で展開することになる戦略を驚くほど具体的に明らかにしていた。そのなかには、ロシア連邦軍以外の何者かを装った特殊部隊の配置も含まれていた。

「しばしば平和維持や危機管理の名目でなされる公の武力行使は、主に紛争において最終的な勝利を収めるといった、ある特定の段階においてのみ用いられる手段だ」と、ゲラシモフは書いている。

クリミアの街頭に姿を現した「リトル・グリーンメン」は、表向きはウクライナ系住民の攻撃を恐れるロシア系住民の要請に応えたものとされていた。ヘイデン将軍は、ゲラシモフの論文はどう見ても明らかな警告だったが、それを見逃してしまったのだといまでは考えている。

「これは、認識していなかった弱点に対する、予期せぬ方向からの攻撃だった」ヘイデンは私にそう語った。「まったく予期せぬものだった。ゲラシモフがしっかり書いていたにもかかわらず、我々はそれに目を通しておらず、まったく別の見方をしていたのだ」

ハイブリッド戦争に関する中国の方針――グレーゾーンで勝利を収めるための戦略――は、「戦わずに勝つこと」だとも言われている。これは、二〇一七年のアメリカ国家安全保障戦略のなかでは、両国が完全な平和状態でも戦争状態でもない「継続的競争状態」と表現されている。南シナ海に中国がつくった人工島は、この戦略を実行に移した例だ。クリミアにおけるロシアのように、中国は武力戦争をすることなく、係争水域に主権領土を確保することができたのだ。

しかし、中国の諜報機関と直接対峙《たいじ》した経験をもつアメリカ当局は、中国政府は必要とあれば紛争や暴力行為も辞さないと警告している。二〇一五年までFBIの対諜報部門の責任者を務めたボブ・アンダーソンは、アメリカ国内で活動する中国人スパイを数多く見つけだして捕らえた。

「中国人は、ロシア人と同様もしくはそれ以上に危険な存在だ」アンダーソンは私にそう語った。

「中国人は、すぐに人を殺す。躊躇《ちゅうちょ》せずに家族もろとも殺してしまう。中国国内やその統治国ではもっと目立たないようにやるだろうが、必要なときは必ず殺しを行う」

「中国人は、非常に冷酷な諜報文化をもっている」アンダーソンは、そうつけ加えた。

こんにちでは、その成功の余勢を駆って、ロシアと中国は多くの敵対国に対し大小取り混ぜたハイブリッド戦争を仕掛けている。元国防長官のカーターは、多くのNATO加盟国を含むヨーロッパとの国境全域にわたって、ロシアのハイブリッド戦争が活発だと見ている。

「実際、ヨーロッパと接するロシア西側沿岸のいたるところでハイブリッド戦争が続いている」と、カーターは言った。「沿岸諸国を弱体化させ、西側から引き離して脅かそうと計画を立てたり、場合によっては、現実に起こっていることを大きな嘘だと思いこませたりするような作戦を展開している」

前線のいたるところで、「大きな嘘」がロシアの戦略の重要な部分を占めていた。クリミアとウクライナへの侵攻の際の大きな嘘は、明らかにロシア軍とみられる軍隊が、実際にロシア軍だったという話を否定することだった。二〇一六年のアメリカ大統領選挙への干渉については、ロシアの報道機関とソーシャルメディアを通してフェイクニュースを広めて、ロシアが果たした役割に関する疑念を植えつけ、そうした疑念をそのまま口にするアメリカ政治家を増やすことだった。トランプ大統領自身もそのひとりだ。

「プーチンは、大きな嘘を得意とするひとりだ。何かをしては、それを否定する。そうすることによって不確実性が生まれ、少なくともロシア国民は、彼が実際にしていることを、しているとは思わなくなるのだ」と、カーターは語った。

ロシアが大統領選に干渉したときには、「大きな嘘」を信じたアメリカ人もいた。ロシアのいうことをときには一言一句そのまま真似た、大統領候補から後に大統領になった男の発言に影響を受けたのだ。

「ロシア人は、ソーシャルメディア攻撃を仕掛けるために、たいていはオルタナ右翼から、ときには大統領から、アメリカ人のつくったミームを奪い取る」と、ヘイデン将軍は語った。

中国は独自の情報活動を行っており、それには、国際的な存在感を増しつつある国営メディアを通じて行っているものも含まれている。二〇一六年の終わりに、中国は、国営の中国中央テレビ（CCTV）の海外放送部門を中国グローバルテレビジョン・ネットワーク（CGTN）に改名した。CGTNは、ロシアのRT（旧ロシア・トゥデイ）と同じようにアメリカ国内で広く認知されているが、政府が運営しているメディアであることはあまり知られていない。アメリカ人のレポーターやアンカーが多く起用されているCGTNの報道によると、中国の人工島は、領地の強奪ではなく条約の下で問われる統治権の問題だという。だが、CGTNが正確に伝えているように、この条約はアメリカが批准さえしていないものだ。

シャドウ・ウォーは、起きるまでに何年もかかっている。だが、中国とロシアは、9・11アメリカ同時多発テロ後の数年間、アメリカが中東における別の脅威と別の種類の戦争に注意を向けていたときに、先制攻撃を仕掛けてきたのだ。

「最初のイラク戦争が勃発した頃、ロシアと中国では戦略的な動きがすでに起こっていた。だが、それこそが、我々が他の場所で一〇年間力を注いだものより激しい戦いに突入した瞬間だった」カーターはそう言った。

「ふたつの政権にまたがる期間に、苦しみのさなかで新しい大きな問題がふたつ発生していることを直視する気になれなかったのだ。それに、アメリカ軍は目の前の問題にかかりきりだった。それは、アフガニスタンとイラクにおけるテロと暴動対策だった」と、カーターはつけ加えた。

こんにちでは、遅ればせながら、ハイブリッド戦争とそれを防御する手段およびグレーゾーンでの紛争における勝利が、米軍の司令官と情報当局者の最大の関心事となっている。二〇一五年からNATOは、ロシアの武力侵略からヨーロッパを守るための戦争計画の策定に取りかかった。その計画は、初めてハイブリッド戦争の戦略を明確にし、それを取り込んでもいた。「我々は、二一五年のあいだ戦争計画をもっていなかった。必要だとは思わなかったのだ」と、カーターは語った。

そうした考え方は、まだホワイトハウスで主流ではない。オバマ政権とトランプ政権の両方に仕えたアメリカの国防および情報当局は、最上層部とくに大統領の指導力がなくては、アメリカは新しい種類の戦争から効果的かつ確実に国を守ることはできないと、繰り返し私に語った。「アメリカ政府は、北朝鮮やイラクさらには中国による好ましくない行動に関しては積極的に議論する。確かに、どれも論じるに値する問題だと思う。だが、ロシアに関しては黙っている。その理由が私にはまったくわからない」カーターはそう言った。

シャドウ・ウォーが出現しても、誰も驚かなかったはずだ。軍事的な観点から見れば、ひとつの超大国と、その超大国に必死に挑む新興国や没落国の存在する世界では、起こるのが当たり前だからだ。中国、ロシアそしてその他のアメリカおよび西側諸国に敵対する国々にとって、ハイブリッド戦争は、他の方法では挑むことができないほどの軍事力をもつアメリカのような国と戦う唯一の手段となる。つまり、いわゆるグレーゾーンは、これらの敵対国が勝つ見込みがあると考える唯一の戦場なのだ。

ジョン・スカーレットは、二〇〇四年から二〇〇九年まで、イギリス海外情報機関MI6の長官を、その前はモスクワ駐在部長を務めた。彼は、ロシアの視点からのハイブリッド戦争の原動力――実際には必要性――をこう説明している。

「何が起きているのかを理解するのは、それほど難しいことではない」スカーレットは、私にそう語った。「すぐに、屈辱感や恨みそしてロシアの関心が考慮されずに事が進んでいるという気持ちが見てとれた。アメリカとロシアの力の差を極度に意識しているのだ」

「対等に扱って欲しいと思ったら、そうであることを示す何か別の方法を見つけなくてはならない。ハイブリッド戦争によって、はるかに弱い国が強い国と戦って成果をあげることができるようになる。そこには自然の非対称性がある」

似たような戦略を採用しているにもかかわらず、ロシアと中国は種類の違う敵対国といえる。中国は、世界で最も強力な国家と対立する運命にある領土的、経済的、軍事的な野心をもつ成長国家だ。中国政府は、世界における優位性をめぐってアメリカと長い戦いをしていると認識している。

ロシアは衰退しつつある国だ。ニュージャージー州と同規模の経済力をもつロシアの政府は、国際的リーダーシップをめぐってアメリカと真っ向勝負のできる日は決してこないとわかっている。競争はゼロサム・ゲームだと考えているので、アメリカが失うものをロシアが得ることになる。その逆もまたしかりだ。

「我々はソ連に関しては、崩壊について話している。中国に関しては、急速な変化と発展および進歩について話している。そしてその進歩が脆弱《ぜいじゃく》なものであることもよくわかっている」と、スカーレットは言った。

「成長するにつれて、中国が自己陶酔から、国際レベルでの自信へと目を移すことは、常に予測できた。最初は地域的なものだった断言と自己主張が、ある程度幅広い国際的なものになりつつあるのがわかる」

ロシアと中国は、最終的には似たような点でアメリカと衝突することになると、スカーレットは考えている。だがこのふたつの国は別の方向からやってきて、別の道を進んでいる。

アメリカに対するロシアと中国のシャドウ・ウォーは、決定的で変わらない同じ力によって引き起こされているが、そうした類似性は悲惨な結末につながる可能性がある。

第一の類似性はその戦略にある。ヨーロッパやアジアにおけるアメリカの支配への挑戦は、国内でより大きな影響力をもちたいと願うロシアと中国の野望にとって役に立つ。両国それぞれが、米州内での絶対的権力を謳《うた》ったアメリカの「モンロー主義」を羨ましがっていて、自分たちもそれに相当するものを確立しようとしている。

第二の共通する力は政治なものだ。ロシア政府も中国政府も、自国での権威の危機に頭を悩ませている。彼らの指導者は国民によって選ばれたわけではないので、権力を手中にしているという事実以外には、権力をもつべき正当な理由がほとんどないからだ。現代においては、いくら弾圧やプロパガンダを駆使しても、アメリカ人が自分たちで指導者を選ぶところを、ロシアや中国の国民に見せないようにするのは不可能だ。そこで、自国民に対する最高の防御策は、アメリカの政治制度を、少なくとも中国とロシアの政治制度に負けず劣らず破綻し腐敗したものとして描くこととなる。

第三の力は、おそらく最も強力なものだ。中国とロシアは、アメリカを弱体化させることで歴史の間違いを正し、世界の大国としての自分たちの正当な地位を回復しようとしている。ロシアにとっては、その過ちは最近のもので、ソ連の崩壊と、それに続くヨーロッパとアメリカによる征服だとロシア人がみなしている動きだ。中国にとっては、その過ちとは、一九世紀における中国の屈辱的な戦争まで数世代さかのぼる。時とともに、領土と経済の両方が西洋諸国に牛耳られるようになったと考えているのだ。

要するに、シャドウ・ウォーは実際の武力戦争としての要素をすべて備えていることになる。ロシアと中国の指導者は、互いの歴史を熟知している。ソ連の崩壊について学習することは、中国共産党指導部では必須となっている。そしてミハイル・ゴルバチョフは、ロシア政府のみならず中国政府においても、非難されるべき人物とされている。アメリカにおいてゴルバチョフが第三次世界大戦の回避に貢献したロシアの指導者とみなされているのとは違い、ロシアと中国では、自国を崩壊させた指導者であり、アメリカと西側諸国がそれにつけ込んだと考えられていた。

こんにちでは、ロシア政府と中国政府の軍事計画者は、平時における、そして必要であれば有事の際に、アメリカの軍事的優位性と影響力を減少させる自由な方策全般についてオープンに議論している。彼らにとって、ハイブリッド戦争は、非対称であるだけでなく際限のないものだ。ゲラシモフ将軍が不吉にも書いたように、ロシアの戦略は、敵国の領土全体におよぶ永久的な前線を生みだすことにある。

二〇一六年の大統領選挙へのロシアの干渉は、アメリカの政治制度における永久的な前線を拡大した。こんにちでは、アメリカの情報機関と議会調査団は、あの干渉が当初考えられたよりもはるかに大がかりなものだったことに気づきはじめている。民主党とクリントン陣営のハッキングや、電子メールをはじめとするやりとりを流出させたことに加えて、ロシアは大規模なトロール・ファームを使ってフェイクニュースや争いの種になるような話を拡散させ、激戦区の多数の有権者に影響を与えた。二〇一八年と二〇二〇年の選挙が近づくにつれて、ロシアはさらに警戒すべき手段に出て、投票システムそのものを脅かそうとしている。

アメリカの防衛および情報機関は、一九三〇年代と同じ過ちを犯す危険について、いまではオープンに話し合っている。それは、ヨーロッパやアジアでの敵対国による侵略を目にしながらも、そうした敵対国の野心には限度があると誤認したことだ。歴史の過ちを繰り返してしまうのではないかという不安が、シャドウ・ウォーをいま防いでおかないと、今後さらに大きな衝突が起こる危険性があるという思いを煽《あお》っている。だがそれでも、アメリカ政府のあらゆるレベルにおけるコミットメントがない限り、アメリカはシャドウ・ウォーによって傷つき負けてしまうという警戒すべき見通しに直面することになる。

第二章　最初の一撃　――ロシア

ロシアと国境を接するという不安定な状況にあるバルト沿岸の小国エストニアの国民は、自らを男女とも北欧の退屈な人種だと揶揄《やゆ》する。

「周辺の国々には、エストニア人が緩慢で感情に乏しいことをからかうジョークがたくさんあります」エストニア人ジャーナリストのヤーナス・リレンバーグは私にそう語った。

そのため、二〇〇七年四月下旬に、エストニアの首都タリンが過激な街頭デモによる大混乱に陥ったときは衝撃的だった。四月の冷たい雨模様の日々に、タリンは暴力に飲み込まれたのだ。「暴徒は窓を割り、道路沿いに停めてあった車に襲いかかり、石やびんなどなんでもかんでも投げつけたのです」と、当時エストニアの日刊紙『ポスティメース』の技術部門で働いていたリレンバーグは言った。「エストニアの歴史において、こんなことはただの一度も起こったことはありませんでした」

この街頭の光景は、タリン住民の目には、ほとんど別世界の出来事に映った。エストニアは犯罪の少ない国だ。通りはきれいに掃除されている。エストニア人は情熱的だが、その情熱は抗議よりもテクノロジーに向けられている。大衆のデモは整然と行われる。こんな大混乱は、邪悪なおとぎ話か、もっと激しやすい同盟国や隣国のデモを真似たものに思えた。

「こういう場面は、パリやストックホルムやアメリカで起こっているのをテレビで見たことはありますが、エストニアでは一度もありません」と、リレンバーグは言った。「まるで北極での出来事のようでした」

機動隊が必死で治安を回復しようとしたが、群衆を鎮圧することはできなかった。二百人近くが負傷し、一〇〇〇人以上が逮捕された。人口が五〇万に満たない都市にしては驚異的な数だ。

エストニアは長い歴史をもっているが、わずか一世代前の一九九一年に、崩壊しつつあったソ連から独立したまだ新しい国家だ。エストニアが、ともにバルト三国をなすラトビアとリトアニアに続いてロシアから独立したことは、失われた帝国の苦い記憶を呼び覚ましてロシア政府の怒りを買った。クレムリンでは、その傷がまだ癒えていなかった。街頭での争いが広がると、それを目撃した人々は、暴徒たちがひとつの名前――ひとつの国の名――を口にしているのに気がついた。

「群衆は、『ロシヤ、ロシヤ』と、ロシアの名を叫んでいたのです」リレンバーグは言った。

抗議のきっかけとなったのは、数十年前に建てられたソ連の戦没者記念碑を移動させるというエストニア政府の決定だった。「青銅の兵士」として知られるこの像は、第二次世界大戦中にエストニアでナチスと戦って戦死した赤軍兵士を称えたものだった。この記念碑は、ロシアとエストニアの民族主義者たちが集う場所となっていて、以前にもデモが行われたことがあった。ロシア人にとってこの記念碑は、ナチスに対する勝利と、ロシアの輝かしい過去の象徴だった。エストニア人にとっては、ソヴィエト社会主義共和国連邦に併合されたあとの数十年におよぶ抑圧の辛い思い出だった。

　エストニア政府は、青銅象をタリンから撤去したあとで、それを郊外の軍人墓地に移して、近くに埋葬されていた身元のわからないソ連兵士の遺体を掘りだしてきちんと埋葬することを計画していた。しかし、エストニアの多くのロシア系住民と、国境を越えたところに住むロシア人たちは、その動きをロシアの遺産に対する侮辱であり、結果としてロシアの影響からのエストニアの離脱をさらに促進するものとして捉えたのだった。緊張をいっそう高めるために、ロシアのメディアは、エストニアがこの記念碑を完全に破壊するつもりだという作り話を、ソーシャルメディアやニュースのウェブサイトを使って広めた。[1]

　当時は若い国会議員だったエストニアの外務大臣スヴェン・ミクサーは、国民のあいだで恐怖感が広がっていったのを思い起こす。

「一〇台かそこらの車がひっくり返された程度でも、そんなことが起きると国民は不安になる」ミクサーはそう語った。

　その暴動が自然に発生したものだと信じるエストニア人はほとんどいなかった。みなロシア政府が画策したものだと思っていたのだ。

「当然です。そうでなければ起こるはずはありません」と、リレンバーグは言った。

　時間が経って混乱が拡大すると、街頭での暴力はより広範におよぶ攻撃のひとつの前線にすぎないことがわかってくる。サイバー空間では、西洋諸国やアメリカに対する後のサイバー攻撃の前兆ともいえる目に見えない部隊が密かに攻撃を仕掛けていた。最初の手掛かりは分かりにくいもので、全貌を把握するのは困難だった。リレンバーグと彼のチームは、一見したところ当たり障りのないオンライン上でのやりとりを通して、サイバー攻撃が次々と展開されるのを目にした。標的は？　新聞の投書欄には意見が殺到した。

「普段は、匿名の意見が一日に八〇〇〇件から九〇〇〇件程度来ます。ですが、そのときは突然一〇分間に一万件以上の意見が殺到したのです」リレンバーグは言った。「何だこれは？　という感じでした」

リレンバーグは、前代未聞のその速さ以上に、入ってくるコメントに奇妙な均一性があることに注目した。彼と同僚たちは、一握りの同じメッセージが無数に繰り返されていることに気がついた。それで、これが実際の読者でなくコンピュータ・ボットによるものだということがわかってきたのだ。

「約三〇種類の違うメッセージがありました」とリレンバーグは言った。「それが繰り返されていたのです。人間の手によるものとは思えませんでした。人間はこれほど早くコメントを入力することはできませんから」

「私たちが何かがおかしいと感じたのは、そのときが最初でした」

攻撃の速度と規模は、あっという間に加速していった。一時間もしないうちに、この新聞社のウェブサイトへ流れ込んでくるコメントの数は再び跳ねあがり、一〇分間につき一〇万件にまで達した。

『ポスティメース』紙のウェブサイトへの攻撃は、民間部門と公共部門全体でも繰り返された。わずか二週間前に国防大臣になったばかりのヤーク・アービックソーは、即座にこの現象に注目した。エストニアでは誰もがそうであるように、アービックソーはテクノロジーに通じていた。「他のニュース・ポータルを見てみると、どれもダウンしていた。何が起こっているのかを訊ねたところ、銀行も政府のウェブサイトも停止しているという報告が返ってきた」と、アービックソーは語った。

アービックソーは、前任者の調度品や絵画も片づけていないオフィスに座り、これは海外からの組織的な攻撃ではないかと考えていた。

「悪天候のせいでないのは明らかだった。悪い人間が動き回っているのだ」

おそらく世界で最もネットにつながっている国民であるエストニア人は、突然自分たちがネットと遮断されていることに気がついた。ニュースや政府のウェブサイトへアクセスできないため、何が起きているのか情報がまったく入らない状態だった。当時エストニアにおける金融取引の大部分を占めていた電子バンキングも停止していた。その攻撃は、エストニアの明白な脆弱性につけ込んだものだった。首都の旧市街にある中世の城壁と石畳の通りで知られる小国のエストニアは、テクノロジー大国だ。最初にオンライン投票を認めた国で、スカイプ発祥の地でもある。だが、いまや世界で最もネットワークにつながっている国のひとつであるエストニアが、世界が見たこともないような破壊的なサイバー攻撃にさらされているのだ。

エストニアは、他の国に対する国家主導のサイバー攻撃の最初の犠牲者となった。これはDDoS攻撃といわれるタイプのものだ。DDoS攻撃は、当時でも目新しいものではなかったが、この規模の攻撃は前例のないものだった。ロシアのハッカー集団が、一〇〇以上の国の何万台というコンピュータを乗っ取り、所有者の知らないうちにエストニアじゅうの標的に向けてメッセージを送りつけたのだ。

「巨大なショッピングモールを想像してみてください」リレンバーグがそう説明してくれた。「お客はなかに入り、何かを買って出ていきますね。同じことがウェブサーバーでも起こります。ユーザーがなかに入って何かを求め、サーバーがそれを提供すると、ユーザーは出ていきます。そうやって流れているのです」

「ショッピングモールの収容人数を、一万人とか一万五〇〇〇人とします。ですがいまは、明らかに何も買う気のない二〇〇〇万人もの人が、入り口のドアをふさぐためだけに押し寄せている状態です。それがＤＤｏＳ攻撃なのです」

　エストニアは、はるかに進んでいるからこそ極度に脆弱といえた。

「サイバー空間は、重要なインフラにとって不可欠の要素となっていることがわかった」ミクサーは言った。「だからこそ、こうしたシステムを守り、危機の際も、攻撃を受けたときも稼働するようにしておかなくてはならない」

　だが、今回の攻撃は、街頭の暴動、ウェブ上のボットネット（サイバー犯によって乗っ取られたコンピュータで構成されるネットワーク）といった、多数の領域で展開されていた。それは、交戦中のハイブリッド戦争だった。これらの秘密部隊は、エストニアを麻痺させる任務を負っているように思えた。ソ連軍事戦略の研究者であるアービックソー国防大臣は、そこに隣国ロシアの存在を感じた。

「街頭での暴動は、いままで見たことのないものだった。サイバー空間では、組織的な集中攻撃を受けた。これはエストニアに警鐘を鳴らすものだった」アービックソーは、私にそう語った。

「これらの攻撃は自然に発生したように見せかけていたが、当然そうでないことはわかっていた。

組織的で、集中的で、世界的なものだ。こうした攻撃を可能にするには、かなりの資源が必要であることは明らかだ」

このサイバー攻撃は、一国が他国に仕掛けた最大のものだった。地上での組織的な暴動によって、物理的な暴力という危険な要素がそれに加わった。エストニアはNATO加盟国だったため、この公然とした挑発は一国に対してだけでなく、アメリカやヨーロッパにも向けられたものとなった。エストニアに対する二〇〇七年の攻撃は、シャドウ・ウォーにおける先制攻撃だった。

一部のエストニア国民は、この暴動とサイバー攻撃は、本格的な侵攻の下準備だという恐れを抱きはじめていた。ロシアが東欧で従属国を失ったことに強い不満を抱えていることを、エストニア人はよく知っていた。エストニアを含むバルト諸国はロシアと国境を接していて、ソ連に最初に併合され、ソ連が崩壊するとまっさきに独立を宣言した国々だった。

「非常に強力なＤＤｏＳ攻撃が目論んだのは、一国全体を情報面でしばらく孤立させることでした」リレンバーグはそう語った。

ウクライナ、ジョージアといった旧ソ連構成共和国と同じように、エストニアも長いあいだロシアのプロパガンダの標的とされていた。独立支持者は、国粋主義者やファシストとして追放された。ロシア系住民は、ロシアの支援を必要とする犠牲者として描かれていた。エストニアが独立を回復してから一六年近くが経っても、ソ連による支配の記憶は生々しく残っていて傷はまだ癒えていない。

「誰もが強くあろうとしていましたが、同時に一個人であり、ひとりの人間でした。私にはそれがわかりました。非常に個人的な不安がある程度ありました」リレンバーグはそう言った。「みな自分自身や家族のことが心配だったのです。誰もが、すごく不安を感じていました」

「ロシアの方針を知っている者には、事態がますます深刻化することがわかっていました。いずれかの時点で戦車や核兵器が投入されるでしょうが、すべてが一本の長い線でつながっていて、まずはフェイクニュースをつくって広めることから始まり、それが激化していくのです」リレンバーグはそうつけ加えた。

そうした不安は、パニック状態になった民衆に限ったものではなかった。国防大臣のアービックソーは、軍に緊急連絡をとった。そして、エストニアの領空や領土に対しては、防衛を強化していた東部のロシア国境も含めて、いっさい侵略はないとの報告を受けた。それでも、防衛大臣は、まだ正体のわからない敵に対して戦時体制をとった。

「重要だったのは、少なくとも心理的に、国家安全保障に脅威を与えたことだ」アービックソーは、私にそう語った。「国民の多くが恐れを感じて、不安定な状態に陥っていた。大きな人的被害や物質的な損失はなかったが、攻撃を受けていることは明らかだった」

「実質的な戦争が、人々の耳や心といった心理空間で進行していたのだ」彼はそう言った。

これは、国家と国民に対する心理的な攻撃で、混乱、分裂、敵対心、恐怖、指導者に対する疑念を生みだした。

「人々は、政府が責任をもって対処しているのかという疑問を口にするようになった。いったい何が起こっているのか？」アービックソーは、そう言った。

政府は、民衆を鎮め、秩序を回復し、サイバー攻撃を撃退しようと四苦八苦しながら、いまだ答えのでない一連の重大な疑問に直面していた。顔のない敵は、組織的にこの国の機能を停止させていた。エストニアは、実質的にあらゆる公共および民間サービスから遮断され、やがて外の世界から孤立させられるという、サイバー封鎖に相当する損害を被っていた。国民と政府は、ロシアを唯一の容疑者とみなしていた。しかし、街頭の暴動者もウェブ上のボットも、身元をはっきりと示すものを身につけていなかった。エストニアは戦争をしているのだろうか？　もしそうならば、相手はいったい誰なのか？

国防大臣のアービックソーにとっては、戦争とは必ずしも軍隊による侵攻やミサイルの発射を伴うものではなかった。

「戦争であるかどうかは、攻撃手段ではなく、それがもたらす影響によって決まるというのが一般的な理解だ。もし多大な物質的損害や、死傷者が発生した場合と同等の影響をもたらすのであれば、それは戦争行為だといえる」

「ミサイルだろうがサイバー攻撃だろうが、そんなことは関係ない」アービックソーは、そうつけ加えた。

アメリカよりも多くの核兵器を含む世界最大級の軍事力をもつロシアは、無法国家や非国家的行為者の戦略を取りいれ、小国のエストニアを不当な手段で攻撃していた。エストニアの政府当局者は、二〇〇七年に受けた攻撃を9・11アメリカ同時多発テロ事件と比較している。

「多くの人が、9・11をローテクで実行力が高い攻撃と呼んだ」ミクサーはそう言った。「こうしたサイバー攻撃も同じだが、油断して用心を怠ると、攻撃者がそれに乗じるのは明らかだ。やつらはそこにつけ込んでくる」

エストニアの指導者たちは、こうした問題を慎重に検討すると同時に、祖国を守ろうとしていた。だが問題は、エストニアに限ったものではなかった。エストニアはＮＡＴＯに加盟しており、締約国は協定によって一国に対する攻撃を全加盟国に対する攻撃とみなし、同盟国を守るために結集しなければならないという制約を受けている。

北大西洋条約第五条はこう定めている。「締約国は、ヨーロッパまたは北米における一または二以上の締約国に対する武力攻撃を全締約国に対するものとみなすことに同意する。したがって、締約国は、そうした武力攻撃が行われたときは、各締約国が……（中略）北大西洋地域の安全を回復しおよび維持するために必要と認める行動（軍事力の使用を含む）を、個別におよび他の締約国と共同でただちにとることにより、攻撃を受けた締約国を援助することに同意する」[2]

エストニアは、現代の戦争法をリアルタイムで意味を明らかにして解釈することを余儀なくされた。街頭での組織的な抗議行動を伴うサイバー攻撃は、多数の死者や器物損壊が発生したならば、ＮＡＴＯの反応を引き起こしただろうか？　非軍事的行動は、軍事的行動に匹敵する人命の損失を引き起こす場合のみ、その対象となると考える者もいた。これは、新時代の戦争における新たな脅威に対する、新しい定義もしくは既存の定義の修正を必要とする問題なのかもしれない。

結局エストニアは、ＮＡＴＯ加盟国に軍事的な対応を求めることはしなかった。状況を逐次報告するにとどめたと、アービックソーは言う。

「我々がとった対応は、全加盟国に攻撃を受けているという事実を伝えるというものだった。自分たちの体験を、同盟国や隣国に伝えて共有したのだ」

エストニアは、報復もしないことに決めた。エストニア政府と国防機構は、サイバー攻撃の撃退と、街頭の沈静化およびネット接続の回復に力を注いだ。

「我々は、直接的な報復行為には出なかった」アービックソーはそう語った。「だが、どんな紛争にも潜在的な敵が存在している。そのため、信頼性のある方法で反撃力があることを示さなくてはならない。それが重要だ。信頼性のある反撃方法を断念するわけにはいかない」

攻撃が始まって五日が経過した時点で、エストニアはひとつの大胆な措置をとった。強大な隣国ロシアを犯人として名指しで非難したのだ。当時エストニアの外務大臣だったウルマス・パエトは、クレムリンまでたどることのできる電子的証拠をエストニアはもっていたと述べた。「エストニア政府機関と大統領府のウェブサイトへのサイバーテロ攻撃が、ロシア連邦の大統領陣営を含むロシア政府機関に実在するコンピュータや個人のIPアドレスからなされたことが明らかとなった」二〇〇七年五月一日に発表した公式声明のなかで、外務大臣のパエトはそう述べた。[3]

パエトは、今回のサイバー攻撃は、エストニアだけでなくヨーロッパ全体に対する攻撃だと断言した。

「ロシアがエストニアを攻撃しているのだから、EUがロシアの攻撃を受けていると考えている」パエトはそう続けた。「その攻撃は、心理的で、バーチャルで、そして現実的なものだ」

心理的、バーチャル、現実的。パエトの言葉は、実際に起こっているシャドウ・ウォーを力強く表現していた。この経験によって、エストニアの軍事計画者たちは、将来同じような攻撃を受けた際に自国を守り、アメリカを含むNATO同盟国に警告を発しなければならないという思いにかられたのだった。

エストニアは、防衛と復旧に力を注ぎ続けた。『ポスティメース』紙では、ヤーナス・リレンバーグと同僚たちが、小規模ながらも機敏なサイバー防御措置を生みだした。電子メールのネットワークがダウンし、ツイッターやフェイスブックもまだ普及していなかったので、彼らはショートメールを使って戦略をまとめるという、単純なサイバー・ツールの開発に着手した。

「最初に、ひとつのIPアドレスから入力できるコメント数に制限を設けました」リレンバーグは、当時を回想して言った。「それから、わずか数時間後には、非常に高速で高性能なフィルタリング・システムを構築したのです」

彼らが開発したシステムは、「ファシスト」や「SS」といった、ボットがつくりだした大量のコメントのなかでリレンバーグが目にした特定のキーワードやいい回しを含むコメントをはじくものだった。このボットは、現在のロシア製ツイッター・トロールのように、エストニア政府がソ連の戦争記念碑の破壊を計画しているという作り話を含む陰謀説を煽っていた。リレンバーグのチームは、コンピューター・システムが攻撃を受けるなか、これらの新たなフィルター・プログラムのためのコードをリアルタイムで書いていた。経験と勘を駆使した総力戦だ。

「インフルエンザに罹《かか》っていたソフトの開発者が、朝の三時に電話をしてきて、『ソフトが完成したと思う』と言いました」リレンバーグは、当時を思いだして言った。

彼らのシステムは、オンライン上のアクセスを大幅に削減した。

「その最終的なシステムが、本当に撃退に成功したのです」リレンバーグは、微笑みを浮かべて言った。

リレンバーグのチームは、ボットを混乱させるためのツールをもうひとつ開発した。この攻撃は、エストニア語ではなくロシア語を母語とする者によってなされていると判断した――後にこの判断が正しかったことがわかった――リレンバーグが、あるアイデアを思いついたのだ。それは、サイトへの訪問者に簡単なテストを実施するというものだった。

「すでに普及しているものは使いたくありませんでした。敵が攻略法を知っている可能性があったからです」リレンバーグはそう説明した。「そこで、とっても馬鹿らしいものですが、少なくともインターネット上で見つけることができないようなテストを考案したのです」

「三つのアイコンを用意しました。たとえば、ハサミと腕時計と飛行機といったものです。そしてエストニア語でこう質問するのです。『飛行機をクリックしてください』すると訪問者は――実際はボットですが――エストニア語がわからないために、どのアイコンを選べばいいのか戸惑ってしまうのです」

エニグマ（ドイツ軍が第二次世界大戦中に用いた暗号機）の暗号を解読したブレッチリー・パークとまではいわないが、彼らの単純な対策は効果を発揮し、その後の同様のＤＤｏＳ攻撃を撃退するためにサイバー・セキュリティの専門家が採用することになる解決策の先駆けとなった。

「ある程度時間はかかりました。事態を収拾するのに、四八時間から五〇時間程度はかかったでしょうか。私たちは問題を見つけだし、作業にとりかかって、なにがしかの成果が出ることを期待したのです」リレンバーグはそう語った。

リレンバーグの対策は、長期におよぶサイバー攻撃のなかの小さな戦いにおけるひとつの小さな勝利だった。エストニアに対する、このローテクで影響力の大きい攻撃は数週間続いた。やがてエストニアの指導者たちには、攻撃をやめさせるための強引な選択肢がひとつ残された。ウェブ上での国際的なやりとりをすべて停止し、最もネットにつながっている国のひとつであるエストニアを、実質的に世界中の他の国々から一時的に切り離したのだ。

「海外からは誰もエストニアの情報を得ることができなくなりました。実際には、それがこの攻撃の目的でもあったのだと思います」リレンバーグはそう言った。「情報の出入りがない閉鎖された地域であれば、多くのことができます――軍事活動も情報活動も含めて」

振り返ってみると、二〇〇七年のエストニアに対するロシアのサイバー攻撃は、その後の数年間に起きた、グルジアのような旧ソ連従属国家と、後にはアメリカを含む西欧諸国に対する同様の攻撃を特徴づける要素を包含していた。

第一にロシアは、広範囲におよぶものの比較的単純なサイバー兵器を使用した。この場合は、ネットワークを破壊して停止させることを狙ったＤＤｏＳ攻撃だ。その規模は前例のないもので、一〇〇か国以上の何万台ものコンピュータを乗っ取って行われた。だがそのツールは、お世辞にも洗練されているとはいえなかった。

さらに、ロシアは戦争を宣言してはいなかったものの、攻撃に関与していることは簡単に突きとめることができた。ひとつには、攻撃のサイバー部分が、地上での実際の行動と一致していたからだ。この場合は、エストニア政府がロシア当局の支援を受けていたとみなした親ロシア派の抗議者たちだった。それに加えて、ボットネットは何十という国々から操作されていたにもかかわらず、ロシアのIPアドレスとロシア語で書かれたコードとのつながりを示す電子指紋をはっきりと残していたのだ。

さらに広い目で見ると、ロシアはシャドウ・ウォーにおける大計画の重要な部分をさらけだしていた。西側のシステム全体の信頼性を損なうことで、西側諸国を間接的に攻撃しようとしたのだ。

「ロシアは、独自の戦略的関心をもっている。そして、それを西側同盟国の戦略的構想とは正反対のものとして位置づけている」と、ミクサーは言った。「そのため、ロシアは西欧を分裂させようとさまざまな手段を使ってきた。それは、混乱をもたらし、民主制度に対する社会や人々の信頼を損なうものだった」

一〇年以上たったいまでも、エストニアとその指導者たちにとって、二〇〇七年は決定的な瞬間のままだ。ちょうど9・11同時多発テロの攻撃によってアメリカ情報機関がテロリズムに対する取り組みを変えたように、ロシアの前代未聞のサイバー攻撃を受けたことで、エストニアは、自国のサイバー面での脆弱性を最小限に抑える方法を大幅に見直すことにした。

「何者かが（こんな攻撃を）企てたのは歴史上初めてのことでした」エストニア大統領のケルスティ・カリユライドは私にそう語った。「それが可能だったのは、エストニアがデジタル国家だったからです。当時、他の国に対してこんな攻撃を仕掛けることはできませんでした。ですから、当然ながら歴史的瞬間だったのです」

カリユライドは、わずか四六歳という史上最年少のエストニア大統領だ。四人の子の母であるカリユライドは、個人的におよび公の場で、はるかに巨大でますます攻撃的になっている隣国に立ち向かう断固とした態度を表明した。そして私が会ったエストニアの政府関係者や国民の多くと同じように、恐れることなく、もっぱら目的意識と信念に従って行動した。その目的意識は、二〇〇七年以降防衛のためにエストニアが実施した数多くの措置と投資によく表れている。エストニアは、一種のサイバー・ベイルートと化していた。ひっきりなしにシャドウ・ウォーに囲まれ、それに飲み込まれる脅威にさらされながら、なんとか生き延びて成長しようとさえしていた。

二〇〇七年にエストニアを麻痺させたようなＤＤｏｓ攻撃は、いまではありふれたものとなっているが、エストニアの防衛がそれをかなり無力化していた。

ＤＤｏｓ攻撃は雨のような存在になっている、とカリユライド大統領は自信に満ちた様子で言った。そして「雨粒がシステムのうえに落ちても誰も気にしません」とつけ加えた。

当然ながら、一〇年というのはテクノロジーの世界では一生に値する。ロシア、中国、北朝鮮、その他のサイバー攻撃の仕掛人たちは、サイバー機能を調整し進化させている。そして、そうした進化した機能を使って、より積極的なサイバー攻撃を展開するようになっている。

「それは、テクノロジーと防衛力がどれだけ進化したかだけでなく、こうした攻撃的な活動がインターネット分野でどれだけ活発になっているかを示しています」と、カリユライドは言った。

サイバー攻撃の高度化が進むにつれて、それに対するエストニアの防衛力も進化しており、実績がそれを証明している。エストニアは、過去数年で最も大きな損害をもたらしたふたつのサイバー攻撃で、大きな被害を受けなかった希少な国だ。ひとつは二〇一七年のランサムウェア〈ワナクライ〉による攻撃で、アメリカはこれを北朝鮮の仕業だとした。もうひとつは二〇一八年のネットワークインフラに対する世界的な攻撃で、これに関しては、アメリカはロシアを非難した。「ロシアはエストニアに実質的な損害を与えることはありませんでしたが、それはひとえにエストニアの国民が他のどこよりもサイバー衛生《ハイジーン》に優れていたからです。デジタル分野で、常に自分たちの安全を確保しているのです」カリユライド大統領はそう語った。「実際、私たちが妨害的なサイバー活動を目にすることはそれほどないと思います。というのは、エストニアの社会は、サイバー衛生のレベルが最も高く、おそらく攻撃するのがかなり難しいからです」

驚いたことに、カリユライドによると、ロシアはエストニアのサイバー防衛力があまりに頑強なのがわかって、もはや攻撃を仕掛けてこなくなったという。

「私たちは、こうした攻撃を避ける備えをしてきました。その結果、攻撃を受けることがなくなったのです」

その成功は、国全体での脅威の認識とそれに対する防衛努力なくしてはあり得なかったと、エストニアの指導者たちはいう。

「一人ひとりが責任をもつ必要があることを国民に説明する義務が国にはあります」カリユライド大統領はそう力説する。「実際、テクノロジーは国民を決して守ってはくれないのです」

エストニア政府関係者の誰もが、「サイバー衛生」の知恵と必要性を支持している。皮肉なことに、二〇一六年のアメリカ大統領選挙へのロシアの介入を含む過去一〇年で最も大きな損害を与えたサイバー攻撃でさえ、単純なユーザー過失を必要とする比較的粗雑なツールを使っていた。ヒラリー・クリントンのキャンペーンをまんまと標的にしたフィッシング攻撃は、選挙事務長が自らリンクをクリックすることで効果を発揮した。エストニア国民は、同じ間違いを決して繰り返さないよう訓練を受けていて、それを順守することに同意もしている。
「サイバー衛生、サイバー衛生、サイバー衛生」と、カリユライド大統領は繰り返した。「国民に教え込むこと――それが最も重要です」

エストニアのサイバー教育は、学校のいわゆるサイバー警察にはじまり、ウェブ上で出会った知らない相手を、遊び場にいる見知らぬ人物と同じように警戒して避けるよう、子どもたちに教えている。カリユライドが言ったように、テクノロジーはサイバー脅威から人々を守ることはできない。人は自分で自分の身を守る術を学ばなくてはならないのだ。

エストニアの国民が、公的支援の受け取りから、銀行取引や投票まで、いかに多くオンラインを活用しているかを考えると、エストニアの成功は驚くべきものだ。ロシアがその後ヨーロッパやアメリカの選挙に介入したときでさえ、エストニアはオンラインによる投票をやめようとはしなかった。危険の度合いはこれ以上ないほど高かった。サイバー侵害は、エストニアの選挙や金融システムに対する信頼性を損なう可能性があった。その結果、あらゆるオンライン取引において「デジタル署名」が一般的となった。

「エストニア国民は、デジタル署名がないものは安全ではないと知っています」とカリユライドは言った。「もし誰かが、デジタル・アイデンティティを伴うデジタル署名をして情報を送ってきたら、それは確実に安全なもので、署名されたときに暗号化されていることがわかります。ですから、安全なインターネットは存在するのです。それ以外はすべて安全ではないと国民は知っています」

だが、エストニア政府は、平均的なエストニア国民の警戒心だけで十分だと信じているわけではない。次の攻撃を防ぐためだけでなく、いかなる攻撃も二〇〇七年にロシアがやったように国を麻痺させることができないよう徹底するために、積極的な対策を講じているのだ。そのひとつの手段が、いわゆる「データ大使館」の創設だ。

データ大使館は、エストニア国外に置かれた、エストニア政府データの膨大なデジタルコピーを厳重に保護するサーバー群で、保管される対象には、政府関連の情報から有権者のデータ、さらには金融取引や健康の記録まで含まれる。この構想は、国外にエストニア政府の完全なバックアップを置くことで、サイバー攻撃によって国の機能が麻痺してもデータにアクセスできるようにするためのものだ。二〇一七年六月にこの計画を発表した際、エストニア政府は希望を込めてこう言った。「エストニアのパイロット計画は、再び他の国々に手本を示すことになるでしょう」[4]

エストニア政府は、二〇一八年に最初のデータ大使館をルクセンブルクに開設した。

「データ大使館は、エストニアと大使館の設置国とのあいだの二国間協定によって、あらゆる権利を有することになります」カリユライド大統領はそう説明した。「ですから、他のすべての大使館と同じで、法的には我が国の領土なのです。普通の大使館との違いは、そこにアクセスし、またアクセスする許可を与えることができる点です」

エストニアの民間企業が、海外での援助を受けることもできる。

たとえば、報道機関は海外のパートナーと提携して、国外にエストニアのニュース・ウェブサイトのミラーリング拠点を立ち上げている。エストニア公共放送もそのひとつだが、安全保障上の観点から、どこの国にバックアップを置いているかは明らかにしていない。

「場所を明かすことはできませんが、いまではニュース・サイトの地理的なミラーとなるいくつかの素晴らしいメディア・ハウスがあります」現在はエストニア公共放送で働いているリレンバーグは言った。

二〇〇七年のサイバー攻撃を体験し、いまや白髪混じりとなったリレンバーグは、これらのデジタルの出先機関を軍事用語を使って表現した。

「ですから、もし敵が新たな巡航ミサイルを発射して、それが報道機関のビルを直撃しても問題ありません。他の場所にあるビルが常時稼働しているからです」

　進行中のロシアとのサイバー戦争で、エストニアの民間部門はまさに最前線に立たされている。実際、エストニア政府は、市民兵としての民間企業に頼っている。

「もうひとつ学んだのは、こうした脅威に対抗するために必要な専門知識の多くが、実際は民間部門にあるということだ」元国防大臣のアービックソーはそう語った。「政府と民間部門ができるだけ緊密に連携することが重要なのだ」

　そうした協力関係を強調し、サイバー防衛においてエストニア市民が担う重要な役割を際立たせるために、エストニアは、防衛協会のなかに「サイバー部隊」を立ち上げた。この部隊は、必要な情報技術とサイバー・セキュリティのスキルに加えて、法律や経済などの専門知識も備えたボランティアで構成され、危機の際には破壊的な影響をもつサイバー攻撃の撃退を支援できるよう定期的に訓練を受けている。サイバー部隊のおかげで、政府はフルタイムで雇うことが不可能な民間部門の人材を活用することができるようになった。[5]

　母体となるエストニア防衛協会は、一九一八年に創設されたボランティアからなる民兵組織で、一九九一年に崩壊しつつあったロシアから独立したときに再建された。エストニア人によると、この防衛協会はアメリカ独立戦争当時の民兵《ミニットマン》から発想を得たものだという。そしてこんにちでは、防衛協会の武装民兵組織が、通常攻撃の撃退を支援するために定期的に訓練を受けている。サイバー部隊の隊員は、サイバー戦場でコンピュータ技術を武器に戦う民兵で、サイバー攻撃を受けた場合に召集されて国を守る民間部門のボランティアからなる予備部隊として機能している。エストニアの同盟国であるNATO諸国は、このサイバー部隊を手本として自国への導入を検討している。

二〇〇七年の攻撃を首尾よく撃退したにもかかわらず、エストニアの指導者たちは、シャドウ・ウォーがサイバー空間をはるかに超えて広がっていると力説する。そして、防御が最も難しいのは他の手段によるロシアの攻撃――とくに西側諸国の選挙への攻撃のような情報活動だ。

「これは、通常のサイバー攻撃よりもはるかに危険だと考えています。なぜなら、通常のサイバー攻撃ならば技術システムや優れたサイバー衛生によって対処できるからです」カリユライド大統領は私にそう語った。「私たちはそれに対抗しなくてはなりません。国民にこの状況を説明する必要があるのです」

「クリミア併合やウクライナ東部への侵攻の後、ハイブリッド戦争が活発になっている」と、ミクサーは言った。「実際、独立を回復して以来、我々はこの種のハイブリッド戦争の圧力を受け続けている」

「ロシアは、常に政治的な圧力、心理戦、そして経済措置の組み合わせで、我が国の政治問題に介入しようとしている」と、ミクサーは言った。

シャドウ・ウォーの時代には、西側諸国はロシアの攻撃を個別にではなく全体でみて、一団となって戦わなくてはならないと、カリユライドは言う。

「サイバーであれ物理的なものであれ、ロシアの活動はすべて、グルジアの一部占領から始まり、ウクライナへと進み、エストニアのサイバー防衛力を試すことで民主主義を攻撃しているのです。これらはすべて、私たちのルールに基づいた制度をひっくり返そうという意図とその兆候を示しています」

それに対抗するには、西側同盟国の結束と、ロシアの行動を非難し罰する意欲が必要となる。カリユライドは、その絶好の例として、フランス大統領のエマニュエル・マクロンがエリゼ宮の階段で、フランス大統領選挙に関してプーチン大統領と対峙した瞬間を挙げた。

「プーチン大統領と並んだマクロン大統領が、『我が国の民主的な選挙にこんな真似をしましたね』と言ったのです」カリユライドは、当時を思いだして言った。「大衆はそれを目にします。注目を集めるくらい大きなことなのです」

そうした警告をものともせず、ロシアはさらに積極的な攻撃を西側諸国に仕掛けることで、シャドウ・ウォーの新境地を開いた。ヨーロッパの外交官や政府関係者の多くが、二〇一八年三月にイギリスのソールズベリーの街頭で元ロシアのスパイだったセルゲイ・スクリパリとその娘のユリアの暗殺をロシアが企てたことに、とくに懸念を示した。スクリパリのアパートのドアノブに塗りつけられたと警察が考えた毒物は、ロシア製の神経剤ノビチョクだった。その三か月後、スクリパリとは何のつながりもないイギリス人カップルのドーン・スタージェスとチャーリー・ロウリーは、同じ神経ガスに汚染された容器に触れて被害にあったと警察は考えた。スタージェスはしばらくして亡くなった。

「これは、NATO史上前例のない、NATO諸国の領土における物理的攻撃です」カリユライドは私にそう語った。「私が知りたいのは、ロシアが次に何をするかです。私たちは、次に何が起きるかを常に想定して、それに備える必要があるのです」

◉教訓

ロシアが二〇〇七年に行ったエストニアに対するサイバー攻撃は、考えさせられる教訓をふたつ、アメリカと西側諸国にもたらした。第一の教訓として、この攻撃により、比較的泥臭いサイバー兵器でも、一国全体を麻痺させることが可能だということがわかった。ロシアがエストニアに仕掛けたDDoS攻撃は、最小限の費用で実施可能な単純なもので、さまざまな小国や非国家主体が容易に真似をして展開することができる戦法だ。第二の教訓は、二〇〇七年の攻撃で、西側諸国を混乱させ弱体化させる目的で、ロシアが前例のない規模と範囲で、積極的にサイバー兵器を使ったということだ。ロシアは、巧妙に仕組まれた抗議というかたちの地上での陽動作戦と偽情報の拡散を組み合わせることで、海外の敵対国に恐慌と分裂を生じさせた。これは、後に西欧とアメリカに対してロシアが仕掛けることになる破壊作戦の前兆だった。

アメリカと西側同盟国は二〇〇七年にそうした教訓を見逃したために、その後の一〇年間に起きる事態の前兆に気がつかなかった。そして警告がより明確で危険なものになっても、教訓を見逃し続けたのだ。アメリカと西側諸国の指導者たちは、ロシアの指導者はかなりの程度まで西側諸国と同じもの――西側諸国によってつくられ決められた国際法に基づく秩序によって統治される友好的ともいえる関係――を望んでいるという誤った見解を持ちつづけた。そこには、軍事衝突の危険を最小限に抑え、ある程度の軍事的協力を可能にするために定められた協定の順守も含まれていた。この誤った期待が、ロシアに関する社会通念の一部となった。その後に起こった出来事が、それがいかに甘い考えであったかを明らかにしている。

第三章　機密を盗みだす
――中国

アメリカ人の友人や取引先にとって、スティーブン・スーは愛想のいいビジネスマンで社交的な男だった。

「みんなスーのことが好きだった」元FBI対諜報部門責任者のボブ・アンダーソンは私にそう言った。「やつをろくでなしだとは誰も思わなかった。ばかげて聞こえるのはわかるが、人とはそんなものでそれが始まりだった」

スティーブン・スー（中国名スー・ビン）は、出身国の中国に住んでいたが、頻繁にアメリカとカナダに出張して航空機および航空宇宙産業でのビジネスを築いていた。スーの会社ロード・テックは、巨大企業がひしめく業界では小さな存在だった。軍用機産業において、最もローテクなケーブルハーネスの製造を専門にしていた。しかし二〇〇九年から二〇一四年までの五年間に、はるかに大きなアメリカおよびカナダの防衛関連企業と親密な取引関係を着実かつ意図的に築いていて、そのなかには最も高度な機密情報をもつ軍事企業も含まれていた。アンダーソンが説明したように、スーは努めてそうした技術を入手できる人物や入手できる人を知っている人物と知り合いになり、自分のことを信用させるのだった。

　スーの取引先は、彼のことを理想的なパートナーであり、彼自身だけでなくアメリカやカナダの取引先の利益にもなるような取引をすることに余念がないと評した。スーは仕事に専念していたが、付き合うにもいい人物だった。長年かけて、シアトル、バンクーバー、ロサンゼルスの一流レストランで、ワインを飲みながら高価なディナーを数多く楽しんでいた。

「そうやって、スーは人に近づくんだ」アンダーソンは当時を思いだして言った。「いま何に取り組んでいるんですか？　どんな仕事をしているんですか？　すごい！　それは面白いですね……。その後で、多くの場合こんなことを持ちかける。ところで、この情報を使って金儲けができますよ、私とあなたが、この情報を必要としている人物とパートナーになるいい方法がありますす」

　スーが最も関心をもっていた情報は、史上最先端のアメリカ軍用機である、ロッキード・マーティンのF‐35およびF‐22ステルス戦闘機と、ボーイングC‐17グローブマスター軍用輸送機の三機に関するものだった。これらは、ペンタゴンの最大の軍事請負企業のうちの二社の製品だが、それぞれが何十という小さなサプライヤーから調達した何千という部品を使っていた。そうしたサプライチェーンがスーに多くのコネをもたらし、彼がどんな種類の情報を探しているかを気にしはじめたパートナーに対するうまい説明にもなった。

「スーは、『F‐35をくれといっているわけじゃないですよ。でも、友人や有望な顧客に売ることができるようなシステムの一部を手に入れるくらいはいいでしょう？』と言うんだ。そこからは、ゆっくりと時間をかける」と、アンダーソンは言った。

取引先に知られることはなかったが、スーは一人で活動していたわけではなかった。実際は三人組で、スーはアメリカで、他のふたりは中国で活動していた。このふたりは、二〇一四年のFBIによる刑事告訴状では「起訴されていない共謀者その一」と「起訴されていない共謀者その二」とだけ書かれていた。FBIによると、まずスーが、狙いを定めた企業内の価値がありそうなコンピュータ・ファイルを特定し、その情報を中国にいる仲間に伝える。するとその仲間が、標的となった企業のコンピュータ・システムに不正侵入してそのファイルを盗みだす。そしてチームは盗みだしたファイルを、軍事部門の国営企業といった中国内で関心を示す相手に売りつける。刑事告訴状に書かれていたように、彼らは中国政府の指示だけでなく、自分たちの個人的な利益のためにも活動していた。つまり国と自分たちの銀行口座のためにスパイ行為をしていたというわけだ。[1]

後にFBIが入手した電子メールによって、彼らの手口が単純で効率的なものであることがわかった。チームとして最初に仕事をしたのは、二〇〇九年の夏に、スーがアメリカ国内で標的となる企業を特定するメールを共謀者に送ったときだった。二〇〇九年八月六日付のメールに、スーはパスワードで保護したエクセルのスプレッドシートを添付している。そこには、八〇人ばかりの技術者と新たな軍事プロジェクトに携わっている社員のメールアドレス、電話番号、そして肩書が含まれていた。スーの手口はローテクで、稚拙とさえいえるものだった。八月六日付のメールの件名は「私の携帯番号」となっていて、これは保護されたエクセル・ファイルのパスワードが、単純にスーの携帯番号だと示すものであることを、後にFBIが突きとめた。[2]

三か月後の二〇〇九年一二月一四日、スーは再び似たようなメールを発信した。今度の件名は

「ターゲット」で、米軍のために武器制御および電子戦争システムを製造していた企業の社長と副社長をはじめとする四人の経営幹部の名前と肩書を載せていた。後のＦＢＩによる分析で、これら初期のメールで特定されていた部門が、その後このチームによってハッキングされたターゲットと一致していたことが明らかになる。[3]

このハッカー集団が次にとった手段は、ロシアのハッカー集団が二〇一六年のアメリカ大統領選挙期間中に民主党に侵入した手口と似ていた。フィッシングメールと呼ばれる、あたかも同僚か本物の取引先から送られたかのように装うメールを、標的とする企業の社員に送りつけるのだ。受け手がメールに入っていたリンクをクリックするか添付ファイルを開くと、被害者のコンピュータと中国のハッカーのコンピュータのあいだでアウトバウンド接続がなされる。すると、ハッカーは被害者のコンピュータに悪意あるソフト《マルウェア》をインストールして遠隔操作を可能にする。さらに警戒すべきなのは、それによってその企業のネットワーク全体を探ることができるようになることだ。[4]

スーとその一味は、サイバー侵入の犯人がわからないように用心深く事を進めた。そのため、標的となった企業とのアウトバウンド接続は、世界中のいくつもの国のサーバーを経由して行われた。「ホップ」として知られるこうした中継点を通すことによって、たとえハッカーの存在が発覚したとしても、誰がハッキングをしているのか、どこから操作しているのかはわからない仕組みになっている。

ＦＢＩが入手した二〇一三年のこのチームの内部報告にはこう書かれていた。「外交的および法的な煩雑さを避けるために、監視業務と情報収集は中国の国外で行われている。収集された情報は、まず情報部員によって中国の国外に事前に準備した仮サーバーか、第三国に置かれた踏み台《ジャンプ》サーバーを経由して送られて、最終的には中国周辺の地域、あるいは香港やマカオにあるワークステーションにたどりつくことになる」[5]

中国本土の顧客へと到達する情報窃盗の最終段階は、コンピュータ・ネットワークをまったく介さないものだった。スーとその一味は、香港とマカオに「マシンルーム」と称するものを設置していて、盗んだ情報をそこに集めてから、人の手によって国境を越えた中国本土へと運んでいた。

「情報は常に誰かが受け取って、直接中国へと運ぶことになっている」二〇一三年のメールにはそう書かれていた。[6]

結局スーとその一味は、侵入が最初に発覚するまで三年にわたってボーイングのネットワークへ自由にアクセスしていたことになる。その期間にＣ‐17に関してだけでも六三万件のデジタル・ファイル——合計で六五ギガバイトという膨大なデータ——を盗みだしたと主張している。Ｆ‐22とＦ‐35に関しては、さらに何万というファイルを盗んでいた。[7]

スー・ビンのチームは、莫大な成功を収めていたものの、アメリカの政府および民間部門の極秘情報を盗むことに専念している巨大な中国ハッカー軍団のほんの一部にすぎなかった。過去二〇年で、中国はサイバー・スパイ活動を担う非常に大きな基盤を構築していた。アメリカ通商代表部（ＵＳＴＲ）の推計によると、アメリカは年間で六〇〇〇億ドル近くの知的財産（ＩＰ）を失っている。中国は世界での主要なＩＰ侵害者とみなされているため、ＵＳＴＲはこの損失の大部分は中国によるものと考えている。

アメリカの機密情報を盗みだすことは、シャドウ・ウォーの最も油断のならない領域のひとつだ。国家安全保障に持続的な深い打撃を与え、堂々と行われている。私が北京のアメリカ大使館で特別補佐官を務めていた頃、アメリカ企業は、機密が盗まれていることを知りながらも、政府に助けを求めはせず、サイバー侵害を明らかにしようとさえしなかった。中国のパートナーとの関係を悪化させたり、中国市場へのアクセスを完全に失ってしまったりするのを恐れたのだ。実際、中国の戦略は、その恐怖心につけこみそれを煽るというものだった。

あるアメリカ法執行機関の上級職員は、中国のスパイ組織はサナダ虫のようなものだと私に語った。何万というアメリカ機関や個人を食い物にして、アメリカの最も貴重な資産である「発明の才」を吸いあげているからだ。中国政府の目標は、世界で最も強力で最も技術的に進んだ超大国としてアメリカを超えることに他ならない。中国の指導者たちは、できれば平和裏にその目標を達成することを望んでいるが、もし戦争になったら、戦場で決着をつけたいと考えている。

これは、単なる推測ではない。中国の最高指導者の発言にもそれは現れている。習近平国家主席は、二〇三五年までに中国のイノベーションを最先端のものにして、さらに二〇五〇年までに世界を主導する大国となる構想を描いている。実現すべき崇高な目的だが、その過程においてはある一線を越えることが――そしてサイバー・スパイ活動さえも――必要となると習近平は考えている。

「これは世界制覇を意味していて、もし衝突があったときには――残念ながら、おそらくあるだろう――アメリカより勝っているとはいわないまでも互角に戦えるくらいにはなりたい……それが過去三〇年から四〇年のあいだに中国が目指してきたことだ」アンダーソンはそう説明した。

サイバー・スパイ活動は、どちらかというとソフトで流血を伴わないシャドウ・ウォーの領域だと思えるかもしれない。しかし、中国の保安局はサイバー空間においても他の戦場と同じくらい冷酷な活動をしていると、アンダーソンは言う。

「中国人はロシア人よりも危険だ」アンダーソンはそう言うと、私が聞いているのを確かめるように一呼吸おいた。「中国人はためらわずに人を殺す。家族を殺すのも平気だ。中国国内や領土内では目立たぬように殺すのだろうが、必要ならば非常に残酷な手口を使うだろう」

ボブ・アンダーソンは、「危険」がつきものの警察畑から努力して諜報部門へ進んだ経歴をもつ。最初はデラウェア州警官として、暴走族から麻薬の売人や殺人犯まで取り締まった。一九九五年にFBIに入り、サウスイースト・ワシントンDCの麻薬捜査班に配属された。当時ワシントンDCは、麻薬と暴力に絡んだ犯罪率が最も高い都市のひとつだった。

「コカイン、クラック、メタンフェタミン、ヘロインと何でもありだった」アンダーソンはそう回想する。「当時のDCは、アメリカにおける殺人の都だった」

アンダーソンは出世を重ね、特殊機動部隊（SWAT）と人質救出チームで働いたあと、二〇〇一年にFBIの対諜報部門の幹部へと昇進した。彼の警察官としての経験は、国際的な対スパイ活動の世界で驚くほど役に立つ訓練となった。外国人工作員は、ワシントンの通りで追いかけた麻薬の売人と同じくらい凶暴で危険だったと、アンダーソンは当時を思いだして言った。ロシアの工作員はとくに手ごわい相手だった。

「まったくあいつらときたら、おれたちのことを心底憎んでいるんだ」アンダーソンはそう言った。「白人か黒人か、男性か女性かなんて関係なくアメリカ人だというだけで憎んでいる。アメリカ人だというだけで憎くてたまらないんだ」

アンダーソンは、ロシアの対外情報庁（ＳＶＲ）の上級職員とスパイを交換するために顔を合わせたときの話をしてくれた。ＦＢＩの対諜報部門の副部長だったアンダーソンにとって、ロシアで自分と同等の任務につく人間とアメリカ国内で同席したのはそれが最初だった。

「彼はふたりの秘書を同行させていた。明らかにロシアの参謀本部情報総局（ＧＲＵ）の人間と思われる屈強そうな男たちで、スーツに身を包んではいたが、そのレストランにいる誰の首でもへし折ることができそうな連中だった。まるでスパイ小説に出てくる輩《やから》のようだった」アンダーソンはそう語った。

スパイ交換のためにアンダーソンの向かいに座っていた七二歳のロシア高官は、プーチンと同じく、元ＫＧＢの職員だった。

「おそらく多くのロシア人を殺しているこの男が、テーブルの向かいに座って私をじっとにらみつけていた。私がＦＢＩの職員であることなんか気にしていない。アメリカ人だから憎いだけだ」アンダーソンは私にそう言った。

ロシア人のアメリカ人に対する憎しみはいまも変わらないが、アンダーソンは対諜報機関で働く立場で、サイバー・ツールの出現とその過度な普及によって、スパイ活動の本質そのものがいかに変わったかを目にしてきた。

「多くのスパイを捕らえてみて、スパイ活動がどう変わっているかがわかるようになった」アンダーソンは言った。「橋の下の情報受渡地点《デッド・ドロップ》を使うかわりに、すべてが小型メモリに入れられるようになった。小型メモリが何だか誰も知らなかった頃には、現実になるとは思えない話ばかりだった」

アンダーソンは、ベテラン警官の無頓着さと強がりを垣間見せながらスパイの話を続けた。彼にしてみれば、ワシントンDCの麻薬の売人と中国のサイバー泥棒には、想像以上に多くの共通点があった。どちらも欲しいものを手に入れるためなら、平気で嘘をつき、人をだまし、争いをして、殺しまでする。アンダーソンは、街頭で積んだ警官時代の経験を生かして、アメリカ史上最も破壊的なサイバー攻撃の捜査主任として力を発揮するようになった。そのなかには、エドワード・スノーデンの国家安全保障局（NSA）に対する大きな侵害、北朝鮮によるソニー・ピクチャーズに対するハッキング、そして機密情報を扱うための身辺調査対象者もしくは元対象者だった何百万人という政府職員（私自身もその一員であることが後でわかった）の個人情報を流出させたアメリカ人事管理局への中国人ハッカーによる侵入が含まれる。

「六〇〇人のスパイが一二三か国に散らばっている」と、アンダーソンは言った。「そして、犯罪歴や、金の使い方を調べはじめるのだが――少なくとも私はそうしている――いまでは仮想通貨が使われるようになった。はっきりとは知らないが、一時間で五〇か国を通してその金を洗濯《ロンダリング》しているようだ。いったいどうしたらそれを追跡できるというのだ？」

スティーブン・スーのようなスパイの数を正確に示すのは難しいが、スーたちのようなチームが常に何十とアメリカ国内で活動していると、アンダーソンは推測している。そしてその背後では、はるかに多くのハッカー集団が中国国内で活動している。国家安全部にフルタイムで雇われている者もいれば、パートタイムで働いている者もいる。高学歴の若い中国人のためのサイバー国務プログラムだ。

「アメリカだったら刑務所行きだが、中国ではアメリカのマサチューセッツ工科大学《MIT》やスタンフォード大学の優秀な学生に相当する何万人もの中国人の若者が、アメリカに対してハッキングを行っている」と、アンダーソンは言う。「金を払ってやらせているんだ。それが当たり前になっている」

「彼らは非常に計画的にそれを行っており、アメリカの情報機関とちょうど同じような要件を定めている」

　中国のハッカー集団は、目標に対して極度に野心的でもある。二〇一一年のメールのなかで、スーのチームは、彼らが盗んでいた情報があれば、アメリカのレベルに急速に追いつくことが可能で、楽々と「巨人の肩の上に立つ」（先人が積み重ねた発見に基づいて新たな発見をする）ことができると、これ見よがしに主張していた。[8]

　スーとその共謀者たちは、非常に高い目標を追求していて、詳細な記録を残していた。自分たちの有用性を顧客である中国政府に証明して自分たちの利益を増やそうと躍起になっていたのだ。そのため、メールに書かれた一連の輝かしい自己評価のなかで、自分たちの犯罪を詳細に説明していた。盗んだファイルの積極的な売り子でもあった。つまり、機密情報を盗みだすだけでなく、それをできるだけ高い値段で売りつける仕事もこなしていたのだ。そのために、彼らが定期的に送る業務報告は、大げさな自賛に満ちた売り込みのようなものになっていた。

　ボーイング社の保護されたネットワークに侵入した一年後の二〇一一年七月七日、スー・ビンの「起訴されていない共謀者その一」は、アメリカ防衛関連企業から盗みだした情報の一覧表を含む「過去の業績」と題するメールを、上司である「起訴されていない共謀者その二」に発信した。彼らは、ある企業のサーバーを掌握して、二〇ギガバイトの技術情報を盗んだと主張した。そしてＣ－17、Ｆ－22、Ｆ－35航空機に関するファイルを盗んだのに加えて、アメリカ製の無人航空機（ＵＡＶ）に関するファイルも「偵察中」だと自慢した。

「私たちは、狙いを定めた当該人物に関する膨大な量の情報とメールボックスを手に入れた」七月七日のメールにはそう書かれていた。「さらに、その企業の顧客管理システムのパスワードも入手して、顧客情報も把握している」

「過去の業績」には、アメリカ以外の標的も含まれていた。「長期間におよぶ偵察と侵入によって、インドとロシアが共同で開発したミサイルの……ウェブサイトを制御する権限を入手した」スーの中国人の共謀者のひとりはそう書いている。そして、台湾から盗みだした軍事技術や、中国国内で盗みだした民主主義運動やチベット独立運動に関する政治的な情報も例として挙げていた。彼らが収集に力を注いだのは、中国政府が知りたがっている――そして進んで金を払う――と思われるあらゆる情報だった。[9]

だが、アメリカは彼らの主要な標的として突出した存在だった。二〇一二年二月二七日、中国人共謀者のひとりが「完全リスト」という題名のメールを発信した。そのメールには、狙いを定めていたアメリカの軍事プロジェクト三二件の情報が、彼らが盗みだしたとする各プロジェクトに関する技術データとともに添付されていた。

ＦＢＩの二〇一四年の刑事告訴状によると、Ｆ－22のとなりには二二〇メガバイトを表す「２２０Ｍ」という数字があった。標的となった他の三二件のプロジェクトのなかには、数値のあとに「Ｇ」がついたものがいくつかあった。これはデータのギガバイトを示すものだとＦＢＩの専門家は判断した。1ギガバイトは1000メガバイトで、約五〇〇〇冊の書籍に相当する。[10]
それは、最先端で最も重要な機密がかかわるアメリカ軍事計画のいくつかに関する、膨大な量の情報だった。後にFBIの分析によって、盗みだされたファイル・ディレクトリ、技術概要、機密情報が、FBIがアメリカ企業やアメリカ政府機関から直接入手したオリジナルと一致することがわかった。[11]
二〇一二年と二〇一三年には、スーのチームはかなり活発に活動していたようだ。盗みだした最新情報を中国の顧客に伝えつつ、一連の成功を自慢していた。
二〇一三年二月一三日、スーの仲間のひとりが、上司に宛てて再びこう書いている。「アメリカで獲得に注力しているのは主に軍事技術だが、台湾では主に軍事演習や軍事基地建設に関する情報を中心に収集している」
そしてこれみよがしにこう続けている。「粘り強く多数のルートを使って尽力した結果、最近それぞれのルートで、F‐35やC‐17など一連の軍事産業の技術データだけでなく、台湾の軍事演習、軍事作戦計画、戦略的ターゲット、スパイ活動などに関する情報も入手することができた」[12]
二〇一三年八月に、スーのチームはアメリカにおけるハッキング活動の最も包括的な報告書を送っている。その誇らしげな報告書には、彼らの性格を表す生き生きとした自賛の念が込められていた。
「私たちは、安全かつ円滑に、任された使命を遂行した。国家の防衛科学研究の発展に多大な貢献をして、あらゆる方面から好意的なコメントを受け取った」[13]
ハッカー集団は、ハッキングの期間と高度化についても記録を残していた。あるメールで、ボーイング社の社内ネットワークに最初に侵入したのが二〇一〇年一月だったことを明らかにしている。ボーイング社の機密ネットワークは、一八の別々のネットワーク・ドメインと一万台のコンピュータをもつ「大量の侵入防止セキュリティ機器」によって保護されていたので、侵入が非常に困難だったと、彼らは述べている。

また、彼らは発覚を避けるために特別な措置を講じていて、アメリカの就業時間中にだけ社内ネットワークのなかを動きまわり、偵察しているのを悟られないようにしていた。さらに少なくとも三つの異なる国の「ホップ・ポイント」を使っていたことに言及し、「必ずそのうちの一か国は、アメリカと友好関係にない国を選んだ」とつけ加えた。それは、アメリカ当局に彼らの活動を暴露することになるかもしれない情報をアメリカと共有しないであろう国を選んだということだ。

情報の喪失は、膨大で広範囲にわたるものだった。二〇一二年五月三日のメールには、F‐35の飛行テスト計画の全容を明らかにする資料が添付されていた。盗まれたC‐17関連の六三万個のファイルは、実質的にこの航空機の設計に関するあらゆる情報を網羅していた。「その図面には、航空機の前部、胴体、後部、翼、水平尾翼、方向舵《ほうこうだ》、エンジンパイロンのすべてが描かれていた。組立図や、部品とスペアパーツもそこには含まれていた。図面のなかには、寸法や許容度とともに、さまざまな配管、電子ケーブル配線、機器の据付についても記載されていた。さらに飛行試験に関する書類もあった」と、「起訴されていない共謀者その一」は書いている。

つまり、彼らが盗みだしたのは、航空機を製造して飛行させるために必要な多くの情報だったということだ。彼らは、またもや大げさな自賛の言葉でメールを締めくくっていた。「この偵察行為は、十分な準備と詳細な計画によって、将来の仕事のために豊富な経験の蓄積をもたらした。私たちには新たな使命を遂行する自信がある」[14]

彼らが自分たちの成果を吹聴する傾向があることを考えて、FBIは刑事告訴状のなかでこう書いている。「彼らの成果と活動範囲は誇張されている可能性がある」

しかし、彼らが盗みだしたと主張するファイルの多くは、捜査の過程で標的とされた企業からFBIに提供された本物のファイルと完全に一致している。さらに、アメリカの情報当局者がしばしば辛辣な皮肉を込めて口にするように、中国のY－20輸送機はボーイングC－17に酷似していて、中国のJ－31戦闘機はアメリカのF－35と見分けがつかないほどそっくりだ。

スーのチームは、人的な情報収集とサイバー侵入によって、長期間にわたり並外れた成功を収めた。そして彼らを駆りたてたのは、金と祖国というふたつの動機だ。このふたつの目標は互いに相容れないものではないと、ボブ・アンダーソンは言う。実際、このふたつの動機づけ要因は同時にうまく効果を発揮することがある。

「中国人の場合、その両方が常に機能している」と、アンダーソンは私に語った。「国民はお金が欲しい。国とは持ちつ持たれつの関係を望んでいる。だが、同時に国が何を手に入れるよう彼らに望んでいるかをよく知っている」

「微妙なのは、全員が報酬を得たいと望んでいることだ」と、アンダーソンは続けた。「だが、必ずしも政府から報酬を得る必要はなく、金を持っている方と裏取引を結ぶのでも一向にかまわないのだ」

こうした動機の組み合わせは、アメリカの法執行機関が、もうひとつのサイバー敵国とみなしているロシアでは見られない。

「ロシアのスパイが、情報を本国に送ってから、それをどこか他に売りつけようとすることはない。そんなことは未来永劫あり得ない」とアンダーソンは言った。「ロシア対外情報庁、ロシア連邦保安庁、ロシア連邦軍参謀本部情報総局のロシア人は、決してそんな真似はしないだろう」

「中国の場合は、ビジネスのようなものだ」と、アンダーソンは結論づけた。

メールのやりとりを見ていると、スー・ビンとその仲間の頭からお金の問題が消えることはまったくないのがわかる。泣き言を並べるメールが多く、せこいものもある。二〇一〇年のあるメールには、チームとインフラを構築する時点で受け取った二二〇万人民元の資金をはるかに超過する出費があったと書いている。そして、実際に発生した出費は、その三倍以上の六八〇万人民元あるいは一〇〇万米ドル近いと主張した。不足分は銀行からの借り入れで賄わなくてはならなかった。この予算不足のために、C-17に関する情報を入手する絶好の機会を失ってしまったと、彼らは書いていた。

三人とも頻繁に報酬の見直しを求めていた。二〇一〇年三月三〇日には、中国を拠点とするハッカーのひとりが、何かいい知らせ――おそらくは報酬に関して――があるかどうかを訊ねるメールをスーに送っている。五日後の四月五日、この男は件名に「……」とだけ記したメールを再びスーに出している。

そして支払い処理を急がせるために、盗みだしたC-17に関する情報のサンプルを買い手に渡して関心を引こうと提案したのだ。その当日中に、スーはその提案を却下する旨の返信をして相手をこう諭した。「もしC－17の情報サンプルで金を受け取ったら、その後は大金を手にするのは難しくなるだろう」

スーは憐れむように、中国政府の官僚主義に対する辛辣な言葉をつけ加えた。「経費の申請にも時間がかかりすぎている」[15]

だがスー自身も不満を漏らしていた。二〇一〇年三月、C－17のデータを買おうという国営の航空機製造企業について不満を述べるこんなメールを仲間に送っていた。「この情報はあの会社に必要なものだというのに、けちにも程がある！」

アンダーソンの考えでは、金銭的報酬に対する欲求は、中国の情報泥棒の献身度合いを弱めるものではない。愛国心は、相変わらず強力な動機づけ要因であって、多くの中国国民を祖国のためにできることをしようという気にさせている。それは正規の政府工作員だろうがパートタイムのボランティアだろうが変わらない。

「中国国家安全部と中国共産党は、本土の国民全員を情報収集者としてみなしている。その家族や親戚もそうだ。中国の強みは国民だ」

これは中国独特の強みだと、アンダーソンは言う。

「ロシア対外情報庁やロシア連邦保安庁とも違う。韓国国家情報院や、MI6の名で知られているイギリス秘密情報部とも違う。これこそが中国の強みだと思う」と、アンダーソンは続けた。

当時最も大きな損害をもたらした中国人スパイのひとりだったスー・ビンの活動は、二〇一四年の夏に終わりを告げた。アメリカが発行した逮捕令状によって、カナダで逮捕されたのだ。それは彼が、アメリカ国内でハッキングの対象とする標的について詳しく説明した指示を、中国にいる共謀者に最初に送ってから五年後のことだった。米司法省は、スー・ビンの起訴を発表する声明のなかで、彼が中国を拠点とするふたりの「起訴されていない共謀者」とともに、コンピュータ・システムに侵入して、C－17輸送機、F－22戦闘機、F－35戦闘機を含む軍事計画に関する機密情報を入手したと述べた。[16]

二年後の二〇一六年二月、スーはアメリカへの送致に同意し、カリフォルニア州地方裁判所のクリスティーナ・スナイダー裁判官の前で有罪を認めた。スーとの司法取引について、司法省はこんな発表をした。「スーは、二〇〇八年一〇月から二〇一四年三月にかけて、中国にいるふたりの人間と共謀して、アメリカ国内の保護されたコンピュータ・ネットワークへ不正アクセスをしたことを認めた。カリフォルニア州オレンジカウンティにあるボーイング社のコンピュータもそのなかに入っていて、機密性の高い軍事情報を取得して、その情報を不正にアメリカから中国へと送っている[17]」

スーは、情報の不正取得によって金銭的利益を得ていたことも認めた。二〇一六年七月、スーは懲役四六か月の判決を受け、罰金一万ドルの支払いを命じられた。

この司法取引について発表するにあたり、当時の副検事総長だったジョン・P・カーリンはこう言った。「この司法取引は、アメリカやアメリカ企業から情報を盗むと高くつくという強力なメッセージを発信するものだ。こうした犯罪者は、必ず見つけだして法の裁きを受けさせる。国家安全保障局は、引き続き国家の安全保障に対するサイバー脅威を厳しく撃退することに注力し、我が国の安全保障に害を与えようとする者を容赦なく追及していく」

「サイバー・セキュリティはFBIにとってだけでなく、アメリカ政府全体にとっての最優先課題だ」当時のFBIサイバー対策部副部長ジェームズ・トレイナーはそうつけ加えた。「我々の最大の強みは、力を合わせて取り組むときに発揮され、本日の有罪判決がそれを示している。敵国の能力は常に進化しているので、油断せずにサイバー脅威と戦っていくつもりだ」[18]

それは、アメリカがサイバー脅威をいかに深刻に受けとめているか、そしてそれを敵国に対して明確に示したいと思っているかを示す大胆で力強い発言だった。そして外国人ハッカーの告発は、たとえアメリカに逮捕する権限がない場合でも、犯人を名指しして不名誉な立場に立たせるという、サイバー攻撃に対するアメリカの対応の一部となる。「それは、ひとつのメッセージを送ることになる」アメリカの警察当局者はよくそう言う。だが、逮捕されることによって被る恥辱と今後の情報収集へ与える損害以上に、アメリカが中国のサイバー攻撃の手段について学んだのは、そうした告発も中国政府の行動を変えはしなかったということだ。

「こんなやつらは他にいない」アンダーソンはそう述べた。「中国側は、すぐにこう言いかえしてくるだろう。ひとつ――我々はすべてを否定する。ふたつ――我々はまったく気にしない。経済スパイ法など守る気もない。そもそも、その存在に同意さえしていない」

二〇一四年のスー・ビンの起訴はFBIの勝利であり、サイバー・ポリスがうまく機能した例だ。スーとそのチームの電子的証拠を隠滅する驚異的な努力にもかかわらず、FBIの分析官は、彼らの電子的痕跡を世界中にわたって追跡し、数多くの国やホップ・ポイントをたどって、最終的に愛想がよく社交的なひとりの中国人ビジネスマンを突きとめることに成功したのだった。

多くのスパイ事件がそうであるように、スー・ビンと彼のチームが突きとめられて逮捕される前に、ボーイングや他のアメリカ防衛関連企業を標的とした作戦を暗示するヒントや手掛かりがあった。ボブ・アンダーソンは、スーが逮捕される前の数か月に、侵害の可能性を示す情報を目にしたことを覚えている。

「サイバー事件の多くでは、通常のスパイ事件と同じで、ここに犯人がいるぞという噂やちょっとした情報が耳に入ってくる」と、アンダーソンは言った。

だが、この事件では、その犯人を特定するのに数年かかってしまったせいで、中国に軍事技術を数年あるいはそれ以上前倒しすることを許してしまった。その結果いまや中国は、少なくとも外観はF‐35とC‐17にほぼそっくりな二種類の航空機を飛行させている。

アンダーソンをはじめとする多くの人々が、スーのチームは中国のサイバー・スパイがつくる巨大なグローバルネットワークのほんの一部にすぎないと警告している。

「同じようなスパイはいくらでもいる。誰もが知っておくべきことは、これが一度限りのものではなく、犯人をひとり――あるいは何百人と――起訴したからといってこうした事件がなくなるわけではないということだ」アンダーソンは、そう警告を発した。「やつらは、活動のペースを少しも落としたりはしない」

「私が考えるに、何千とはいわないまでも何百というスパイが、アメリカやその同盟国で動きまわっている。というのも、いまやビジネス環境がグローバルになっているからだ」アンダーソンはそうつけ加えた。

さらに警戒すべきことに、FBIのサイバー部門は、スー・ビンとその仲間が実行したような不正侵入は、おそらくサイバー侵入全体の一〇パーセントかそれ以下だと認識している。その数の多さにはただただ圧倒されてしまう。

　こうしたシャドウ・ウォーの戦場は常に変化している。アメリカがひとりもしくは数名のスパイを捕まえたところで、新たなスパイが新たな武器を手に参戦してくるだけだ。技術が常に進歩するのにともなって、中国のハッキング手段も進化している。スー・ビンのチームがまんまと成功させた、ひとりの工作員が標的を特定し中国にいる仲間がハッキングをするという手口は、いまや時代遅れとなっている。中国のサイバー能力は、中国政府がもはやアメリカに工作員を置く必要がないところまで進化している。標的の選定もハッキングも、安全な中国国内から遠隔で行うことができるようになっているのだ。

「五年前のように近くにいる必要は、もはやないと思う。サイバー上で行えるし、企業の非常に高度に制限された領域に入り込む手段も変わったし、ハッキングをしたり正体を隠したりする能力が以前より進化しているからだ」アンダーソンは私にそう言った。

「中国が非常に得意としているのは、手段を継続的に修正しつづけることだ」

　それは、ＦＢＩがスー・ビンの件で学んだことが、新たなスー・ビンを捕まえるのには役に立たないことを意味している。中国人スパイは、別の手段による別の種類の窃盗を常に模索しているのだ。

「もしいまスー・ビンを探していたら、見つけることはできなかっただろう。ここにはもういないからだ。それが重要な点だ。見つけようとしても、もはや見つけることはできない」

　米軍にとって、スー・ビンの一味によるハッキングで受けた損害の範囲は、完全には明らかになっていない。中国は、その後似たような性能をもつ、似たような航空機を配備している。だが、中国のJ－31戦闘機とY－20輸送機はよくても安っぽい複製だと、米軍関係者は冷笑を交えながら私にそう語った。

ボブ・アンダーソンは、それほど楽観的ではなかった。彼は軍の司令官ではない。ずっと警察部門で働いてきた。だが、彼には知見があった。そして、スー・ビンのチームが、アメリカの最先端軍用機に関する機密データをどれだけ多く盗みだしていたかを訊ねると、彼は不穏な答えを返してよこした。

C－17に関しては、ただ「たくさん」とだけ答えた。F－35に関しては、「大問題とみなすくらいたくさん」と、もう少し詳しく答えた。

中国は、わずか三人の工作員の働きによって、五年間をかけて少なくともアメリカの最新鋭軍用機との差を縮めた。アメリカはこの航空機の開発に一〇年以上の年月をかけ、設計と製造に数百億ドルの資金を投入していた。そして中国の意図は、技術的にアメリカに追いつくだけでなく、戦争が起こった場合に――どちらの国にも戦争は避けられないと考えている軍司令官がいる――互角に戦える力をつけることにあった。

私がインタビューをしたアンダーソンをはじめとする情報当局者や警察当局者は、中国のスパイを敵ながらあっぱれだと評している。

「彼らを知ることとは、彼らに敬意を表することだ――彼らのしていることを理解する気があるならば」と、アンダーソンは言った。「彼らを好きにはなれないかもしれない。やっていることに賛同できないかもしれない。だが彼らのやり方や、日々相手を出し抜く手口は評価すべきだ。その点では非常に優れているからだ」

「我々は、中国から最大の敵とみなされている。どうしたらアメリカを追い抜くことができるか――その一念で彼らは嘘をつき、人をだまし、盗みを働く」アンダーソンは私にそう言った。「一般の人はそういう見方をしてはいないと思う」

◉教訓

米軍の最先端航空機のいくつかに関する詳細な機密をまんまと盗みだしたスー・ビンの謀略は、アメリカにとって考えさせられるふたつの教訓を含んでいる。第一の教訓は、中国が数十年にわたってアメリカの政府および民間部門の機密や知的所有権を盗んできたことだ。中国にしてみれば、国が後押しする窃盗は犯罪ではなく方針なのだ。それによってアメリカが被る損害は年間数百億ドルにのぼる。そう考えると間違いなく近代史上最大の窃盗事件で、それはいまも続いている。中国にとって、この窃盗の目的は、アメリカに追いつくだけでなく、アメリカを追い越すことにある。そしてその意図は、北京の中南海にある政府庁舎の奥深くに隠された秘密などではなく、中国政府当局者が演説や党機関紙のなかで公に語っているものだ。

第二の教訓は、アメリカがとった数々の防衛手段や中国政府に対する警告では、中国の行動を変えることはできなかったということだ。そうした対策には、オバマ大統領の習近平国家主席に対する個人的な警告から、米司法省の中国軍の軍人の告発や、トランプ大統領が中国製品に課した数千億ドルの関税までのすべてが含まれている。さらにロシアに対する西側諸国のアプローチと同様に、アメリカの指導者や政策立案者は、中国が西側諸国の望んでいること、つまりルールに則《のっと》った国際秩序への参加を希望しているという誤った考えを持ち続けている。この間違いをさらに深刻なものにしているのは、アメリカ政府やビジネス・リーダーが、中国は世界貿易機関（WTO）のような国際条約や国際協会へ加盟することで徐々に行動を変えていくだろうと公言していることだ。実際には、国際秩序への加盟が、中国によるアメリカ最大の資産である知的所有権の窃盗を減らすどころか逆に促進してしまう可能性が高い。それが、こんにち西側諸国がいまだに学びつつある教訓だ。

第四章 リトル・グリーンメン ——ロシア

二〇一四年七月一七日の昼すぎ、アレクサンダー・ハグはキエフの事務所で、航空機撃墜の第一報を受けとった。欧州安全保障協力機構（ＯＳＣＥ）のウクライナ特別監視団のリーダーとして、ウクライナ軍と、ロシアに資金と指示を受けた親ロシア分離派の軍隊とのあいだの血みどろの武力戦争を記録するという、危険でストレスの多い任務を指揮していた。ハグと彼のチームは、対話を促すために絶え間なく変化しつづける前線を監視し、民間人の犠牲者数を記録に留めるという最も厄介な作業にあたっていた。ジェット機が墜落したときは、空中での動きにしか注目していなかった。

その暑い七月の午後に先立つ数週間に、ハグのチームは、撃墜された軍用機に関するメディアの報道をかなり頻繁に目にしていた。ウクライナは、しばらくのあいだ最新でかなり規模の大きい空軍を維持し、戦場の上空を統治していた。しかし、ロシアの支援を受けた兵士の死亡者数が増えると、モスクワは肩撃ち式携帯型地対空ミサイル（ＭＡＮＰＡＤ）を兵士たちに供給するようになった。この決断が、即効かつ破壊的な影響をもたらすことになる。

わずかひと月前の六月一四日、ウクライナ軍のイリューシンＩＬ－76輸送機が、東部の都市ルハンシクの空港に着陸しようとした際に親ロシア派武装勢力によって撃墜され、乗員四九人全員が死亡した。翌日、機体の残骸や遺体がノヴォハンニフカの町の郊外にある農作地に散らばり、特別部隊の司令官が、航空機の撃墜を自分の功績だと誇らしげに主張した。ユーチューブにあげられた動画のなかで、ヴァレリー・ボロトフはこう語った。「ＩＬ－76に関してはこれ以上何も言えないが、我々ルハンスク人共和国航空防衛隊が撃墜したことは繰り返して言う」ボロトフの部隊は、ロシアが製造し供給した肩撃ち式ロケット弾を使用した。ＩＬ－76が着陸態勢に入っていたために、このタイプの兵器の射程に十分入る高度にあったのだ。

だが、その後ハグは、携帯型地対空ミサイルの射程をはるかに超えた高い高度で航空機が撃墜されたという新たなニュースを目にしていた。わずか三日前の七月一四日には、ウクライナ軍の別のアントノフＡｎ－26輸送機が、ルハンスク近郊の高度六二〇〇～六五〇〇メートルという上空で撃墜された。[1]その二日後の七月一六日には、ウクライナ軍のスホーイＳｕ－25戦闘機が高度六二五〇メートルで撃墜された。[2]その高度で航空機を攻撃するには、肩撃ち式よりも射程の長い――ヨーロッパの民間航空機の巡航高度に達するほどの――より強力な地対空ミサイルが必要だった。

「その頃は、前日のものも含めて、航空機が撃墜されたという報告がいくつかあったので、当然知ってはいた」ハグは当時を回想して言った。「だがその直後に、今回撃墜されたのは民間航空機だという最初の知らせが入ったのだ」

ハグは、こんにちでもまだ、その日の午後キエフの事務所でイーゼル大のフリップチャートに走り書きした最初のメモを保管している。それから四年経ったいま、ハグはそのメモを私のために読みあげてくれた。「ボーイング７７７-２００」「アムステルダム発クアラルンプール行」「最後の連絡は一六時三〇分」「乗客約三〇〇人」

「これは私が最初に殴り書きしたメモだ」ハグはそう言うと、当時を思いだして黙り込んだ。それは、ハグと彼のチームが心の準備ができていなかった事態に直面した最初の兆しだった。

四年が経ったいまでも、当時の記憶はハグにとって鮮明で生々しいものだ。ハグは大きな体に似合わず穏やかな話し方をするが、その冷静な態度で、現代ヨーロッパの血なまぐさい戦争の記録をとるという役割において目撃したものすべてと、常に戦っているかのようだ。三人の子どもの父であるハグは、戦争によって失われた人命を記録するとき、子どもたちのことがいっときも頭から離れないと言う。この墜落による犠牲者の場合も同じだが、彼にとってはいっそう過酷で辛い作業となった。

冷戦に由来する欧州安全保障協力機構（ＯＳＣＥ）は、冷戦終結後のヨーロッパにおいては時代遅れの存在だと思われていた。一九七三年にアメリカ大統領のリチャード・ニクソンと、ソ連共産党書記長のレオニード・ブレジネフによって創設されたＯＳＣＥは、かつては一九七〇年代と八〇年代に調印された核兵器に関する協定の監視を行った。[3]だが一九九一年にソ連が崩壊すると、ＯＳＣＥの重要性と輪郭は薄れていった。そして、一九九〇年代の中盤には、戦後のコソボやボスニアの監視といった、やや地味な任務を担うようになった。かつての超大国間の和平監視者としての高尚な役割は終えていた。だが二〇一四年には、クリミアやウクライナ東部へのロシアの侵攻が、この組織を再び国際的な注目を浴びる場へと押しやっていた。

七月一七日、マレーシア航空17便は、アムステルダムのスキポール空港からマレーシアのクアラルンプールに向けて、オランダ時間一二時三一分（GMT一〇時三一分）に、二八三人の乗客と一五人の乗務員を乗せて出発した。[4] このボーイング777は、巡航高度を三万三〇〇〇フィートにとり、ドイツ、ポーランド、そしてウクライナの上空を南東へと向かっていた。天候は晴れで、フライトは順調だった。客席の窓の外には、東欧の広大な平原が広がっていた。

MH17便がアムステルダムから出発する頃、東ウクライナのマキイフカの住民が、街を走り抜けるロシア製地対空ミサイル〈ブーク〉を載せたトラックの写真を撮っていた。マキイフカは、三時間ほど先のMH17便の飛行経路にちょうどあたっていた。

二〇一四年の夏、マレーシアの国営航空会社は、四か月前のクアラルンプールから北京に向かうボーイング777型のMH370便の原因不明の失踪という不安を抱えたまま運航していた。大がかりな国際的捜索によっても、機体の一片さえ見つからず、失踪の原因は謎のままだった。乗客の多くと同じオランダ国民だったコール・パンは、アムステルダムの空港でMH17便への搭乗を待つあいだに、機体の写真をフェイスブックに載せ「もしこの飛行機が消息を絶ったら、機体はこんな感じだ」というジョークを添えた。

離陸して二時間四八分が経過したオランダ時間の午後三時一九分五六秒（GMT一三時一九分五六秒）に、MH17便がロシア国境に近いウクライナ東部の上空にさしかかったとき、現地の航空交通管制塔がそのままロシア領空への飛行を続ける許可を伝えてきた。MH17便の乗務員はそのメッセージに応答している。[5]

オランダ安全委員会による調査報告書によると、その四秒後のオランダ時間午後三時二〇分

（GMT一三時二〇分）に、管制官はさらなる指示を与えるために、再びコックピットに無線で連絡した。今度は応答がなかった。管制塔はさらに四度乗員に連絡をとろうと試み、毎回「MH17便、聞こえますか？」と呼びかけた。またもや、応答がなかった。

　不安になったヨーロッパ側の管制官は、国境を越えたロシアの管制官に無線で連絡をとった。

「ロストフ（ロシア連邦南西部の都市）、MH17便を自動応答装置《トランスポンダー》で確認できますか？」

　コックピットからの連絡が途絶えたため、航空管制官は航空機のトランスポンダーからの信号がまだ探知できるかどうかを知りたかったのだ。ロストフの管制官はこう答えた。「だめだ。対象機は墜落しはじめたようだ[6]」

　のちに現場で回収されたボイスレコーダーは、最後の応答があった7秒後のGMT一三時二〇分〇三秒に、録音が突然途絶えたことを示していた。これもオランダの調査報告書によるのだが、二・三ミリ秒続いた高エネルギー音波が、通信が終わる直前に検出された。音響分析によって、その音波は機体の外、コックピットの左手上方からのものであることがわかった。

　最後の通信から数分後には、マキイフカの北東三〇マイルのところにあるウクライナ東部のグラバヴォの町の住人たちが、飛行機の残骸を写した写真や動画をソーシャルメディアで共有しはじめた。目撃者たちは、空中で爆発が起こり巨大な火の玉が見えたあと、燃える破片が次々と地上に落ちてきたと証言している。

　そうしたソーシャルメディアの情報がキエフまで届くと、ハグはその場所が当時の武力紛争の中心地であることに気がついた。首都のキエフからは遠く離れていて、車で五〇〇マイル近く走らなくてはならない。ハグは、翌朝出発できるよう荷造りと準備を進めるようチームに命じた。

ウクライナの老朽化したでこぼこ道を走ることを考えると、車でまる一日走ることになるだろう。到着する頃には墜落から二四時間以上が経っていることになり、ハグが懸念したのは、遺体や重要な証拠が住民にすでに持ち去られていたり、さらに心配なのは、地上の親ロシア派勢力に持ち去られたり手をつけられたりしていることだった。だが、ハグの当面の関心事は、チームの安全にあった。激しい紛争地帯の中心で、多数の死者を出した墜落という事実の立証を試みることになるからだ。

ハグは、無償で飛んでくれるヘリコプター会社を見つけることができた。墜落の件は、すでに国じゅうに広く伝わっていた。ウクライナではここ数か月流血事件が多発していて、一般市民が支援を提供していた。

OSCEの特別監視団は、平和維持軍ではないので、メンバーは誰も武装していなかった。嘘と欺瞞に満ちた紛争を公正な目で見続けようとしていた、善意の職員たちだったのだ。ハグはチーム全員の安全に責任を感じていた。地上六マイルを時速六〇〇マイルで飛行する旅客機が危険にさらされているのだとすると、地上数百フィートをゆっくり飛行するヘリコプターは格好の標的となってしまう。緊張を強いられる行程となるに違いなかった。

「パイロットの技量は信頼していたものの、当時紛争が非常に不安定な状態だったため、ある程度の危険は覚悟していた」と、ハグは控えめに言った。

七月一八日の早朝、一行はイジュームという町の南にある野原に無事着陸した。そこから、キエフのOSCE本部が手配した武装車両で、墜落現場を目指して南下した。残り数マイルの地点までくると、遠くで煙が立ち上るのが見えた。いまだに燃えている残骸が見えるところまで近づいたとき、思わぬ障害にぶつかった。

一行が遭遇した兵士たちは、迷彩服のうえに何の記章もつけていなかった。ハグはすぐさま、四か月前にクリミアの街頭に出没した、「リトル・グリーンメン」を思い浮かべた。ロシア語を話し、ロシア製の武器を携帯していながら、ロシア政府に言わせると、クリミアのロシア系住民を守ろうとする市民の志願兵にすぎない。たいした隠蔽にもなっておらず、人を馬鹿にした言い草だった。言葉のアクセントや持っている武器から、目の前の兵士たちがロシア人であるのは一目瞭然だった。捕らえられた分離独立派の兵士を、のちになってハグが自ら面談したところ、モスクワによってウクライナに配備された正規ロシア軍に属していることを認めた。だが当時は、国旗も認識票も身につけていない状態で、どこの兵士かを見極めることのできた者などいただろうか？

いまやウクライナ東部では、リトル・グリーンメンの別部隊が姿を現していた。墜落現場では、迷彩服と帽子を着用したがっしりしたロシア人のリーダーが、ＯＳＣＥの車両集団のまえで芝居がかった態度をとっていた。

「そのリーダーは、自動小銃のＡＫ－47ではなくマシンガンを手に立ちはだかり、墜落現場に沿って走る道路を二〇〇～三〇〇メートル以上進むことを阻んでいました」ハグは当時を思いだしてそう語った。

「その男は明らかに酔っていた。息が酒臭く、酩酊《めいてい》状態だったと思う」

ハグと彼のチームは、奇妙な孤立状態に置かれた。記録をとるよう派遣された墜落現場から数ヤードのところまで来たというのに、自由に仕事をすることができなかったのだ。ＯＳＣＥの監視団は近づくこともできなかった一方で、ロシア兵や数人のジャーナリストまでが、遺体や体の一部やいまだ燻《くすぶ》っている機体の残骸が散らばっている墜落現場を自由に動き回っていた。国際的な犯罪現場である可能性が非常に高いというのに、そうした扱いは受けていなかった。「その一帯は、まだ非常に混乱していて、何の秩序もない状態だった」とハグは言った。「武装した男たち、ジャーナリストそして民間人が、破片が散らばる野原を歩き回っていた」

この「非常に混乱した状態」は、ロシア軍とウクライナ軍のまさに境界線上で起こっていた。この数週間で、両陣営の犠牲者の数が増えていた。いまや戦場にばらばらになった機体が散らばっていたにもかかわらず、どちらの陣営も警戒を緩めようとはしなかった。現場は緊迫した危険な状態にあった。遠くで砲弾の音が聞こえた。ハグのチームのひとりが残骸の方へ歩いていこうとすると、武装した見張りの男がライフルを宙に向けて発砲した。

「私たちは先へ進もうとしたが、武装した男たちが頭上に向けて銃を発砲するために押し返されてしまった。これ以上先へは進ませないという意思表示だった」とハグは言った。

その地域の住民は、通りや庭や屋根のうえに遺体を見つけると、写真を撮ってハグのチームに見せた。最初の日だけで、ハグは少なくとも二一体の遺体を目にし、そのなかにはうだるような暑さですでに腐敗の兆候を示しているものもあった。気温は華氏一〇〇度（摂氏約三八度）以上に上昇していた。

「遺体には標識がつけられたが、野ざらしの状態だった」ハグはそう回想した。「現場にいた制服姿の救助隊員が、彼らの任務は遺体に標識をつけることで、移動させることではないと私たちに教えてくれた」

ハグが何度訊ねても、遺体を移動させるのが誰の仕事かは誰も答えることができなかった。地元の住民は精神的に参っていた。

「精神的な負担が重すぎたのだ。泣いている人や、救助しようとしている人もいた」とハグは言った。「一般市民は、砲撃を受けながらこの事故に対処しなくてはならないという二重の困難を抱えていたのだ」

その日だいぶ経ってから、ロシア人の指揮官は、ハグのチームに二〇〇ヤードだけ墜落現場に近づくことを許可した。だがそれ以上先に進むことは認めなかった。計り知れないほどの損害は避けようがなかった。機体の尾翼の一部や、座席や荷物コンテナなどの残骸が目に入った。住民は犠牲者に敬意を払って、荷物を積み上げていた。その彼らも、わずか七五分後には、銃を突きつけられてその場を離れることを余儀なくされた。

ハグは、墜落の原因を究明するようには指示を受けていなかった。しかし、最初から原因を明らかに示すとみられる細かい点に気がついていた。機体の外板、とくにコックピットの周りにぎざぎざした穴がいくつも見られた。ハグは、砲弾が外側から高速で機体に激突したことを示すように、穴が内側にめくれていることに気がついた。軍隊で働いたことのある彼には、爆発物による衝撃がどんなものかわかっていたのだ。

「穴のあいた他の部品も見つかった。軍での経験から、これが爆弾の衝撃によるものだとわかった。高速での衝撃であることもわかった」

疑いを抱いたのはハグだけではなかった。墜落が起こった日、五〇〇〇マイル以上離れた場所で、別の調査チームがMH17便の失踪に最初に気がついていた。MH17便が航空交通管制と連絡を絶ったその瞬間に、アメリカの偵察衛星が東ヨーロッパの上空で閃光をとらえていたのだ。そのため、アラバマ州ハンツヴィルにあるアメリカ国防情報局ミサイル・宇宙情報センター（MSIC）では、アメリカの情報アナリストたちがチームを組んで、閃光の原因を究明すべく衛星データを分析していた。私は、MSICの技術分析室への入室を許された最初の記者となり、七月の当日の朝勤務していた調査チームのメンバーと会った。分析官たちは、ここで紛争地域に関する科学捜査を施すのだという。

「犯行現場でDNAや指紋を採取して説得力のある説明を導きだすのに似た、科学的な捜査を実施します」MSICの主任研究員であるランディ・ジョーンズはそう語った。「あらゆるものがパズルのピースとなり、それを組み合わせることで、実際に何が起きたのかがわかるのです。この部屋は、そうしたパズルのピースを組みたてるところです」

MSICの分析官にとっては、衛星やレーダーから収集された膨大な量のデータが、このパズルのピースにあたる。アラバマ州ハンツヴィルには、ミサイル技術に関する長く語り継がれている歴史がある。この街には、史上最強のロケットがいくつも展示され、アメリカの核および宇宙計画の記念建造物が建てられている。一九四〇年代からアメリカのミサイル計画の本拠地であり、いまでも数多くのドイツ料理店がある。第二次世界大戦後、アメリカのロケット・ミサイル計画の活性化に貢献したヴェルナー・フォン・ブラウン率いるナチス・ドイツの亡命者たちが残した遺産だ。

核の時代がアメリカや世界に訪れると、国防情報局（DIA）のミサイル班は、ミサイルの打ちあげだけでなく、飛んでくるミサイルの探知と追跡にも力を入れるようになった。こんにちでは、DIAは、二万二〇〇〇マイル上空で地球の軌道をまわるあらゆる衛星を自由に使っている。こうした衛星は、地上にあるたくさんのレーダー・システムとともに、核攻撃に対する早期警戒システムとなっていて、アメリカ本土に向けたミサイルの発射を示すような爆発が世界のどこで起こっても探知できるよう設計されている。

「友好的な」打ちあげと「敵対的な」打ちあげを見分けるために、DIAの分析官は、外国のミサイル・システムについて深い知識を常にもっている。ハンツヴィルの本部には、国際武器市場で購入したか他の手段で敵対国から獲得した最も有名な外国製ミサイルのコレクションがある。その入手方法が明かされることはないだろう。私は、ペルシャ湾岸戦争でサダム・フセインがイスラエルとクウェートに向けて放ったスカッド・ミサイルの移動式発射装置に乗りこみ、ボタンを押して四〇フィート近くある巨大な装置を動かすことができた。だが、スカッド・ミサイルは、数十年前の技術だ。

こんにちでは、ロシア、中国、北朝鮮、イランが、ミサイル計画と専門知識を常に高めているので、DIAもそれを追跡する能力を常に高めている。分析官たちは、想定し得るあらゆるミサイルの脅威を研究し、それに備えていると断言した。そのなかに、ロシアのブーク地対空ミサイルがある。

「データのパターンから、この兵器がどんなものかだけでなく、何をしたか、何をしているか、そして今後何をするかまでわかります」ジョーンズは誇らしげに言った。

七月のあの日、彼らはいままでにない新たな任務に取り組んでいた。ヨーロッパ上空での旅客機の失踪の原因とその背後にいる犯人を特定しようとしたのだ。情報分析官にとっての疑問は、明快なものだった。連絡が途絶えたときに、爆発はあったのだろうか？　その爆発は機内からのものか、それとも機外からのものか？　機内からの場合は、テロリストによる攻撃の可能性が高い。機外からの場合は、ミサイルを意味する。そして、もし爆発が機外からのものであるならば、その直前にミサイルが発射されたことを示す衛星による証拠があっただろうか？

幸運なことに、その日彼らのところに、あるグループが訪問していた。この種の分析に関する専門知識をもつ、情報分野の代表団だ。

「専門家たちが、このビルで一年分の敵対国の脅威に関する活動を分析していたのです」ジョーンズは言った。「解明のためには、絶好のタイミングでした」

DIAチームは、墜落の第一報を聞くとすぐに作業に取りかかった。一時間もしないうちに、MH17便を担当する情報分析官のチームが編成された。一時間半後には、そのチームが、衛星およびレーダーの関連する情報をすべて集めていた。さらに正確な時刻を使って、地対空ミサイルと一致する軌道を立証することができたのだ。

「一時間半で、航空機を撃墜したのがミサイルであるとの確信にいたりました」ジョーンズは、のちに私にそう語った。「地対空ミサイルが撃墜したのです。どんなミサイルかもだいたいわかりましたが、まだ解決すべき問題がいくつかありました」

決定的だったのは、彼らの分析によって、ミサイルの発射地点が特定されたことだった。それは、ペルボマイスキー近郊の農用地で、当時は親ロシア派勢力がその一帯を支配していた。

わずかな疑いも払拭するように、親ロシア分離独立派が、自分たちの仕業であることをまたもや誇示した。墜落のわずか三〇分後に、独立派の司令官がソーシャルメディアに動画を投稿し、アメリカ国務長官のジョン・ケリーが七月二〇日のフォックスニュースとのインタビューでそれを引き合いに出している。[7]

「ドネツク人民共和国の国防相を自称していたイーゴリ・ストレルコフ氏が、軍用輸送機を撃墜したという投稿を実際にソーシャルメディアに行ったことがわかっている」と、ケリーは言った。「そしてそれが民間機であることがわかると、ソーシャルメディアからそれを削除したのだ」

ストレルコフは、独立派のあいだではよく知られた人物で、彼らの多くがそうであるように、ロシア退役軍人だった。その投稿は、MH17便が消息を絶ってから三〇分ほど経った現地時間の午後五時五〇分に、ロシア版フェイスブックのストレルコフのページに掲載された。そこに添付されていた動画は、MH17便の墜落を目撃した人が撮影した動画に似ていた。ストレルコフの投稿にはこう書かれていた。「トレーズ地方で、An‐26輸送機が撃墜された。プログレス鉱山の近くだ。やつらには、我々の領空を飛行するなと警告してきた。これが、〝鳥〟がまた一羽落ちたことを証明する動画だ。この鳥は、住宅街から離れたごみの堆積場の向こうに墜落した」[8]「平和的な市民にけがはなかった」と、ストレルコフは主張した。

米情報機関の職員によると、ストレルコフのソーシャルメディアへの投稿は、アメリカとヨーロッパの情報機関が傍受した、独立派内部のやりとりによって裏づけられたという。親ロシア独立派が、ヨーロッパを航行する旅客機を、ウクライナの軍用機、とくに三日前に撃墜していたAn‐26と取り違えるという恐ろしい間違いを犯したという証拠だった。DIAでは、それが決定的な証拠だとみなされた。

現場で撮られた残骸の写真が、この判断を裏づけるさらなる証拠を提供することになる。分析官たちがそうした写真で目にしたものは、ブーク・ミサイルの爆発のパターンと一致していたのだ。「そこで私たちは、破片の着弾形状や、断片の密集状態、そして機体のどこに着弾したかを詳しく調べました」ジョーンズはそう説明した。「そして、ブーク・ミサイルの飛行経路のモデル化によって、弾頭が機体から約二〇フィート離れた場所から、コックピットの左上隅へと発射されたものと判断したのです」

ブーク・ミサイルは、爆弾の破片による損傷を最大化するために、標的のちょうど正面真上で爆発するよう設計されている。このミサイルは、地上から発射され、パイロットの視界の外から非常な高速で飛んでくるため、肉眼でとらえることはできない。ジェット機は、何の警告もなくばらばらになったのだ。

「その日の午後までに、私たちは、マレーシア航空17便が、ウクライナ東部の分離独立派が支配する地区から発射されたブーク・ミサイルによって撃墜されたという報告書を提出しました」ジョーンズは私にそう語った。

その晩、アメリカ情報機関は、ロシアが支援する分離独立派がロシア製の強力なミサイルによってヨーロッパ上空を飛行する民間旅客機を撃墜したことを、オバマ大統領に伝える調査報告書をホワイトハウスに提出した。二九八名の乗客および乗員は全員死亡した。

「ですから、事故当日、一二時間以内に、我々は信頼度の高い判断をしたことになります」ジョーンズは私にそう言った。「情報機関のあいだでは、信頼度が高いということは、非常に説得力のある証拠があるという意味で重要です」

「その日は、複雑な心境でした。仕事の新たな重要性が少し高まり、緊急に何が起きたかを突きとめる必要性が確かにありました。ただ、実際の惨事の様子は、厳しいものでした」と、ジョーンズは言った。

二四時間以内に、アメリカ情報機関は、MH17便の墜落の原因とその犯人が親ロシア分離独立派が発射したミサイルだと確信した。アメリカ当局者や政府の政策専門家はその判断を内々に知っていた。しかし、なかにはまだ用心深く疑念を口にする者がいた。

MH17便が墜落した日、ジェフリー・パイアットは在ウクライナ・アメリカ大使になって一年ほどだった。パイアットは、二五年間の外交官としての経験をもち、過去にホンジュラス、インドに駐在し、ウィーンにおいて国際原子力機関（IAEA）をはじめとする国際組織で働いたことがあった。そのどれもが、ロシアと戦争状態にある国の大使ほど、困難で危険を伴うものではなかった。

MH17便が墜落した翌日、パイアットは、ワシントンにいるオバマ政権の関係者とビデオ会議で議論したことを覚えている。

「私にとって、ウクライナでの最悪の日のひとつだった」と、パイアット大使は言った。「ワシントンの同僚のひとりが、『結論を急がないよう、十分気をつけなくてはいけない』と言ったのを思いだす」

その応答は、パイアット大使には耐え難いものだった。

「その瞬間、私はかなり無防備になっていた。非常にはっきりと『何が起こったのか私たちはわかっていないというが、ちゃんとわかっている。ロシアが張本人であり、このクラスのウクライナ製のミサイルがこの地域にないこともわかっている。いずれにせよ、三〇〇人の死に責任があるのはクレムリンだ』と言い切ったのを覚えているからだ」

　ＭＨ17便の墜落は、アメリカとヨーロッパのロシアに対する見方を大きく変えるきっかけとなった。

「それによって、我々が何週間も強く迫っていた強硬な制裁にヨーロッパが協力する姿勢を見せるようになった」と、パイアットは言った。

　だが、ヨーロッパ上空で大勢の人命が失われてはじめてそうした反応が生まれたという事実は、アメリカとヨーロッパがいかにロシアを見くびっていたか、そしてロシアの野心と攻撃性に間違った限度を設定していたかということを示していた。アメリカやヨーロッパの指導者たちが気づくよりずっと前から、ロシアはシャドウ・ウォーにのめり込んでいたのだ。そして、ＭＨ17便の二九八名の乗客乗員の死が、ようやく西側の誤解をとき、より断固とした対応を引き起こしたのだった。

　ロシアは、実際には、ウクライナに関する計画を一〇か月近く前に明確にしていた。二〇一三年九月、世界の選ばれた実力者たちが、クリミアの優雅で堂々としたリヴァディア宮殿に会議のために集まった。この宮殿は、その新古典主義のムーア様式建築以上に、歴史に彩られた場所だ。七〇年近く前に、フランクリン・ローズヴェルト、ヨシフ・スターリン、ウィンストン・チャーチルが一堂に会し、第二次世界大戦後のヨーロッパの運命を決め、国境とその後数十年間の西側とソ連の力のバランスを定めたのだった。[9]
　二〇一三年のこの会議は、ウクライナの億万長者であるヴィクトル・ピンチュークによって組織・後援されたもので、そこには世界的指導者たちと企業の実力者たちが招かれた。ビル&ヒラリー・クリントン、トニー・ブレア、デイヴィッド・ペトレイアス、ビル・リチャードソン、当時のウクライナ大統領ヴィクトル・ヤヌコーヴィチとその後継者となるペトロ・ポロシェンコ、ゲアハルト・シュレーダー、ドミニク・ストロスカーン、そして会議で最も印象的な演説を行ったプーチン大統領の顧問セルゲイ・グラジエフなどの面々である[10]。

会談の主要な話題は、西側世界の運命をはっきりと決めるようなものではなかったものの、ヨーロッパにおいてそれなりに重みをもつものだった。当時ウクライナは、ＥＵと自由貿易および政治連合協定を交渉しており、隣国のロシアはそれに強硬に反対していた。それでも雰囲気はかなり前向きなものだった。ロシアが妨害すると考える者はほとんどいなかった。ウクライナがより統合されれば、ウクライナとロシアの双方にとって経済的利益をもたらすと考えていたのだ。

重要なことに、アメリカの外交団は、ロシアの国家安全保障に真っ向から挑戦することになる、ウクライナのＮＡＴＯ加盟の可能性にはあえて踏み込まないよう気をつけていた。そして実際に、ウクライナ側に対してクレムリンに挑発と取られるような真似はあえてしないよう内々に要請していたのだった。

しかしグラジエフのメッセージは、より包括的なものだった。ウクライナにとってヨーロッパと協力関係を結ぶのは誤りであり、それによって約束されている、あるいは認識されているいかなる恩恵も「神話」にすぎないとして退けたのだ。

「誰が、ウクライナが陥ることが避けられない債務不履行《デフォルト》に責任をもつのだ？　ヨーロッパが面倒をみてくれるというのか？」と、グラジエフは質《ただ》した。

グラジエフはさらに踏み込んで、ウクライナの指導者たちを脅迫するような言葉を口にして、聴衆のやじを浴びた。

「我々はいかなる脅迫もしたくはない」と、彼は釘をさした。「だが、EUとの連携に関する協定に署名することは、法的にみて、ウクライナ政府がロシアとの戦略的かつ友好的な関係に関する協定に違反することになる[11]」

ジェフリー・パイアット大使は、アメリカのウクライナ特命全権公使としての任務についたばかりだった。

「それは、非常に対立的なものだった。グラジエフは、ウクライナ人に対して、もしEUとの協力関係に固執するなら、もしEUとの自由貿易協定を望むなら、もしEUとの緊密な関係を追求するなら、我々はそれが非常に苦痛を伴うものであることを思い知らせることになり、非常に悪いことがウクライナとウクライナの人々に起こるだろうと言ったのだ」パイアットはそう説明した。

パイアットが覚えているのは、そのとき彼自身も含めた多くの出席者が、ロシアの脅しをはねつけたということだ。欧州主要国やウクライナ人自身のあいだで、ウクライナのヨーロッパへの統合へ向けた機運が高まっていたのだ。

「グラジエフの発した警告を、真剣に受けとめた者がいたとは思わない」と、パイアットは言う。「我々とヨーロッパ各国が犯した戦略上の判断ミスだったと考えている」

出席者全員が、それほど楽観的だったわけではなかった。パイアットは、ウクライナの西側への接近に対するロシアの怒りの程度を理解していたと思われる、ひとりのヨーロッパの外交官との内密の会談に思いを巡らせる。その外交官は、興味深いことに、いわゆる拡大担当委員という立場の欧州委員会委員を務めるシュテファン・フューレだった。

「私は、こんなふうに、テーブルをはさんでフューレと向かい合って座っていた。それは、小規模な非公式の二国間協議にすぎなかった。フューレに会ったのはそのときが最初で、彼は非常に強い口調で、おおむねこんなことを言った――アメリカ人はいったいどこにいるんだ？　欧州近隣諸国の運命を決める大きな課題がいま目の前にあるのがわからないのか？　アメリカの積極的な関与が必要なんだ」

ヤルタでのグラジエフの演説の背後に隠された傲慢で挑戦的なメッセージを捉えそこなったことで、その後もウクライナに関してクレムリンが発した一連の警告や前兆を見逃すことになる。その後の数か月にわたり、アメリカやヨーロッパの外交官や政策立案者は、ロシア側に自分たちと同じ姿を見続けていたが、プーチンと彼の補佐官たちはまったく異なる役割を演じていた。

実際ロシアは、二〇一三年のヤルタでの会談の何年も前に警告を発していたのだ。いままでは多くのロシア専門家が、その六年前の二〇〇七年二月にミュンヘン安全保障会議でプーチン大統領が行った演説をその証拠として挙げている。そこでプーチンは、アメリカの外交政策を痛烈に批判することで、アメリカ国防長官のロバート・ゲーツや、やがて大統領候補になるジョン・マケイン上院議員を含む出席者たちに衝撃を与えたのだ。

「ひとつの国家が――当然ながらアメリカのことだが――あらゆる面で国境を越えてしまった」とプーチンは言った。[12]

その演説は、より温かく協力的な米ソ関係を育もうというブッシュ政権の試みの終焉を告げた。プーチンは、イラク戦争を「非合法」と決めつけ、海外におけるアメリカの軍事活動を槍玉にあげたのだった。

「これは非常に危険なことだ。もはや誰も国際法の背後に隠れているわけにはいかず、安全だと感じてはいない」と、プーチンは言った。「我々は、国際問題において軍隊を無制限に使用するのを目撃している。なぜ、ことあるごとに爆弾を投下しミサイルを発射する必要があるというのか？」[13]

プーチンは、海外でのアメリカの軍事行動を非難するだけにとどまらず、一九八八年に締結された米ソ中距離弾道ミサイル全廃条約をはじめとする、数十年にわたって超大国間の平和の土台となっていた国際兵器削減条約の有効性に疑問を呈した。最近アメリカが、拡大しつつあるイランの核およびミサイルの脅威への対抗措置として、ヨーロッパでのミサイル防御システムの配備を決めたことが、プーチンの怒りに火をつけたのだった。

「誰かが攻撃を仕掛けると疑いたくはない」と、プーチンは非難の言葉を口にした。「だが、もし対ミサイル防衛システムが我々に向けられたものでないなら、我々の新式ミサイルがそちらに狙いをつけることはない」

こんにちでは、プーチンが二〇〇七年に行った演説は、今後一〇年間の西側との関係を見直すための、ロシアの新たな外交政策の実行計画のように思える。そして、実際ロシアは、ミュンヘン会議のわずか二か月後に早期の警告として、二〇〇七年四月からエストニアに破壊的なサイバー攻撃を仕掛けた。しかし、その後のアメリカ大統領や国務長官の、ワシントンとモスクワの関係を改善——リセット——しようという努力は、ほとんど効果がなかった。二年後、オバマ政権では国務長官のヒラリー・クリントンが、ジュネーヴでロシア外相のセルゲイ・ラブロフのとなりに並んで、有名な「リセット・ボタン」を披露した。大統領候補だった時代から、ドナルド・トランプはロシアとの友好関係の構築を繰り返し口にしてきた。ロシアが攻撃を増幅させていたにもかかわらず、二〇一八年七月にヘルシンキでプーチン大統領との首脳会談を提案したほどだ。

二〇一四年は、とりわけ転換の年となり、悪い方向へ向かうターニング・ポイントとなった。二〇一三年後半には、ロシアはその脅威をウクライナでより暴力的な行動に変え、モスクワに関する西側の一貫した読み誤りと、西側に関するモスクワの被害妄想的な読み誤りを浮き彫りにした。

ヤルタで会議が開催された二か月後の二〇一三年一一月、ウクライナ政府は、EUとウクライナの連合協定に調印する準備を進めていた。大部分のウクライナ人は、ヨーロッパとの関係が緊密になる展望を歓迎していた。だが、モスクワは違った。クレムリンが、プーチンとのつながりの強いウクライナ大統領のヴィクトル・ヤヌコーヴィチに圧力をかけたことで、協定が調印されないであろうという兆候が見えはじめた。一一月二一日、法令によってウクライナ内閣は締結に向けた準備を停止した。ウクライナ国民は激怒した。その晩までには、最初の抗議者たちがキエフの独立広場――ウクライナ語で単に「広場」を意味する〈マイダン〉としてよく知られている――に姿を見せはじめた。

その最初の晩、群衆は少なめだったが、一一月二四日までには巨大に膨れあがっていた。この最初の主要な親ヨーロッパのデモは、集合した広場の名をとって〈マイダン〉として知られるようになり、五万人から一〇万人がこのデモに参加した。参加者たちの要求は野心的なものだった。もはや連合協定に調印するだけでなく、親ロシア派のウクライナ政府の退陣と議会の解散を求めるようになっていたのだ。四日後のリトアニアでのEUサミットにおいて、ウクライナ政府は公式に協力協定を否認した。それによってさらに怒りを募らせたデモの参加者たちは、マイダン広場にテントを張ってとどまる意思を明確にした。一一月三〇日までには、二〇〇人から一〇〇〇人になる主要なグループが、一日じゅう抗議を続けるようになった。[14]

これは、デモの参加者とウクライナな政府にとっての転機となった。後にウクライナ検察庁長官事務所が行った報告によると、その晩ウクライナの国家安全保障部門のトップと内務省当局者は、デモの参加者を力ずくで追い散らすことを決めた。[15]

「ヤヌコーヴィチにとって賢い戦略は、この騒ぎが自然に鎮まる方向に導くことだった」と、パイアット大使は言った。「なぜなら、徐々にデモ隊がおじけづきはじめていたからだ。当面はそうした戦略がとられるように見えた」

後のヒューマン・ライツ・ウォッチ（ＨＲＷ）の報告によると、一一月三〇日の早朝「警告なしにいきなり機動隊が突入し、デモの参加者たちを警棒でなぐりはじめ、記念碑から押しのけ力ずくで引きはがしにかかった」[16]

その作戦は二〇分ほどで終わった。ＨＲＷは「機動隊が警棒を手にデモの参加者に襲いかかり、倒れた人を蹴ったり殴ったりしている」場面を映したビデオ映像を精査した。催涙ガスや音響閃光弾《スタングレネード》が使用されたとの報告もある。国際諮問機関が後にまとめた報告によると、六〇人から九一人の負傷者が出た。

この弾圧は反動を呼んだ。一一月三〇日の午前中には、マイダン広場の群衆は倍以上に増えて、五〇万人から一〇〇万人にまで膨れあがった。抗議デモを組織した人々も、いっそう攻撃的になった。一二月一日の午後、著名なウクライナ人ジャーナリストのタチアナ・チョルノビルが率いる五、六〇人からなる抗議者のグループが、キエフ市行政事務所に押しいり、そこを自分たちの本部とすると主張した。その日の午後遅くなって、ウクライナ特殊治安警察〈ベルクト〉の警官たちが反撃に出た。その後の衝突によって、数百人の抗議者と五〇人程度の警官が負傷した。

平和的に始まったデモは、警官とデモ参加者とのあいだの毎日のような衝突へと変わっていった。その後の数日間で、警察の戦術はより攻撃的なものになった。それでも、群衆は増え続けた。一二月八日になると、何十万もの人々が別のデモに参加するようになった。[17]

ウクライナ政府当局者とロシア支持者たちは、ますます忍耐力を欠くようになった。二〇一三年一二月一七日、ヤヌコーヴィチ大統領は、モスクワに出向いてプーチン大統領と面会した。擁護者と嘆願者という立場のプーチンとヤヌコーヴィチは、共同の行動計画に合意した。その後の数日間で、弾圧はさらに厳しいものとなった。一週間もしないうちに、警察とベルクトそしていわゆる国内軍を含む法執行官の数は一万人以上に倍増した。デモ参加者に最初の犠牲者が出た。正体のわからない攻撃者によって激しく殴られて死亡したのだ。デモのリーダーであるジャーナリストのチョルノヴィルも激しく殴られて入院した。しかしデモの参加者たちは引きさがらず、ヤヌコーヴィチ大統領の公邸にまで押し寄せた。

一月になると、ウクライナ議会は「厳法《ドラコニアン・ロー》」として知られるようになる法律を可決し、大衆のデモや、マスクを被るといったその他の違反に対する罰則の強化を図った。より不気味だったのは、警察がゴム弾やぶどう弾をデモの参加者に向けて発砲するようになったことだ。抗議者たちは殴られて拘束された。一月には、さらに三人の死者が出た。キエフに配置された警官と法執行官の数は三倍の三万人となった。[18]

ワシントンでは、天安門広場のような虐殺が起こるのではという不安が広がった。そして、実際に、ロシアは内密にまさにその種の弾圧を検討していたのだった。その後の調査によって、実際のロシアの軍事計画と思われるものが明らかになった。それは、マイダン広場に戦車を送りこみ、ヘリコプターを飛ばしてそこから抗議者たちが本部としていた労働組合ビルへ兵隊をロープで降下させるというものだった。

「ロシアの計画のなかで、いかにもロシア的だと印象深かったのは、野党政治家のヤツェニュク、クリチコ、チェフニボクを見つけだして皆殺しにするというものだった」と、パイアットは回想する。「将来どこかの時点で再燃することがないようにするためだ」

クレムリンは、デモの参加者と、ウクライナの独立派の政治家の両方を虐殺する計画を立てていた。

クレムリン内部には、ある強迫観念が入り込んでいた。プーチンは、抗議者とその指導者の行動のすべてにワシントンが関与しているとみていた。アメリカがデモを画策したものと疑っていたのだ。そして、オバマ政権全般、なかでもヒラリー・クリントンを特に非難していた。この思いがのちに、プーチンのアメリカ国務長官に対する個人的な敵意をあおり、二〇一六年の米大統領選においてヒラリー・クリントンの対立候補に有利になるよう干渉する意欲に火をつけたのだった。

二月の第一週に、デモの参加者が勢いを増すと、クレムリンはアメリカが干渉しているという確証を得たようだ。アメリカ国務次官補のヴィクトリア・ヌーランドとパイアット大使の通話の録音がユーチューブに投稿された。誰が傍受したものかは明らかでなかったが、ロシアの情報機関の仕業であることが大いに疑われた。

録音された会話のなかで、ヌーランドとパイアットは、ウクライナの野党指導者に対する支援への関与を議論していた。たとえばある個所では、三人の野党党首のひとりであるビタリ・クリチコが新政府に加わるのを阻止する相談をしていた。

ヌーランドはこう言っている。「そうね。クリチコは政府に加わるべきじゃないと思う。その必要はないし、いい考えだとも思わない」

それに対してパイアットはこう答えている。「そうだな……クリチコの場合は、政府には加わらずに、自分の仕事をしていればいい。穏健派の民主主義者をまとめていきたいという我々の観点からいうとそうなる」

そのあと、ヌーランドはヨーロッパの関与をこき下ろすひと言を口にし、それがトップニュースとなってヨーロッパ大陸を駆け巡った。ヌーランドは、国連がかかわることで安心した旨を述べたあとでこうつけ加えたのだ。「国連がまとめ役となるのは素晴らしいと思う。EUなんてどうでもいい」[19]

二〇一七年六月、ヌーランドは公共放送サービス（PBS）のドキュメンタリー番組『フロントライン』で、その発言に対する釈明を試みた。「何週間もかけて、EUには交渉実現の橋渡し役を担ってもらおうと働きかけてきましたが、EUは及び腰でした。それで、他の選択肢を検討しましたが、それが国連だったのです。あの電話で大使が私に言っていたのは、こういう意味でした。『よし、これで一息つける。ヤヌコーヴィチは野党にふたつの地位を提示していたが、こうした交渉には仲介者が必要だ。EUがその役を買って出るだろうか？』それで、私はこう答えました。『EUなんてどうでもいい。時間がないから、国連に働きかける必要がある。EUはこの決定をするのに三週間もかかったのだから』[20]」

「そういうことだったのです」ヌーランドはＰＢＳにそう語った。「ＥＵについての普遍的な批判ではなかったのです。大衆を街頭から去らせて、平和的な解決を政府に促すというのが、戦術上の緊急な判断でした」

それでも、その通話が流出したことは、アメリカにとって決まりの悪いことだった。さらに重要なことに、それがアメリカ全般――とりわけヒラリー・クリントン――に対するプーチンの被害妄想をあおり、翌年にはじまる大統領選挙への大がかりな攻撃の口火を切ることになったのだ。

マイダン広場では、抗議活動が流血事件へと変わっていった。二月一八日、少なくとも抗議者の八人が死亡し、一〇〇〇人以上が負傷した。翌日には、ヤヌコーヴィチ大統領と抗議者との交渉が決裂した。ウクライナ保安局は、マイダン広場を一掃するために「テロ取り締まり作戦」を命じた。

国際諮問委員会がのちにまとめた報告書には、憂慮すべき次の段階についてこんな記載があった。「ベルクトの部隊が……スナイパーライフルとＡＫ－47で武装して、地下鉄のケレスチャティク駅の近くに設けられたバリケードから、インティトゥーツカ通りを進んでいった。二月二〇日の午前八時二〇分と一〇時のあいだに、四九人が射殺された」

ウクライナ保健省の報告によると、二〇一三年一一月と二〇一四年二月のあいだに、ウクライナの地で一〇六人が殺害され、そのうち少なくとも七八人がマイダン広場周辺で死亡している。四〇人のジャーナリストが殴られて重傷を負った。行方不明になった抗議者の数は、はっきりとわかっていない。実際の人数は、いまだに議論されている。この衝突で、警官も一三人死亡した。[21]

この憂慮すべき死亡者数は、ヤヌコーヴィチにとっても多すぎるものだった。二月二一日、ヤヌコーヴィチと野党党首たちは、議会により大きな権力を認める二〇〇四年のウクライナ憲法を復活させ、新たな連立政権をつくり、二〇一四年一二月までに新しいウクライナ大統領を決める早期選挙を実施するという合意に署名した。その晩、ヤヌコーヴィチはキエフを脱出した。

ヤヌコーヴィチはその後の数日間を、帰る場所をもたない落ちぶれた大統領として過ごした。彼の行方は謎に包まれていた。ウクライナにいるのか、それともロシアにいるのか？　戻ってくる気はあるのか？　キエフのアメリカ大使館もアメリカ政府全体も、この混乱の犠牲となった。ヨーロッパにおける最大の国のひとつであるウクライナの大統領の動向を見失ってしまったのだ。「我々は、二日のあいだ、ヤヌコーヴィチを完全に見失ってしまった」と、パイアットは言った。「まるで〈ウォーリーをさがせ！〉のようだった」

最初ヤヌコーヴィチは、支援者たちを集めることができると考えて、ウクライナ東部のハルキウへ向かった。だが、そこで支援がほとんど得られないことを知って失望した。東部においても、ヤヌコーヴィチがマイダン広場の平和的な抗議者に向けて発砲するよう命じたことが知れ渡っていたために、一般大衆にとって受け入れがたい人物となっていたのだった。また、親しい友人であるウクライナの新興財閥《オリガルヒ》も彼を見限っていた。

「ヤヌコーヴィチの周りにいたオリガルヒたちも逃げだした。彼のために財産すべてを売り払ったのに、彼が全財産を失いつつあったからだと言っていた」と、パイアットは語った。

これが、ウクライナ大統領にとって命取りとなった。ウクライナ、そしてさらに重要なことにロシアにおける政治的および経済的基盤を失ってしまったのだ。プーチンは、愚か者を容赦しない。

デモの鎮圧に失敗した責任を負うべき者がいるとしたら、それはロシアの大統領ではないのだ。

ウクライナ国内では、国民が選んだ大統領が去ったあとの数日は、結局のところ、多くの人が夢見た西側式の民主主義という神話に近い束の間の体験だった。

「それは幸福な週末だと、ウクライナ人たちに話した」パイアット大使はそう言った。「実際そのとおりだったのだ。そのときのキエフの雰囲気を目にして驚いた。あたり一面でまだ煙のにおいがする一方で、キャンドルや花があふれていたからだ。これほど多くの花を見たことはなかった。おばあさんや、未亡人や、子どもたちが供えた花だった」

「ゲティスバーグの戦い（アメリカ南北戦争史上最大の激戦）の後もそうだったに違いない」パイアットはそう続けた。「信じられないほど衝撃的で、血に染まった、決定的な体験だった。だがそのときは、一体感を共有していると誰もが言っていた」

しかしウクライナは、突然、政府が存在しない国家となってしまった。

「家の外を見ると、正面にある警察の監視所が無人だった」

数十人のアメリカ人職員とその家族の安全を心配したパイアットは、安全を確保するために「チョコレート王」として知られる野党党首のペトロ・ポロシェンコに連絡をとった。

「私の一番の責任は、アメリカの資産と全職員の安全と危機管理にあります。どなたが権限をもっているのか知りませんが、誰か寄こしてもらえませんか。警官がひとりもいないのです。みなどこかへ消えてしまいました」

ヤヌコーヴィチが、ロシアへの長く曲折した旅を続けていたとき、彼の配下の者たちは脱出を試みていた。ハルキウ空港に設置された防犯カメラが、ヤヌコーヴィチの取り巻きのひとりが、中身の詰まった重そうなホッケー・バッグを抱えて自家用機へ向かって通路を走る姿を捉えていた。

「それが金の延べ棒だったかどうかはわからないが、空港内をあまりに早く走り抜けたので、磁気探知機がすべていかれてしまったほどだ」

「私にとっては、それがヤヌコーヴィチ一党の最後の姿だった。威厳も何もなかった」とパイアットは言った。「彼らは、自分たちの砂上の楼閣が崩壊しつつあるのを知って逃げだしたのだ」

一般のウクライナ市民は、いまや初めてこの金ぴかの砂上の楼閣の内部に足を踏み入れることができるようになった。アメリカ大使の住居のように、周囲の保安監視所が突然無人となった大統領邸は、何百人ものウクライナ市民とそのスマートフォンの前にさらされることになった。

「中に入った市民は、飼育されているリャマや車のコレクションや、私有のベッドミンスター（トランプ大統領が所有するニュージャージー州のゴルフ場）など、ばかげた代物の数々を目にすることになった」と、パイアットは言った。

大統領邸の内部を映した映像が、ウクライナ全土に——そしてすぐに世界中に——拡散した。記者である私は、その場面を目にしたとき、二〇〇三年のアメリカ侵攻の後にイラク人がサダム・フセインの宮殿になだれ込んだときのことを思いだした。だが、今回は大きな違いがあった。ヤヌコーヴィチが国の財産を着服していた証拠を目にしても、略奪や破壊行為がまったく起きなかったのだ。

「そうした渦中にあっても、何の報復行為もなかったことは実に驚くべきことだった」と、パイアットは言った。「激しい怒りがなかったのだ」

クレムリン内部は、明らかな怒りと被害妄想で盛りあがっていた。プーチン大統領は、クリミアから海岸線を三〇〇マイル下ったところにある、かつては慎《つつ》ましやかなスキーリゾートだったソチで開催されていた重要な冬季オリンピックの最中にあった。プーチンはこのオリンピックに五一〇億ドルをつぎこんでいたが、この金額は当初予算の四倍で、先のバンクーバー冬季オリンピックにかかった費用の八倍近いものだった。彼は、ソチオリンピックを、ロシアの富と権力の拡大を世界に示す象徴にしたかったのだ。そして、この国際的なオリンピックを台無しにするために、まさにこのタイミングでＣＩＡがウクライナにおけるクーデターを画策したのではないかと疑っていた。

「プーチンが、これを彼に恥をかかせるための試みの一環だと考えて激怒していたという報告があったのを覚えている」当時を回想して、パイアットはそう語った。

プーチンの感じた屈辱が強烈で持続的なものであることが、やがてわかってくる。アメリカでは、二〇一六年の大統領選挙という政治的イベントが近づいていた。そしてプーチンの怒りと恨みは、ある主要な候補者に向けられていた。だが、彼のより直近の標的は、ロシアにもっと近いところにあった。

「その時点で、誰かがすでに存在していた計画を持ちだして『これから侵攻して、ろくでなしどもに思い知らせてやる。クリミアに侵攻するのだ』と言いだしたのは明らかだった」と、パイアットは言った。

二〇一四年二月下旬にウクライナで起こった出来事を並べてみると、驚くほど敏速にロシアがシャドウ・ウォーを仕掛けたことがはっきりとわかる。これは、憂慮すべき速度と攻撃の連鎖反応で、マイダン広場からクリミア、ウクライナ東部、そしてすぐにヨーロッパの上空へと広がっていった。

二月二二日、ヤヌコーヴィチはウクライナを脱出した。クレムリンが衛星国とみなしていた国を、プーチンがアメリカの画策したものと見ていたデモの後に発足した、親西側派の政府の手に残していったのだ。

二月二三日、ロシアではソチオリンピックの閉会式が行われた。このオリンピックは、プーチンがより強力となったロシアを世界に見せつけようと、あまりにも多額の費用をかけたイベントだった。

二月二五日、リトル・グリーンメンとして知られるようになる最初の部隊がクリミアに姿を見せた。

このときも、アメリカ政府と外交政策機関は、不意を突かれるかたちとなった。

「当時の我々の政策全部が、ウクライナが安定を取り戻し、民主主義を再構築して、組織化を進めることができるようにするためのものだった」と、パイアット大使は言った。「ウクライナには、新しい選挙が必要だった。新たな政治的秩序を合法化しなければならなかった。マイダン広場での暴力行為から癒える必要があったのだ」

「アメリカ政府の誰も、ロシアの反応が、これほど広範囲で軍隊を伴うものになるとは予測していなかった」と、パイアットは語った。「自分たちと同じ姿を相手のなかに見ていたので、想像することができなかったのだ」

当時、アメリカの情報機関は、彼らの情報評価にロシアによる軍事的行動の可能性が含まれていたと私に主張した。

国家情報長官ジェームズ・クラッパーの報道官であるショーン・ターナーは、三月五日に声明を発表して、情報機関は、クリミアがロシアとウクライナの軍事衝突の火種となることを一週間前に政権に警告したと述べた。

その評価には、ロシアの軍事資産を、ウクライナに政治的に配備されたものと、他の目的ですでにウクライナ国内にあるものを含めて分析した結果が含まれていると、ターナーは語った。そして「その分析は、ロシア軍がクリミアにおける緊急作戦の準備を進めていることと、その作戦がほとんど警告なしに実行されるかもしれないということを、明らかに示していた」とつけ加えた。[22]

元イギリスMI6長官のジョン・スカーレットも、クリミアにおける西側情報機関の失敗を指摘しているが、それは別の理由からだ。スカーレットは、プーチンが、以前からリトル・グリーンメンをクリミアに送りこむ計画をもっていたかどうかを疑っている。彼の考えでは、プーチンはそう装っていただけだという。

「その決断は、直前になされたものと考えるようになった」と、スカーレットは言った。「ウクライナ自体を襲った突然の危機に反応したのだ」

スカーレットの考えでは、マイダン広場のデモと、それに続くヤヌコーヴィチ大統領と、モスクワが何年もかけて育てた親ロシア政府のあっという間の崩壊は、ロシアの不意を突くものだった。「後から振り返って考えると、誰もが計画があったと考える。だが実際には、事態は日ごとに変わるものだ」と、スカーレットは言った。「私の印象では、クリミアとウクライナの危機に関しては、ロシアが状況に応じて多くの意思決定をしていた」

そうした状況に応じた意思決定は、はるかワシントンにまで広がった——仮に意思決定が存在したのであればだが。国務省とホワイトハウスの内部では、当局者たちがいまだにロシアの行為の意味をどう明確にするか、そしてロシアが実際に国際法に違反したのかどうかを慎重に検討していた。

「黒海艦隊協定のもとで何が許容されるか、そして協定違反でロシアを非難すべきかどうかについて、弁護士と何度もやりとりしていたのだ」と、パイアットは言った。

地上での出来事は、アメリカ政府内の慎重な検討を急速に追い越していった。シャドウ・ウォーの典型的な特徴といえる。

それでも、政府内の多くのロシア専門家たちは、プーチンのクリミア侵略は一時的なものだと主張した。

「プーチンは決してクリミアを併合しないと主張するロシアの専門家がたくさんいた。そんなばかな真似はしないと」と、パイアットは語った。「それは、あまりにも挑発的な行為だ。軍隊を送りこんでメッセージを伝えるくらいはするだろうが、実際にロシア連邦の国境線を変えるまでのことはしないだろう」

実のところ、プーチンは、ヨーロッパの主要国は力ずくで主権国家の国境を変えることはしないし変えることもできないという、第二次世界大戦後の秩序の根本にある原則を打ち砕いて、ロシアとヨーロッパ双方の国境線を変える準備を進めていたのだ。

ロシアの軍隊が最初にクリミアに投入されてから一か月も経たない三月一八日、プーチンはクレムリンでの大胆かつ挑戦的な演説のなかで、ロシアによるクリミア併合を公にした。「人々の心のなかでは、クリミアは常に切り離すことのできないロシアの一部だった」と、プーチンは語った。「この確固たる信念は、真実と正義に基づくもので、どんな状況においても、世代から世代へと長く受け継がれてきたものだ」

プーチンは、こんな言葉で演説を締めくくった。「私は本日、人々の意思に従って、ロシア連邦のなかにクリミア共和国とセヴァストポリというふたつの新しい連邦構成主体をつくる憲法を認め、クリミアとセヴァストポリをロシア連邦とする条約を批准する要求を連邦議会に提出する。この条約はすでに署名の準備ができている」

そしてロシア連邦議会《ドゥーマ》のメンバーに向けてこうつけ加えた。「私は、皆さんの支援が得られるものと確信している[23]」

「それはプーチン主義と呼ばれるもので、彼の改革論者としての意図を、最もあからさまに表明するものだった」と、パイアットは言った。「そして、それをまるでダーティハリー（アメリカ映画の主人公で、職務遂行のためには暴力的な手段も辞さない刑事）のようなやり方で行ったのだ。それに対して何ができる？　プーチンは、軍隊を使って政治的な既成事実をつくってから、それについて何ができるか我々全員に挑んできたのだ」

アメリカとヨーロッパにはプーチンのメッセージが届かなかったようだ。アメリカとヨーロッパ当局は、デモ参加者とウクライナの新生政府に対する支持を表明したが、ロシア政府のクリミア併合に異議を申したてる明確な計画はなかった。パイアット大使は、四月にケリー国務長官に同行してマイダン広場を訪れた際に、この失敗が露呈するのを目にした。

「文字どおり、あたり一面が灰まみれだった。煙のようなにおいがしていた」パイアットはそう回想した。「私たちは、大型のキャデラックを停めた。ケリーが車をおりると、みんなが叫びはじめた。アメリカ！」

パイアットは、何人かの高齢のロシア女性が道路わきに集まって、こう話し合っていたのを覚えている。「誰だい、この人は？」

そのなかのひとりが答えた。「誰だか知らないけど、アメリカ人だよ。いい人に違いない」

その場面は、パイアットや国務省が期待していたものでも望んでいたものでもなかった。クレムリンはすでに、マイダン広場での大衆デモは、アメリカ政府の仕業だと確信していた。ロシア外相のセルゲイ・ラブロフは、抗議デモをクーデターと公言し、アメリカ人の支援を受けたウクライナのファシストのせいにしていた。

ケリー国務長官はリムジンに戻る際、大使館の通訳を介してひとりの抗議者に、寒さや暴力に耐えてまでなぜマイダン広場にとどまっているのかを訊ねた。

パイアットは、その抗議者がこう答えたのを鮮明に覚えている。「まともな国で暮らしたいからだ」

ケリーが現場に姿を見せたことは、キエフから遠くモスクワまで伝わった。だが、アメリカ政府の対応は、あいかわらず慎重でもたついたものだった。

「ケリーは、いまだに『ロシアが限度を超すはずはない』という観点で話していた」と、パイアットは言った。「そのあいだにも、すでにロシアはその場を支配していたのだ」

オバマ政権の内部では、いかにして危機を鎮め面目を保ちながら徐々にクリミアから撤退する出口《オフランプ》をモスクワに提示するかに議論が集中していた。

「それは、私たちが相手にしているのはウィンウィンな結末など信じていない政府だという、こんにちロシアとの関係で直面している根本的な課題だ」と、パイアットは言った。

ウクライナへのリトル・グリーンメン──名札と部隊記章を取り去ったロシア正規軍に他ならない──の配備と併せて、ロシアはシャドウ・ウォーのもうひとつの戦術を実行した。いまでは、まさにオーウェル的攻撃として知られているものだ。

「混乱を生じさせれば、疑念を抱かせることができる」と、パイアットは言った。「そして、それがやがて、ロシアの新たな情報戦略の最も悪質な面を呈示するようになる。情報を操作することで、政治的および外向的な効果を達成することができるという認識だ」

「ロシアの目的は、議論に勝つことではなかった」パイアットはそう強調した。「戦争に勝つことだったのだ」


アメリカとヨーロッパがクリミアに関して躊躇しているあいだに、ロシアは次の攻撃的な行動に取りかかった。北東に手をのばして、ロシアと国境を接するウクライナ東部で、モスクワは二か月前にクリミアでやったことを繰り返したのだ。四月にロシアがクリミア併合を正式に宣言すると、ドンバス地域でウクライナ軍と親ロシア派分離独立派とのあいだに武力衝突が勃発した。分離独立派を支援しているのが誰かは明白だった。

そして八月になると、ロシアはロシア系住民が再び攻撃を受けていると主張して、正式にロシア軍をウクライナに投入した。クリミア侵攻から六か月後に、ロシアはウクライナの主権領域に第二の侵攻を開始したのだった。それは、ヨーロッパ主権国家の国境を再び侵害したことを意味していた。

この段階になってもまだ、アメリカ当局者は、ロシアの軍隊と情報機関がウクライナ東部の軍事行動にどれだけ深く関与しているかを議論しているだけだった。

「そこには現場で何か起きているかを見極めようとするのと同じ原動力が働いていた」パイアット大使はそう回想する。

またもや、アメリカ情報機関は、ロシアの行動を予見するのに失敗したという非難を浴びた。だが、ウクライナの政府当局者や民衆は、さらに悪い事態が起こるのを懸念していた。ロシアがウクライナ全土を併合して、第二次世界大戦後のソ連によるウクライナ吸収が繰り返されることを恐れていたのだ。

「その年の四月から五月にかけて、大使館の現地職員が、サイゴンから最後のヘリコプターが飛びたつ写真をもって私のところに来た。そしてこう言ったのだ。『大使、アメリカ人が出ていったら、私たちはどうなるのでしょうか？』」

エストニアの人々が、二〇〇七年のサイバー攻撃を侵攻の前触れだと恐れていたように、ウクライナの人々は、クリミアとウクライナ東部におけるロシアが支援する軍事行動は、まさに奪略の第一段階ではないのかと恐れていた。

「彼らは心から心配していた。ウクライナの人々は、吸収されるということがどんなものか覚えているのだ」

ウクライナ軍はキエフへと向かう幹線道路に、対戦車障害物を設置しはじめた。そして首都を守る最後の手段として、ネグロ川東岸の要塞化を進めた。当時ウクライナ首相だったアルセニー・ヤツェニュクは、パイアット大使をそばに呼ぶと、切迫した口調で警告した。

「夜遅くなってからヤツェニュク首相と交わした会話は、いまでも覚えている。彼は私にこう言った。『もし我々が負けたら、そしてプーチンが勝利を収めて彼の軍隊がキエフまで到達したら、私は殺されるだろう。私の愛する者たちや家族全員が殺されるか、投獄されることになる。それをわかって欲しい』」

「我々は、それを経験してきた。ナチスがいたときに何が起きたか、そしてナチスが駆逐されてスターリンが戻ってきたときに何が起こったかを、この目で見てきたのだ」ヤツェニュクはパイアットにそう訴えた。

ウクライナの首相が、ロシアの侵略者によって自分が殺害されると考えていたというのに、アメリカとヨーロッパの政府当局者はいまだにどう対応すべきかを議論していた。ヨーロッパ諸国の対応は、これまで以上にばらばらだった。イギリスとフランスは、断固とした対応を主張した。モスクワとのビジネス上および外交上のつながりが最も強かったドイツは、忍耐を求めた。

ヨーロッパの外交官のなかには、ロシアの攻撃に対して西側をまとめることができるのはアメリカの指導者だけだと考える者がいた。

パイアットは、長年の友人であるポーランドの外交官が必死に訴えてきたのを覚えている。

「彼はこう言った。『わかっているのか、ジェフ。説得を続けなくてはだめだ。もしアメリカが率先して動かなければ、ヨーロッパは動かない。ヨーロッパはひとつにまとまらないだろう』」

だが、アメリカのリーダーシップが、その夏に実現することはなかった。アメリカとヨーロッパ同盟国が議論に明け暮れているうちに、ロシア軍はクリミアでの支配を固め、さらにウクライナ東部での領土獲得を着々と進めていた。

アメリカとヨーロッパの指導者たちの目を覚まさせたのは、ヨーロッパ上空を飛行する旅客機の墜落だった。その事件はあまりにも悲惨で、ロシアの犯行であることは火を見るより明らかだった。

欧州安全保障協力機構（ＯＳＣＥ）のアレクサンダー・ハグとチームは、二〇一四年七月一七日に墜落現場に到着した瞬間から、事実の解明に努めた。三か月のあいだ毎日現場に通って、少しずつロシアのリトル・グリーンメンを懐柔して交渉した結果、さらに数マイル墜落現場へと近づくことができるようになった。一行は墜落の調査員ではなかった。チームの誰も、いままでに墜落現場を訪れたことはなかった。だが彼らは、ますます恐ろしい犯罪と思われるようになっていた事実を見極めることのできる、唯一の正式な監視者だった。

飛行機の墜落事故は、特有の地獄を垣間見せる。さまざまな物理の力と運によって、ばらばらになったり見分けがつかないほど黒焦げになったりする遺体がある一方で、傷ひとつない状態で地上に落ちてくる遺体もある。

「私は、もっぱらこの飛行機で実際に何が起きたかを想像しようとした」とハグは言った。墜落現場の様子は、いまでも彼の心に鮮明に刻まれている。「遺体や残骸や燃えた領域を目にすると、こう考えさせられた。最後の瞬間はどんなだったのだろうか？　彼らは何をしていたのだろうか？　眠っていたのだろうか？　何を思ったのだろうか？　実際に衝撃を感じたのだろうか？」

ハグは、残骸が集中している地点を歩きながら、シートベルトをつけた数人の乗客を乗せた一列の座席が、そのまま直立した状態で置かれているのを目にした。

「目に見える傷がまったくない遺体もあった。何の損傷もないのだ」と、ハグは言った。「苦しそうな表情は浮かべていなかった。おそらく、私の心のなかのイメージが、いまでは感情が高ぶってぼやけているかもしれないが、少なくともそのときはそう感じた」

ＭＨ17便は、アジアでバカンスを過ごす家族連れでいっぱいで、子どもの割合がいつになく高かった。二九八名の乗客乗員のうち、八〇名が子どもだった。三人の子の父であるハグにとって、その光景は衝撃的なものだった。

「一番辛かったのは、子どもたちを目にすることだった。子どもはいつだって無邪気に見える」と、ハグは言った。「当時のことをよく思いだす。フラッシュバックのように浮かんでくる。陰惨な情景を思いだすたびに複雑な気持ちになる。一方であの情景を思い浮かべながら、他方で自分の子どもたちのことを考えてしまうのだ」

この大惨事のなかでは、ちょっとした行動が特別な意味をもつことがあった。ハグは現場では常にネクタイをしていた。犠牲者には敬意を払うべきだ――ハグはその気持ちをできるかぎり示したかったのだ。

「私は、墜落現場に少しでも尊厳や秩序をもたらす責任があると感じていた。世界が、そして犠牲者の親族たちがみな注視しているとわかっていたからだ」と、ハグは言った。「そうすることが私たちの仕事の一部だと思った」

地元の住民たちは、子どもたちの持ち物を集めることにとくに熱心だった。ぬいぐるみの山は数フィートの高さにまでなった。教科書、リュックサック、シッピーカップ（幼児用の蓋つきカップ）……。ひとりのジャーナリストが、手にいっぱい集めたパスポートをハグのところへ持ってきた。

「彼は、見つけたたくさんのパスポートを抱えて、私と話すために車に乗りこんできた。そしてそのパスポートを私に手渡すと、しかるべきところに、きちんと戻してあげて欲しいと言って、わっと泣きだした」

ジェット機が墜落してから三か月近くが経った一〇月一三日までには、犠牲者とその所持品のほとんどが回収され、オランダ当局に引き渡された。だが、ＯＳＣＥと他のチームは、一一月に入っても、遺体と残骸の回収を続けていた。

二〇一六年九月には、オーストラリア、ベルギー、マレーシア、オランダ、ウクライナといった、この惨事で多くの犠牲者が出た国々の代表者からなる、ＭＨ17便合同調査チーム（ＪＩＴ）の調査官たちが、墜落に関する報告書を犠牲者の親族に届けた。この攻撃の犯人を起訴することに注力していたＪＩＴが、親ロシア分離独立派が支配する地域から発射されたロシア製のミサイルがこの旅客機を撃墜したことを示す動かぬ証拠があることを公表した。[24]

アメリカは墜落後二四時間以内に、ＭＨ17便を撃墜したのはロシア製ミサイルだという結論に達していたが、アメリカと同盟を結んでいるヨーロッパ諸国は、事実を立証するために独自で調査を行うことを強く望んでいた。最も多くの犠牲者が出たオランダが主導権を握った。

墜落直後の数時間におけるアメリカ国防情報局の分析官たちと同じように、オランダの分析官たちもＭＨ17便を墜落させた爆発が機体の外で起こったことを立証した。

そして、その一撃を放つことのできた領域に他の航空機がいなかったことを明らかにした。共同調査チームは、報告書のなかでこう結論づけている。「ウクライナとロシアのレーダーのデータによると、墜落の時点で、ＭＨ17便を撃墜できる範囲に他の航空機はいなかった」

オランダの調査官たちは、ロシアも異議を唱えることができないようなレベルの調査を行おうと考えていた。刑事が殺人の証拠を集めるように、武器と航空機と犠牲者のあいだに、確かな関連性があることを立証しなければならなかったのだ。彼らは、世界が注視するなかで、大がかりな殺人ゲームに取り組んでいたのだった。

ブーク・ミサイルは、ほとんどの地対空ミサイルがそうであるように、標的を直接襲うのではなく、その直前で爆発させ、その爆風と超音速でぶつかってくる破片によって、航空機をばらばらにして墜落させる。

共同調査チームは、何人かの犠牲者の体内に、最も決定的な証拠を見つけた。報告書には、はっきりとこう記載されている。「コックピット・クルーの遺体の検死を行ったところ、ブーク・ミサイルの〈９Ｍ38〉弾頭の破片がいくつか見つかった」

ＪＩＴの報告は続く。「これらの破片のひとつは、表面に微量のコックピットのガラスが付着しており、それはボーイング７７７に使われている独特なガラスと同じものだった」

ＪＩＴは、コックピット自体にもさらなる証拠を発見した。「コックピットの窓のひとつのフレームに、ブーク・ミサイルの〈９Ｍ38〉弾頭の一部だと確認された金属片が見つかった。この破片は、フレームのひん曲がった部分で見つかり、大きな力で窓のフレームにぶつかったことが明らかだった」報告書にはそう書かれていた。

オランダの調査官たちは、目撃者の供述、写真、映像、傍受した会話を引用して、他のどの調査機関もまだできていなかったことをやり遂げた。ブーク・ミサイルが、ロシアからウクライナに持ち込まれたあと、ペルボマイスキーの町の近くにある発射地点まで運ばれ、とどめの一撃を放ってから、再びロシアの国土へと戻る一連の動きを明らかにしたのだ。

報告書にはこう書かれている。「七月一四日の晩、車両集団《コンボイ》が、国境を越えてロシア連邦の領土に入った」[25]

結局、多くの死者を出したミサイル発射装置とその一団がウクライナの領土にいたのは、二四時間に満たなかったことになる。

ＭＨ17便は、ロシアのクリミア併合やウクライナ東部侵攻では見られなかった事態を引き起こした。ウクライナで――そしてより広義ではヨーロッパ内で――ロシアが行った軍事攻撃は度を越したもので、ロシアに十分な代償を払わせないとさらに何をするかわからないと、ヨーロッパの指導者たちを団結させたのだ。ロシアを阻止するための十分な代償が何かを明らかにすることが、西側指導者たちにとっての共通の課題となった。

アメリカと西側諸国の失敗は、対応の速度と強さにあった。西側同盟国は、まずロシアの責任に関して、次にロシアの意図に関して、その次にロシアのさらなる攻撃を阻止する最善の方法に関して、意見を異にしていた。アメリカの指導者たちは、実際に起こっている事実を認識するのが遅れ、クレムリンがどこまでやる気かについて内部で意見が分かれていた。アメリカとその同盟国は、ようやくロシアの有責性に関して大筋で合意したものの、与えるべき罰と抑止手段については意見がまとまっていなかった。実際、こんにちでもまだ対応を協議しており、アメリカ大統領はロシアに対してもっと懐柔的なアプローチをとることを強く主張している。

パイアット大使は、二〇一四年と現在のアメリカ政府の対応に、明らかな不満と遺憾の意を示している。

「もし制裁がもっと迅速に科せられていたら――そして、ヨーロッパ諸国を説得して制裁に同意させることができていたら、いったいどうなっていたか想像もつかない」と、パイアットは私に語った。

最初から欠落していたひとつの要素は、アメリカの明白なリーダーシップだった。

「キエフに着いたときに私が受けた指示は、ヨーロッパが主導するというものだった」

パイアットは、マイダン広場でケリー国務長官のもとへやってきたウクライナ人のデモ参加者のことをたびたび思いだす。

「その男は、ケリー国務長官に向かって、法律、裁判所、言論の自由、報道の自由があるまともな国で暮らしたいと訴えた。プーチンがハードパワーを行使する気でいるかぎり、アメリカが主導権を握るべきだったのだ」

東側で共和制を維持するための戦い、クリミアの併合、マイダン広場での平和的な市民デモの弾圧、ヨーロッパ上空での二九八名の乗客乗員を乗せたMH17便の撃墜……二〇一八年末までに、ロシアの侵攻によってウクライナでは一万人以上が命を落としている。

二〇一四年のG7サミットで、オバマ大統領はロシアを地域大国だとして仲間から追放し、「ロシアの領土拡大の野心は一九世紀のものだ」と述べた。

「ロシアが軍事行動に出る必要性を感じ、あからさまに国際法に違反していることは、影響力の増大ではなく低下を示している」と、オバマは語った。

二〇一四年のオバマのコメントは、二〇一二年一〇月の大統領候補討論会で、共和党の対立候補だったミット・ロムニーの外交政策上の優先度をはねつけたときと同じ主旨のものだった。討論会でオバマはこう言った。「アメリカが直面している最大の地政学的な脅威は何かと訊かれて、あなたはアルカイダではなくロシアだと言った。冷戦は二〇年以上前に終結したというのに、外交政策になると、あなたは一九八〇年代のものを復活させようとしているかのようだ」

ロムニーの答えは、いまでは予見的なものに思える。「ロシアが地政学的な敵対者であることは明らかだ。ロシアとプーチンに関しては、楽観的な見方をするつもりはない」と、ロムニーは言った。

だが、ロシアの一九世紀の戦術は、いまのところ、西側諸国の二一世紀の政治と外交に勝っている。

アメリカと西側諸国のロシア専門家や政策立案者のなかには、西側諸国が旧ソ連邦諸国に対して影響力を行使しすぎたことが、ウクライナにおけるロシアの領土獲得を煽ったと主張する人たちがいる。それが意味するところは、ロシアのウクライナ侵攻は、実は西側諸国が勢力を広げすぎたことへの対応措置だというものだ。

パイアットに、この主張をどう思うかと訊ねると、彼はたったひと言こう答えた。「ばかげている」

「それは、二〇一三年にヤルタでEU拡大委員のステファン・フューレと交わした会話と同じだ。ロシアの戦略的地域に手を伸ばしたのは、アメリカでも西欧諸国でもなかった。市民がみずから決めたことだ。アメリカに何らかの責任があるとする考え方は、ヨーロッパ市民が自由意志をもっているという考えを――そして事実を――見落としている。アメリカ政府で、それを強制した者などひとりもいない」

イギリスの情報機関MI6の元長官であるジョン・スカーレットは、より微妙な失敗に気づいている。それは、ロシアがウクライナに対する西側の接近をどれだけ警戒しているか、そしてそれを阻むためには武力侵攻も辞さないと考えていることに気づかなかったことだ。

「ロシアの意思決定と、ロシアの優先度および価値観において、ウクライナが果たした役割を理解するところに話を戻そう」と、スカーレットは説明した。「それを理解することが本当に重要だ。独特の状況だからだ。それについてどう話すか、そしてどの時点で立ちあがってどんな約束をするかについては、十分に注意して責任をもたなくてはならなかった」

スカーレットにしてみれば、ウクライナがEUに加盟する可能性と、その後のマイダン広場でのデモへのアメリカとヨーロッパの対処の仕方は、またもや、西側諸国が敵対国の意図を読み損なったことを示していた。現実には、ウクライナの本来あるべき将来の姿に関して、西側諸国とロシアは正反対の考えをもっていたのだ。

「我々の考えでは、ウクライナは我々がしっかり守るべき独立した国家だったが、モスクワでは多くの人たちがそうは思っていなかったに違いない」と、スカーレットは語った。「ウクライナがロシアとは別の道を進むという考えは、大国が崩壊したあとの感情という問題の核心に迫るものだ」

スカーレットは、ロシアのクリミア併合とウクライナ東部への侵攻を、アメリカとヨーロッパのせいだと非難しているわけではない。だが、西側諸国には、プーチンと彼の関心そして旧ソ連邦諸国を守るために彼がどこまでやるかを、読み違えた責任があると考えている。それは当然ながら情報活動の失敗だといえる。

「我々が間違ったことをしたわけではないと主張することはできる。だが我々は、自分たちがしたことや言ったことの重要性――それがどんな意味をもつか――をきちんと理解していなかったのだ」と、スカーレットは語った。「ここでの教訓――そして解決の糸口――は、相手側の考えをもっと理解すべきだということに尽きる。敵対国のことを本当に理解しているかどうか、自問してみなければならない」と、スカーレットは言った。

MH17便の墜落から一年近くが経った二〇一五年四月、驚いたことにハグは墜落現場で最初に対峙した武装司令官と再会した。

「最初は誰だかわからなかった。酔っていなかったし、以前より健康そうだったからだ」と、ハグは言った。「だが、彼の方が私を覚えていて近寄ってきた」

再会したのは、ウクライナ南部のアゾフ海沿岸にあるシロキネという小さな村だった。この村は、ウクライナで続いていた戦闘の新たな前線となっていて、六か月にわたってウクライナ軍と親ロシア派の軍隊による膠着《こうちゃく》状態が続いていた。

「その村は砲撃を受け破壊されていたために、緊迫した状態だった」と、ハグは語った。だが、相手の男は事態を軽く考えているそぶりをみせた。

「彼は『アレクサンダー、ここで何をしているんだ？　ここにはボーイングはないよ』と声をかけてきた。そのとき、この男が誰だかわかった」

ハグは、男が元気でいるのを知って驚いた。ＭＨ17便の調査のあと、ハグとＯＳＣＥは、彼について先方の上層部に苦情を申し立てていたからだ。そして、相手方は珍しく譲歩を示して、この男を現場からはずしたのだった。

「彼は無事では済まないだろうと思っていた。現場から姿を消したからだ。てっきりどこかへ送られたのだと思っていた。塹壕《ざんごう》掘りをさせられていると聞いたこともある」

それなのに、一年近くたって、男はシャドウ・ウォーの別の前線に姿を現したのだ。

「迷彩柄の帽子は、赤いベレー帽に変わっていたが、あいかわらず記章はつけておらず、明らかに数年前と同じ仕事をしていた」と、ハグは言った。

この激しやすい司令官は、ロシア同様いまだにウクライナにとどまり、立ち去る気はなかったのだ。

◉教訓

二〇一四年のロシアによるクリミア併合とウクライナ東部への侵攻は、アメリカと西側諸国にいっそう厳しい教訓を示した。第一に、クレムリンが、力ずくでヨーロッパとの国境線を引きなおす意図と能力を兼ねそなえていることを示した。そしてロシアは、ＮＡＴＯの眼前でそれをあえて実行しようとしていた。ロシアの攻撃性は、二〇〇八年のグルジアへの侵攻を質の面で上回るものだった。当時ウクライナは、ヨーロッパの境界線の内部にあり、ルーマニア、ハンガリー、スロヴァキア、ポーランドというアメリカの同盟国であるＮＡＴＯ四か国と国境を接していたからだ。同時にモスクワは、旧ソ連邦諸国とみなしている地域にＮＡＴＯやＥＵが勢力を拡大するのを許さないという態度を明確にしていた。

第二に、アメリカと西側諸国は、ロシアの意図を示す再三の警告を見逃したか無視した。そこにはリトル・グリーンメンがクリミアの街頭に姿を現す何年も前からの、プーチン大統領とロシア政府関係者がウクライナに軍事的な影響力を行使するという明確な脅威も含まれていた。ロシアが西側のルールに従って行動するという西側諸国の誤った見解は、ロシアの戦車が国境を越えてヨーロッパの主権国家へと侵入しても、まだ根強く残っていた。そして武力侵攻から何年も経った現在、クリミアとウクライナ東部の大部分は、いまだにロシアの支配下にある。これらの現地での事実は、ロシアの指導者と国家に経済制裁を加えるというアメリカの政策が、ロシアの行動を抑止して変えさせるには十分でないことを明らかに示している。こんにちのウクライナにおける新たな現実は、シャドウ・ウォーの中核をなすさらに不穏な問題を提起している。もしロシアが、ヨーロッパ内で領土を強奪してもアメリカや西側諸国から軍事的な報復を受けないとしたら、エストニアのようなＮＡＴＯ加盟国に対しても同じことをするのでは、そしてできるのではないだろうか？　それは、いまだ解決されていない問題であり、脅威だ。

第五章 浮沈空母

——中国

フィリピンのクラーク空軍基地の駐機場のＰ－８Ａポセイドンは、最初は近くに駐機していたボーイング７３７シリーズの旅客機と区別がつかなかった。ボーイング７３７－８００をベースにつくられたＰ－８は、戦闘機というより旅客機のように見えた。だが近くに寄ってみると、その軍事的な機能は歴然としている。機体には、何本ものアンテナや、レーダードームや、カメラポッドがついているのが見える。胴体部分の切り込みは、観測ブイや魚雷を投下するためのハッチだ。翼の下のくぼみは、ハープーン・ミサイルの収納場所だ。中に入ると、まるで宙に浮かぶＣＩＡの通信傍受室のように感じた。ポセイドンには、最先端の情報収集機器が満載されていた。機体の中央部にずらっと並んだスクリーンの前に、一〇人あまりの乗組員が座っていた。みかけとは違って、これは現代の戦争における兵器で、海軍の最新式哨戒対潜機なのだ。

ＣＮＮの同僚であるジェニファー・リッツォとチャールズ・ミラー、それに私の三人は、作戦任務についているＰ－８に搭乗を許された最初のジャーナリストだった。それは二〇一五年五月のことで、南シナ海における埋め立て行為が加速するのをアメリカが目にして、中国とアメリカのあいだの緊張が高まっていたときだった。私は機内に入ると、「データ・ブリーフィング」という、搭乗する乗組員たちが離陸前に行う最後の打ち合わせに同席した。機長を務めるマット・シンプソン少佐が計画を説明した。P-8は、クラーク空軍基地を飛びたつと、南シナ海を西へ四六〇マイルほど飛行して、ファイアリークロス、スビ、ミスチーフの三つの礁の上空へと向かうことになる。これら三礁は最近まで、干潮時にかろうじて水面から顔を出す、居住が不可能な岩礁だった。しかし二〇一二年以降、中国が急速に人工島に変えたことで、アメリカはそれらが恒久的な軍事施設――浮沈空母――になるのではないかと懸念していた。それは、中国の沿岸から六〇〇マイルほど離れていて、五指にあまる近隣諸国が領有権を主張する海域のど真ん中にあった。そうした国々には、アメリカがあらゆる軍事攻撃に対して防衛する義務のあるフィリピンのような同盟国も含まれていた。

P-8は二〇一三年一一月に導入されると、数週間もしないうちにアジアに配備された。主要なミッションは、中国政府がアジア地域での軍事活動を拡大するなかで監視を怠らないことだった。南シナ海に近いフィリピンのクラーク空軍基地は、そのための重要な拠点となる。世紀の変わり目に開設されて以来、クラーク空軍基地は米軍の拠点として機能しており、第二次世界大戦、ヴェトナム戦争、そしてのちの冷戦のあいだにも飛行基地としての役割を担ってきた。だが一九九〇年代初期に冷戦が終結し、アメリカの駐留に対してフィリピン国内の反発が高まると、アメリカ政府とフィリピン政府は、クラーク空軍基地をフィリピン軍に返還する合意書に署名した。一九九〇年に、最後の米軍戦闘機が基地を出ていった。[1] だが二五年後のいま、米軍機は再びこの基地に戻り、乗組員たちが精力的に活動している。

ポセイドンの離陸は、あっという間だった。滑走路のうえをゆっくりと動きだすことはなく、エンジンを迅速に全速力にすると数秒で宙に浮上し、すぐにターコイズブルーの南シナ海が目に飛びこんできた。晴れ渡った空を飛行しはじめると、一〇人以上の海軍飛行士からなるP－8の乗組員たちは、私をコックピットのなかへ招いて見学させてくれた。近代的な軍用機のコックピットは、テクノロジーの驚異そのものだ。私はパイロットと副操縦士の真後ろの補助いすに座って、パイロットがフロントガラスのうえに映しだされた緑色の照準線で、ジェット機の航路をたどるのを目にしていた。その様子は、まるでビデオゲームのように簡単に見えた。X印が必ず円の中心にくるようにするだけでよかったのだ。だが、操縦桿を握るパイロットの両手を観察していると、その印象が誤りであることがわかった。パイロットは、ジェット機の高度を保つために常に微妙な調整をしつづけていたのだ。一行はまもなく紛争空域に入ろうとしていた。

四五分の飛行で、最初の目標であるスビ礁が見えてきた。スビ礁はもともと、巨大なカラビナのようなかたちをした、砂と岩でできた細い楕円形をしていた。深いサンゴ礁に囲まれた、静かでときおり漁船の避難場所になるような区域だった。それがいまや活動の中心地となっていた。二ダース以上の中国の浚渫船《ドレッジャー》がサンゴ礁にひしめいていて、海底からくみ上げた砂を巨大な輸送管で地上へ運び、少しずつ礁を拡大し固めていた。中国は、一から島を造ろうとしていたのだ。

浚渫船による作業の規模と速度は、おもわず魅了されてしまうほどだった。中国は二年間で、スビ礁と、近くにあるファイアリークロス礁およびミスチーフ礁を、二〇〇〇エーカー拡大していた。その広さはサッカー場一五〇〇個分に相当する。三〇〇フィートの深海での作業は、工学的な驚異だった。

「私たちは、毎日これを目にしています」機長のマイク・パーカーは、微笑みを浮かべながら私に言った。パーカー機長は、〈ペリカン〉として知られる、フロリダ州ジャクソンヴィルをホームベースとする第45哨戒飛行隊を指揮したのち、六機の新型P－8とともに日本の厚木に派遣された。

「週末に作業をしているのだと思います」と、パーカーは言った。

ひとりのクルーが、P－8が搭載している高解像度カメラを現場に向け、作業の進展を間近で判断しようとした。浚渫船のポンプは海底の砂を吸いあげると、まるで巨大な消防ホースのようにその砂を地表へと吹きつけていた。作業は荒っぽいが効率的だった。入江を深く掘りながら、海上に新たな島をつくりだしているのだから。

スビ礁の上空を離れると、ほんの数分間の飛行でファイアリークロス礁に接近した。ここでは、中国が最も広範囲にわたる進捗を見せていた。埋め立てを終えて、本格的な航空および海軍基地の建設準備をはじめていたのだ。

P－8搭載の高解像度ビデオカメラによって、早期警戒レーダー装置、軍隊の兵舎、管制塔、対空爆用に強化された格納庫が確認された。滑走路は、中国のあらゆる戦闘機と爆撃機の受け入れが可能なほど長かった。中国の軍艦がこの新しくできた島の周りに群がり、防衛線を張っていた。

「かなり船の行き来があるのがよくわかります」マット・ニューマン少佐が、コックピットの席から私に言った。「中国の軍艦や沿岸警備艇は、対空捜索レーダーを備えているので、まず間違いなく我々を監視しています」

中国の浚渫船は、入江に深く穴を掘りつづけていた。浮沈空母は完成間近だった。

中国は、これらの人工島の軍事拠点化はしないとなんども約束していた。だが、一万五〇〇〇フィートの上空からでも、そうした約束は口先だけのものに思えた。『スター・ウォーズ　帝国の逆襲』に出てくる未完成の要塞〈デス・スター〉のように、これらの島々は、建設途中の段階からすでに軍事的な役割を担っていて、とりわけ外国の軍艦や軍用機に警告を発して追いはらっていた。

実際に、中国による建設が進むと、中国海軍がアメリカの軍用機に立ち去るよう警告する頻度と激しさが増していったと、アメリカ軍司令官たちはCNNに語った。P‐8の乗組員はこうした挑発に対する訓練を受けていて、必要な場合はそれに応じる準備ができていた。コックピットのなかでは、すぐに中国なまりの英語が無線機から流れてきた。「こちらは中国海軍。こちらは中国海軍――。誤解を避けるためにただちに立ち去ってください」

「我々はいま中国海軍からの抗議を受けました。それは陸地から発せられたものだと確信しています。ここにある施設です」パーカーはそういって、ファイアリークロス礁にある早期警告レーダー設備を指さした。

両者とも、最初のやりとりは落ち着いた形式的なものだった。中国海軍のオペレーターは、ここが中国の領空であることを宣言し、米軍機に立ち去るよう警告したのだ。アメリカのパイロットは、警告を受けると準備してあった原稿を読みあげて、こちらがアメリカの航空機であり、国際水域上空の国際空域を飛行している旨を説明した。

その後の三〇分間、アメリカ海軍の飛行部隊と中国海軍は、互いに八回無線でやりとりをした。回を重ねるたびに、中国側の通信士が苛立ちを募らせているのが感じられた。最後には、憤慨したようにこう叫んできた。「こちらは中国海軍――。出ていくんだ！」

アメリカ海軍は、こうしたやりとりに熟達していたが、民間航空機の乗務員は違った。南シナ海上空は、アジアの都市間およびアジアとヨーロッパや西側諸国とを結ぶ民間機で混みあっている。P－8に向けた八回におよぶ中国海軍の警告の最初の一声を耳にしたデルタ航空機は、即座に同じ周波数を使って、自分たちが民間旅客機であることを明らかにした。民間機のパイロットにとっては、こうした警告が神経を苛立たせるものだったに違いない。

P－8機内の雰囲気は、静かで自信に満ちていた。だが、中国の建設作業が進むにつれて、中国海軍の挑発はさらに攻撃的なものになっていると、アメリカ人乗組員は私に語った。乗組員たちは、さらに危険を増した挑発に対して心の準備をしていた。中国がこれらの島々に航空機を配備した時点で、アメリカ人クルーは空中迎撃に見舞われることになるからだ。二〇〇一年に、中国の海南島の近くでそうした迎撃を受けたことがあった。中国の戦闘機が、P－8の前身であるアメリカのEP－3偵察機と空中衝突をしたのだ。その衝突によって、中国機は墜落して乗組員が死亡し、EP－3はかなりの打撃を受けて中国領に不時着するのがやっとだった。死者を出した衝突と、その後のアメリカ人パイロットの拘留は、アメリカと中国のあいだに極度の緊張をはらんだ膠着状態をもたらした。双方ともそれを繰り返したくはなかった。

P－8の乗組員たちは、自分たちが、いつ紛争が起こってもおかしくない状態にいることがわかっている。中国側の抗議はますます激しいものになっていた。アメリカの偵察飛行と海上パトロールは、その頻度を増しつつあった。そして両国の主張は、妥協を許さないものに思える。中国は、これらの島々を主権領域だとみなし、その位置づけは確固たるものだと述べている。アメリカはこの領海と領空を国際的なものだとみなしている。Ｐ‐８に乗っていても、そうした食い違いがどううまく解決されるかを知るのは困難だった。

空からだと、南シナ海は平和で穏やかに見える。静かなターコイズブルーの海は、どう見ても戦争よりも島でのバケーションにふさわしい。実際その一帯は、世界でも最も往来が激しい、非常に重要な水域だ。世界の貿易量の六〇パーセント近くが、船舶で運ばれてここを通過している。また、アジアで最も肥沃な漁場のいくつかが、この水域にある。海底のさらに下には、石油やガスが大量に埋蔵されており、いまだに未開発のままだ。その結果、居住が不可能な環礁や砂州が、突如として価値の高い不動産に変わったのだ。

現在、南シナ海は、中国、台湾、フィリピン、ヴェトナム、マレーシア、ブルネイといった多くの国が領有権を主張している。長いあいだ権利を主張してこなかったインドネシアも、昨年になって中国の勝手な主張に対抗するために、自国の排他的経済水域にあたる水域に新たな名前をつけた。それぞれの国が領有権を主張するために、古い歴史をたどって、古代の地図と何世代も前の漁民の習慣を引き合いに出した。

その地域における中国の領有権の主張は、最も広範囲におよぶ。中国政府は、一九四九年に当時の中華民国によって引かれた「九段線」として知られる地図上の恣意《しい》的な境界線をもとに、実質上南シナ海全体の領有権を主張している。その境界線は、北西は海南島から、北東は台湾まで、そして南東ははるか南沙《なんさ》諸島、そしてフィリピンの海岸線のいたるところまで伸びている。中国の造った人工島は、その主張を最も具体的に表している。

国連の大陸棚限界委員会に当初中国が提出した九段線を含む地図は、ヴェトナムとマレーシアにしてみれば、とんでもない代物だった。だが、もとをたどれば、台湾政府の前身である中華民国が独自に作成した地図にいきつく。ビル・ヘイトンは、これが国際法で認められる可能性のある、南沙諸島に関して中国が初めて行った主張だったと指摘した。[2] 毛沢東の指揮のもと新たに建国された中華人民共和国は、一九五八年の「領海に関する宣言」によって、さらなる領土の主権を主張した。そこには、西沙《パラセル》諸島、マックルズフィールド堆、南沙諸島、そして台湾という新たな「離反省」に対する領有権の主張も含まれていた。[3] その後の数十年間に、中国は九段線を超える範囲の主権を主張しつづけ、一九九二年に国内法を制定することでその主張を正式なものにした。それによってフィリピンやヴェトナムと数多くの諍《いさか》いを起こすことになる。

アメリカの海岸線は当然ながら何千マイルも離れていたが、アメリカは現状の維持を求めており、この一帯を国際水域と考えていた。それはすべての国際輸送船とりわけアメリカ海軍が自由に航行できることを意味する。アメリカは、それぞれの領土の主張に関しては、公式にはいかなる立場も表明していない。いくつかの政権を通じて、アメリカの政策はそうした主張については、中国と中国よりもはるかに弱小な国々との二国間協議や、まったく新しい領土の建設といった一方的行為ではなく、国際法と多国間協議による解決を支持してきた。中国政府による脅しや征服を恐れる東南アジアの国々は、これらの水域における航行の自由を守るアメリカの役割を徐々に歓迎するようになった。同時に中国政府は、ラオス、カンボジア、ミャンマーとの政治的および経済的な強い結びつきを利用して、東南アジア諸国連合（ＡＳＥＡＮ）の枠組みとして中国の活動に対して強く反対させないようにした。

中国は建国当初から一貫して、南シナ海の水域に対する権利を主張してきたが、南シナ海にまったく新しい領土を建設するというのはこれまでになく、この領域におけるアメリカの優位性に対抗するためのより広い侵攻の一環ともみられている。中国政府は最初の航空母艦を航行させて、多核弾頭ミサイルの実験を行い、アメリカの軍艦を破壊し接近を拒否するために広いミサイル網を敷いている。そして今度は沿岸から遠く離れたところに軍事基地を建設しているのだ。

「中国が最終的にここで何をする気なのか――それを考えると困惑してしまう」マイク・パーカー機長は私にそう言った。

最終目的がなんであれ、中国の短期的な計算は明らかだ。アメリカはこれらの島々をめぐって戦争をしたくはないだろう。だから、中国は好きなことができる。アメリカにできるのは、この地域を船や飛行機で航行することで、これらの水域や空域が国際的なものであり、船舶は国際法によって認められている「航行の自由」を示すことだ。これは「航行の自由作戦」と呼ばれ、この地域における中国の活動に対する抗議となっている。だが、これらの島々が消えることはなく、実際にはさらに軍事要塞化が進んでいる。

オバマ政権は、中国側の急速な進展に警戒感を抱いた。CNNの記者とカメラクルーを招いてP-8のミッションに同乗させた目的は、中国の進捗状況を世界に知らしめて、公に中国に通告することにあった。実際、私たちが五月二六日に着陸した瞬間にフィリピンから送信した記事は、その地域と西側諸国でトップニュースとなった。外務省と人民解放軍の高官が発した中国側の反応は、いつになく厳しいものだった。

「なぜこの話が、ここ数週間で突然浮上してきたのだ？　南シナ海が小さくなったとでもいうのか？」楊宇軍《よううぐん》報道官（上級大佐）はそう質問した。「誰かが意図的に、かつ繰り返しこの話題を誇大に報道してきた。目的は、中国軍を中傷し、地域的な緊張関係を誇張することにある。これは、ある特定の国が将来行動を起こすための口実だという考えを捨ててはいない」[4]

「ある特定の国」がアメリカを指すことは、誰の目にも明らかだった。中国は、アメリカとの形勢を逆転しようと、アメリカ海軍による至近距離での偵察への中国の対応は合法的かつ専門的なものだと主張した。楊大佐が言ったように、そうした偵察機が何年ものあいだ飛んでいたのは事実だが、空域に関してアメリカと中国がこれほど公に対立したのは、二〇〇一年に海南島の上空で死者を出した衝突以来のことだった。

　数か月後、アメリカと中国の指導者たちは、南シナ海をめぐっていっそう公に対立するようになっていた。二〇一五年九月、習近平国家主席が中国の指導者として初めてアメリカを公式訪問した際、オバマ大統領はアメリカとしての懸念を相手に突きつけた。

　ローズ・ガーデンで習近平と並んで立ったオバマ大統領はこう言ったのだ。「私は習近平国家主席に対して、紛争地域における埋め立て、建設、軍事化が、当該地域諸国が平和的に意見の相違を解消するのを妨げていることに関して重大な懸念を抱いていると伝えた」

　習近平は、緊迫した外交交渉のなかでも引きさがることなく、これらの島々に対する中国の歴史的な主張を事実として再び表明したのだった。

「南シナ海の島々は、古代より中国の領土だ」と、習近平は言った。「我々には、中国の領土主権と法的な海事権および海洋権益を守る権利がある」

だが習近平は、中国はこれらの島々を軍事基地にはしないと誓い、アメリカはそれを中国が約束したものと考えた。

「中国が南沙諸島（中国がスプラトリー諸島に使っている名称）で行っている建設行為は、いずれかの国に狙いを定めたり影響を与えたりするものではなく、軍事化するつもりはまったくない」と、習近平は語った。[5]

中国語の「意図」は、軍事化をしないという決定的な約束までは意味していないのかもしれないが、中国指導者がそうした言質を与えることは稀だったので、アメリカはそれを確かな約束ととらえた。その約束は、当時南シナ海を偵察していたＰ－８が目撃した建設行為とは相反するものだったが、ホワイトハウスは中国の国家主席の言うことを鵜呑みにしたのだった。

三年後、習近平の「約束」は、空虚であるだけでなく、人をばかにしたものに思えた。二〇一八年までには、その後まもなくアメリカ太平洋海軍の司令官となるフィリップ・Ｓ・デイヴィッドソン海軍大将が、中国は人工島に十分な軍事資源を配備して当該地域におけるアメリカの軍事作戦に挑んでいると、上院軍事委員会で証言した。

「南シナ海では、人民解放軍が、論議の的となっている南沙諸島――クアテロン礁、ファイアリークロス礁、ガヴェン礁、ヒューズ礁、ジョンソン礁、ミスチーフ礁、スビ礁を含む――に、さまざまなレーダーや、電子攻撃および防御設備を建設している」と、デイヴィッドソン大将は、委員会に書面で報告した。「人民解放軍はこうした設備によって、南シナ海の大部分におけるリアルタイムでの領海認識、ＩＳＲ（情報、監視、偵察）機能、電波妨害能力を大幅に増強し、この地域での米軍の作戦に相当な挑戦を突きつけている」

軍事基地は完成していると、デイヴィッドソン大将は証言した。そこにないものは、配備された軍隊だけだった。

そして、さらにこう警告した。「ひとたび占領してしまえば、中国は影響力を数千マイルも南に拡大して、オセアニアにまで力を誇示することができるようになるだろう。そして人民解放軍は、こうした基地を使ってこの地域におけるアメリカの存在を脅かすことができ、島々に何らかの軍隊が配備されれば、他の南シナ海で領有権を主張する国の軍事力を簡単に圧倒するだろう」

デイヴィッドソンは、供述のなかでこう警告していた。「要するに、中国はいまやあらゆる展開において、アメリカと戦争をせずに南シナ海を支配することができるということだ[6]」

戦争をしないあらゆる展開。それはシャドウ・ウォーを完璧にとらえた表現だ。中国はいったいどうやってこれほど短期間に、戦略的な勝利を手にしたのだろうか？　この成果は、技術的な観点からも、軍事的な観点からも驚くべきものだった。わずか五年で、論争の激しい水域の真ん中に新しい領土をつくりあげ、そこに高度な軍事機能を配備した——本土から数百マイル離れた場所に。そしてそうなったのは、アメリカや近隣諸国が実質的にはなんの外交上あるいは経済上の負担も中国政府に強いなかったからである。中国がこの戦略を遂行できた理由は、一連の警告が見落とされたこと、そして中国の攻撃的な行動をアメリカやその同盟国が阻止できなかったことにある。アメリカ海軍大学校の戦略担当教授アンドリュー・エリクソンは、海軍の上級司令官たちに、こんにちの中国の軍事戦略と歴史を教えている。エリクソンもデイヴィッドソン大将と同じように、中国はこれらの人工島を使って、南シナ海での海外勢力の活動を脅かすことのできる軍事的に頑強な基地をつくるという目的を達成したと考えている。

エリクソン博士は、中国がどうやってこのような驚くべき領土獲得を成しえたかを説明する上で、アメリカがロシアとのシャドウ・ウォーで犯したものと同様の過ちを指摘している。それは中国の意図をアメリカがまったく誤解していたこと、そして南シナ海に出現した浮沈空母という明らかな証拠を目にしても、その過ちを断固として認めようとしなかったことだ。

「戦略的に中国を安心させて、崇高な国際的問題への協力を求める努力に力を入れるあまり、アメリカの政策立案者は過去一〇年間にわたって、弱気なところを見せ、攻撃的な行動を受け入れることで中国を増長させてしまったのだ」と、エリクソンは私に語った。「オバマ政権は、海洋での中国の有害な行動に対して著しい代償を払わせることができずに、うかつにも習近平に海洋での違法行為を継続させ、さらに増長させてしまった」

南シナ海における中国の領土獲得は、中国の「戦争なき勝利」という戦略をみごとに要約したものだ。中国がシャドウ・ウォーを遂行し――そして勝利するための取り組みの完璧な事例なのだ。エリクソンは、この戦略の歴史的ルーツはかなり古いと指摘している。南シナ海への中国の取り組みは、中国の軍事戦略家の孫子（孫武）が紀元前五世紀に広めた戦略をそのまま表しているというのだ。その戦略とは「戦争においてなすべきことは、強い相手を避け、弱い相手を攻撃することだ」というものだ。

「これは通常の主要な戦闘作戦だけでなく、中国政府の戦争なき支配への取り組みにも適用されている」と、エリクソンはいう。

「習近平は、アメリカとの全面戦争は望んでいない。それよりも平時に戦争をせずに勝ち続けること、あるいは二〇一七年アメリカ国家安全保障戦略のいう、完全な平和にも戦争状態にもない

〝継続的競争〟を目指しているのだ」と、エリクソンは説明してくれた。

ロシアと同じように、中国が国際法を軽視し、軍事力を行使して戦争になるぎりぎりのところで行動することによって戦略的利益を得ようとしているのは明らかだ。だが中国は、おそらくロシアよりも巧妙に利益を得る方法を見いだしつつある。たとえば、ウクライナにおけるロシアとは違って、中国軍は目的を達成して南シナ海で新たな領土を獲得するために発砲することはほとんどなかった。[7]

中国は、二〇一五年より数年前に、南シナ海でこの戦略に取りかかっていた。南沙諸島から北西にわずか三〇〇マイルあまりのところにある、アメリカの鼻先に位置する無人地区でのことだ。
これらの水域における地形の多くがそうであるように、スカボロー礁には、その権利を主張する国の数だけ名前がある。西洋の地図に書かれている「スカボロー」というのは、一七八四年に座礁した東インド会社の茶貿易船の名前をとったものだ。中国は、この礁を黄岩島もしくは民主礁と呼んでいる。同じく領有権を主張しているフィリピンは、「脅威」や「危険」を意味するタガログ語を使ってパナタグ礁と呼んでいる。ポルトガルの地図は、いまだにバホ・デ・マシンロックという名前を使っている。それぞれの名前は、歴史的および言語的な起源を超えた意味をもっている。多くの国々がスカボロー礁を、ファイアリークロス礁、ミスチーフ礁、スビ礁と同じように、長期にわたって法的に認められた領土とみなすための広範な努力の一環なのだ。[8]
そうした名前は象徴的なものだ。中国は明らかに、その領有が九割がた法的なものであることを示そうとして、二〇一二年以降、一度に一隻ずつ漁船を送りこむことでスカボロー礁を支配するという大胆な取り組みをはじめた。

南シナ海の多くの礁と同じように、スカボロー礁には居住者はいなかった。だが、トロール漁船やその船員たちが、頻繁にここを訪れていた。おもにフィリピン、中国、ヴェトナムの漁船が、この地域で最も肥沃な漁場のいくつかでトロール漁をしたり、荒れた海から避難したりするために、定期的にやってくるのだ。

二〇一二年四月以降、中国とフィリピンの船舶が、スカボロー礁やその周辺で領土を賭けたチキンレースをするようになった。当時、ゲイリー・ロック駐中国アメリカ大使の首席補佐官だった私は、北京のアメリカ大使館で勤務していた。スカボロー礁での中国の活動は、アメリカの外交官たちのあいだで深刻な懸念となっていた。中国は、アメリカと条約を結んでいる同盟国を犠牲にして、紛争水域で領土を強奪しようとしていたのだろうか？　毎日のように、P－8の前身であるの電子偵察機EP－3オリオンと、無人航空機グローバルホークによって撮影された写真が、活動中の中国船を捉えていた。四月二〇日には、三隻の中国船がスカボロー礁にとどまり、さらに四隻目が接近中だった。五月一一日までには、トロール漁船と沿岸警備艇と海洋哨戒船が混ざった一〇隻の中国船団がスカボロー礁に陣取っていた。フィリピン船は半分以下の数だったにもかかわらず、一歩も引かなかった。

大使館のなかでは、アメリカの外交官たちが中国の動きを注意深く監視していた。中国の意図は明らかで、アメリカがそうした意図に反対だったのもまた明らかだった。アメリカは南シナ海での領有権を主張する立場にはなかったが、一方的な領有権の主張には断固として反対している。スカボロー礁は、アメリカにとってとくに慎重を要する場所だった。領有権を主張する国のひとつが、アメリカと条約を結んでいる同盟国だからだ。さらに、スカボロー礁はフィリピンの排他的経済水域――国家の海岸線から二〇〇海里まで――のなかにあった。アメリカの反対をよそに明らかにスカボロー礁を占有しようという中国の企ては前代未聞で、この地域で論議の的となっている他の多くの島々にとって、不安を感じさせる意味合いをもっていた。

中国は、スカボロー礁でフィリピン船を包囲して嫌がらせをするだけでなく、別の方法でもフィリピン政府に圧力をかけていた。五月初旬から、中国は、フィリピンの主要輸出品であるバナナの輸入を禁止しはじめた。フィリピンの港では、何トンもの輸出用バナナが腐るまで放置されていた。中国は、フィリピンとのあいだの航空機の運航も禁止するようになった。これによって、フィリピンは、中国人の観光客やビジネスマンの訪問という、もうひとつの需要な収入源を奪われてしまったのだった。

アメリカの外交官たちとオバマ政権の高官は、どれほど強硬に対応すべきかを議論した。大使館のなかでは、ひとりの上級外交官がこんな戦略を提示した。アメリカはスカボロー礁から撤退すると中国に思わせる。すると中国は領有権をさらに激しく主張するに違いない。そうなれば、東南アジアの国々は中国から離れて、さらにアメリカ寄りになるだろう。それは、アメリカの同盟国を犠牲にして譲歩を示し、他の論議の的となっている島々に関して危険な前例をつくるという、大きなリスクを伴う戦略に思えた。

五月の中旬までに、フィリピン側の緊張がますます高まっていた。アメリカの潜水艦がスービック湾に寄港すると、フィリピンの外務大臣が、米比相互防衛条約を強調するかのように訪問を希望した。アメリカ大使館は、フィリピン政府が国内メディアに、当該地域におけるアメリカ潜水艦の能力に関する話を報道するよう促していると考えていた。アメリカという強力な同盟国がいることを中国政府にアピールしたかったのだ。

その月の下旬には、フィリピンの外交官が、アメリカの外交官にさらなる警告を伝えてきた。中国がスカボロー礁における立場を強固なものにしているというのだ。その頃には、中国の海洋監視艇が、その一帯を基本的に中国の支配下としていた。中国は、フィリピンに対する経済的な圧力も強化し、フィリピン政府にふたつの高額ローンの返済を要求していた。

アメリカ大使館のなかでは、外交官のあいだで議論が続いており、中国がどこまでやろうとしているかについても話し合われていた。ここまでの中国政府の行為は後戻りが可能なものであると主張して、中国がアメリカの同盟国にさらに敵対することを疑問視する者もいた。中国がいまだスカボロー礁に恒久的な建造物を建てていないというのがその理由だった。一方で、中国はその立場を強固なものにしていると警告する者もいた。

六月一日には、この警告が正しいものであることが証明された。スカボロー礁の礁湖《ラグーン》の入り口を中国船が障壁を築いて封鎖したのだ。この障壁は、ブイと停泊した中国船のあいだに張った漁網からなるもので、礁湖内に停泊していた仲間の船に補給するために入ってくるフィリピン船をすべて締めだした。それは、大胆な作戦だった。当時フィリピンの大統領だったベニグノ・アキノ三世は、ワシントンへ行って、直接オバマ大統領に懸念を訴えた。六日後、衛星写真によって、中国船が第二の障壁をつくったことが明らかになった。燃料と食料が補給できなくなり、最後のフィリピン船が礁湖からの立ち退きを余儀なくされた。中国はそれとは対照的に、あるアメリカ外交官が私に指摘したように、いまや礁湖内にトロール漁船の「大編隊」をもっていた。スカボロー礁は、実質的に中国の支配下となった。

中国政府とアメリカ政府は、水面下で密かに今後のための交渉を続けていた。大使館のなかでは、懸念はあったが緊急性は感じなかったことを覚えている。アメリカ当局者は、中国をうまくなだめて方針を転換させ、フィリピンの漁船が礁湖に戻ることができるようにして、さらには、スカボロー礁をこれ以上正式に手に入れようという中国の試みを終わらせることが可能だと考えていた。これは、当時の国務省とオバマ政権に共通した見解だった。交渉はうまくいく。中国の説得は可能だ。過剰な反応は控えよう。このアプローチは、アメリカ政府と中国政府のあいだの多くの課題すべてに適用された。そのなかには、アメリカの政府や民間部門に対する中国のサイバー攻撃も含まれていた。そしてこの取り組みは、中国の行動を変えることに何度も失敗しながらも根強く残ったのだった。

中国側は、フィリピンや他の領有権を主張する国々との、スカボロー礁の共同開発に向けて動いていると主張した。中国外交部は、中国はいまのところ対応をかなり控えており、状況が悪化したとしても先制攻撃を仕掛けることはないと冷静に警告を発した。

六月後半には、フィリピンがスカボロー礁近辺の海域から、最後の船を引き揚げた。それは、中国政府とアメリカ政府が水面下で行った取り決めによるものだった。オバマ政権は、中国も撤退するとの約束を取りつけたと考えていた。だが、中国政府は海軍艦艇を引き揚げたものの、三〇隻近くの中国のトロール漁船が礁湖内にとどまった。中国版リトル・グリーンメンが、いまだスカボロー礁を占領していたのだ。一週間経っても、中国のトロール漁船がまだ二六隻、礁湖内に残っていた。北京にいたアメリカ人外交官たちは、中国が取り決めを破って、スカボロー礁に恒久的にとどまるのではないかと心配していた。

アメリカと中国が交わした取り決めの内容は各国に知れ渡った。在北京ヴェトナム大使は、アメリカ大使館に、スカボロー礁から引き揚げるようアメリカ政府がフィリピンに圧力をかけたのかと問いただした。そのあいだにも、中国は南シナ海の別の場所で厳しい対応をとっていて、南沙諸島近辺でのヴェトナムの巡視に抗議し、その地域におけるヴェトナムの主張を正式なものにする新たな海事法の制定に動かないよう、ヴェトナムの国会に要請した。

中国は、アメリカの対応からも独自の結論を引きだしていた。中国外交部は、スカボロー礁に関するアメリカの軟化に気づいており、それによって中国指導部は、外交部が「取るに足らない」と評した事柄で、アメリカが軍事衝突を招くような危険を冒すことはないと確信したのだった。

二〇一三年一月には、中国の強硬姿勢とアメリカの撤収に不満を募らせたフィリピンが、オランダのハーグに設置されていた常設仲裁裁判所に中国政府を訴えた。この事案は、国連海洋法条約(UNCLOS)付属書7に従って申し立てが行われた。フィリピン政府のこの動きに腹を立てた中国政府は、フィリピンに制裁を加えるために一連の高圧的な行動に出た。その一環として、中国がフィリピンの果物に新たな輸入制限を課したために、またもや何トンものバナナが腐るまで港に放置されることになった。

二〇一六年七月、裁判所はフィリピンに有利な判決をくだし、スカボロー礁だけでなく、南シナ海のあらゆる地形に対する中国の歴史的な主張を退けた。全員一致のその判決は、中国とその国家主席である習近平を驚くほど非難するものだったため、それに反発した中国が南シナ海で新たな領土の収奪を図るのではないかという不安が近隣諸国で湧きあがった。裁判所は、中国とフィリピンの両国が批准している国連海洋法条約を引き合いに出し、いつにない厳しい口調で、中国が南シナ海で主張している歴史的権利はこの条約によって消滅していると述べた。裁判所はその指摘事項のなかで、両国がこの条約を遵守しなくてはならないことは議論の余地がないとみなすとした。そしてスカボロー礁以外にも、当時中国がほぼ軍事化を終えていたミスチーフ礁もフィリピンの水域にあると裁定したのだった。[9]

中国は即座に、近隣諸国と世界に対して中国が孤立していると悟った。アメリカは国際海事法条約を批准していなかったが、判決に従うよう中国に要請した。

「世界は、中国が本当にみずから公言しているような世界大国であり、信頼できる大国なのかどうか注視しているのです」と、国務省報道官のジョン・カービーは言った。[10]

南シナ海での領有権を主張してきたヴェトナムも、その判決を即座に支持した。共産党指導部という共通点もあって中国政府と長期にわたって協力関係を結んできた国としては、驚くべき対応だった。

その判決にもかかわらず、スカボロー礁はいまだに中国の支配下にある。中国は、九段線内の領土への「議論の余地のない主権」の主張を取りさげることもなく、複数の国々が領有権を主張している場所に軍事施設を配備しつづけた。

現在、中国政府はスカボロー礁における成功を祝し、チャン・ジーといった中国人学者たちが、「スカボロー礁モデル」という概念を用いるまでになっている。このモデル名が初めて使われたのは、二〇一二年五月の『人民日報』の記事だった。この言葉が使われたことは、スカボロー礁が、研究と他の領土への適用のためのモデルを提示していることを意味している。アメリカの反対や、そうした領土が実際には他の国家の排他的経済水域に入っているかもしれないという事実は、一顧だにされなかった。

海軍大学校のエリクソンは、中国の成功と、それを覆すことのできなかったアメリカの失敗は、シャドウ・ウォーにおける中国のアメリカに対する決定的な勝利だと指摘している。

「中国政府が、二〇一二年のスカボロー礁問題以前の状態に戻すための米中の交渉結果を破棄して、フィリピンの排他的経済水域のなかの領土を収奪したことは、中国政府にとっての勝利だ」と、エリクソンは言った。

中国は、スカボロー礁と南沙諸島におけるあからさまな領土収奪の何年も前から、南シナ海におけるその野心に関して、数多くの警告を発してきた。そのなかには、近隣諸国に向けたものもあれば、アメリカに向けたものもあった。一九七四年に、中国はヴェトナムから西沙諸島（パラセル諸島）を奪還するために船舶を派遣した。それは、両方で七〇名を超える死者を出す衝突となった。いまでは「西沙諸島の戦い」として知られているこの決戦で、中国は西沙諸島の支配権を手に入れ、現在もそれを維持している。

その後の数十年間は、南シナ海での紛争はほとんど表面化しなかったが、例外は一九八八年にヴェトナムとのあいだで起こった「ジョンソン南礁の戦い」と、フィリピンとの衝突を引き起こした一九九五年の中国によるミスチーフ礁の占領だった。鄧小平《とうしょうへい》のもとでの中国の政策は「紛争をやめて、共同開発を推進する」というものだった。それにもかかわらず、南シナ海の動向に注目していた人たちは、一九九九年にイアン・ストーリーが中国の「不気味なまでに自信に満ちた態度」と呼んだ「軍事衝突に頼らず南シナ海で物理的な存在感を高めるための段階的な政策」に気がついた。[11]しかしアメリカは、中国がアメリカ海軍艦艇の国際水域での航行を脅かす行動に出るまで、それに気づかなかったのだ。

二〇〇九年の注目すべき対立で、中国のトロール漁船はアメリカ海軍の音響測定艦〈インペッカブル〉や監視艇の妨害をした。ペンタゴンの声明によると、これらの漁船は〈インペッカブル〉の進路に直接侵入し、木片を海面にばらまいたり、竿を使って音響装置を奪い取ろうとしたりした。公式には中国政府の船ではなかったが、中国政府の指示のもとで活動していたと思われる。漁船を「影の海軍」として使うのが中国政府のやり方だったからだ。それは、危険で、攻撃的で、ときには滑稽でさえある公海上での妨害行為だった。

「中国漁船の意図が不明であったために、〈インペッカブル〉は自衛手段として、消防ホースでそのなかの一隻に水を浴びせた」と、声明では説明していた。「中国人の船員たちは、下着姿になって二五フィートの距離まで接近してきた」

CNNは、ペンタゴンの報道官の「この事件は、見たことがないほど攻撃的なものだ。我々は、この無謀で危険な行動に強い不快感を抱いていることを、必ずや中国当局に知らしめるつもりだ」という発言を引用した。[12]

二〇一四年に、中国は南シナ海における領有権を主張しているもうひとつの隣国に狙いを定めるようになる。それは、ヴェトナムだ。「海洋石油981をめぐる争い」は、紛争の中心となった中国の石油掘削プラットフォームの名前をとったものだ。二〇一四年五月に、中国国営石油会社のひとつが、論争の的となっていた西沙諸島のひとつの島から数マイル内に、石油掘削プラットフォームをつくったのだ。ヴェトナムは、ただちに掘削装置《リグ》の設置はヴェトナムの主権領域の侵害だと抗議をして、リグの運用を阻止しその場から撤去させようと、沿岸警備艇、タグボート、漁船など三〇隻以上の船を派遣した。中国は、沿岸警備隊、巡視艇、トロール漁船でこれに対抗した。数週間にわたり、両国のにわか仕立ての海軍のあいだで、危険な衝突が何度か起こった。少なくとも、一隻のヴェトナム漁船が沈没した。中国は八月にこのリグを撤去した[13]。

　そうした行為のひとつひとつによって、中国がアメリカやその地域の小国の妨害をものともせず、積極的に軍事的および非軍事的な資産を使って領土に関する目標の達成を追求していることが明らかとなった。奇妙なことに、「海洋石油の戦い」の場合、中国の領土収奪をうまくかわしたように見えたのは、その地域における中国より小さなライバル国だった。一方でアメリカはといえば、中国よりはるかに強大な軍事力をもちながら、スカボロー礁と南沙諸島の双方で負けたのだった。シャドウ・ウォーでは、力が釣り合わなくても勝つことが可能だ。

　南シナ海とさらに離れた場所での中国の広大な目的は、秘密ではなく、秘密だったこともない。アンドリュー・エリクソンは、ほぼ一〇〇年前となる一九二一年の創立以来、中国共産党は、一連の国家安全保障に関する目標を次々に掲げ、組織的にそれに取り組んできたと指摘する。こんにちでは、そのすべてが達成目前のところまで来ている。

　中国の安全保障上の優先課題は、党そのものに関係している。その中心にあるのは、中国共産党の存続が国の発展に不可欠だという考えだ。それは、一九四九年に中国共産党が国民党に勝利したことで成し遂げられた。それ以降、中国の安全保障上の目標は、主として地理的に決められるようになった。中国指導部は、核となる漢民族が支配する中心地で、他の追随を許さない優位性と支配を築くことからはじめた。そこから外側へと拡大を図り、チベットや新疆《しんきょう》といった少数民族が支配する辺境地域で、安定と自身の正当性を確保したのだった。中国は一九五〇年代にそれを成しとげた。ひとたび本土を制圧すると、中国は隣国との国境紛争に目を向けた。これには、一九七九年に起きたヴェトナムとの血にまみれた国境紛争も含まれている。

冷戦が終結すると、自国の国境が安泰と考えた中国政府は、本土の外の「近海」と呼ぶ地域に目を向けるようになった。中国の東岸と日本のあいだの黄海、日本の南で台湾の北に位置する東シナ海、ヴェトナム、インドネシア、フィリピン、マレーシアといった東南アジアの隣国と国境を接する中国南方の南シナ海——。「近海」は、日本、台湾、フィリピン北部、インドネシアのボルネオ島からなる、中国のいう第一列島線のなかに入っている。

近海における野心を実現するために、中国は一九八〇年代に、海軍提督の劉華清《りゅうかせい》のもとで、海軍の近代化計画に着手した。鄧小平は、こうした領土的紛争はやめて経済成長に力を入れるという政策を推進していたが、胡錦濤《こきんとう》政権の終わりが近づくにつれて、中国はますます海軍力という概念に特別な関心を寄せるようになった。そして、その後すぐに南シナ海で盛んに活動するようになった。二〇一二年の中国共産党第一八期中央委員会での最後の演説で、退任する胡錦濤は中国が海洋強国になることを強く求めた。この概念は、習近平の統治下となり、より頻繁に公式文書や演説のなかで言及されるようになった。

習近平の指導下での中国の南シナ海における政策の特徴は、自己主張が高まったことと、南シナ海における領有権の主張と、中国の主権に関する核心的な利益、領土の保全、国家統一との関連がますます増大したことにある。海洋強国の概念は、いまや中国の核心的利益――原則的には、特定の政治的立場を正当化するために引き合いに出される――といっそう強く結びついている。権力に関していうと、習近平はしばしば大げさに吹聴している「中国の夢《チャイナ・ドリーム》」の一部として海上権に言及しており、さらに最近では、国民に「海洋強国となる夢」を実現するよう求めている。

習近平のもとで、中国が正当な権利をもっと主張する領土の奪還へ力を入れていることは、南シナ海における中国の活動だけでなく、政策や二〇一五年に成立した「国家安全法」のような法律にも反映されている。さらに、中国は二〇一三年に、東シナ海における防空識別圏（ＡＤＩＺ）を宣言した。これは、中国が海洋領域と領土保全に、より広く焦点を定めなおしたことを表している。海洋強国の概念は、中国指導部の壮大な戦略的構想を反映していて、南シナ海等における具体的な行動や政策というかたちで明示されている。

中国の野心の対象には、南シナ海で論争が起きている島々だけでなく、日本と当然ながら台湾（その独立を中国は違法とみなしている）が領有権を主張している東シナ海の尖閣諸島（中国名は釣魚島）も含まれている。日本も台湾もアメリカの同盟国であり、アメリカには両国を防衛する義務がある。

軍事力を強化するにつれて、中国はこうした主張を空軍力によっても示している。米太平洋司令官であるデイヴィッドソン大将は、二〇一八年の上院軍事委員会でこう述べている。「中国軍の大々的な改革にともない、中国空軍は合同演習に力を入れており、西太平洋や南シナ海への長距離爆撃機の飛行などを通して作戦を拡大している」

デイヴィッドソンは、こうした作戦がアジア地域における米軍の影響力と配備された米軍に、差し迫った脅威をもたらしていると明言した。

「こうした技術上および作戦上の進歩の結果、中国空軍はアメリカ空軍だけでなく、海軍や空軍基地や地上部隊にも危険をもたらすだろう」と、デイヴィッドソンは語った。[14]

中国はいまや世界的な軍事大国になることに狙いを定めている。直近の戦略的な焦点を近海防衛にあてているにもかかわらず、ここ数年中国指導部は、中部太平洋、インド洋といった遠洋で展開できる海軍力を育成して配備している。こうした作戦や能力は、中国の防衛のためのものではなく、中国の力を海外に示して、世界における中国の経済的、外交的、地政学的な利益を守るためのものだ。簡単にいうと、中国は真の外洋海軍《ブルーウォーター・ネイビー》をつくっているのだ。そうして拡大された作戦や能力は、米軍の目にとまらぬはずはなかった。

「主に地域的な軍備を固めながら、中国は世界じゅうに力を示したいと熱望している。中国の拡大しつつある世界における利益……そのために中国政府はますます地域外に目を向けるようになった」と、デイヴィッドソン大将は上院で証言した。

中国はその野心を実現するために、外洋海軍を支える世界的なインフラを構築しつつある。それは、アメリカが一九世紀後半と二〇世紀初頭にしたのと同じ規模のものだ。エリクソンは、インド洋とその周辺での定期的および継続的な展開に必要な支援を事前に配備するために、中国は海外の港へのアクセスを拡大していると述べている。これには、パキスタンや東アフリカでの港の利用権の獲得も含まれている。二〇〇八年に始まったソマリア沖海賊対策作戦への中国の参加は、本土から遠く離れたところに海軍の船舶を配備し維持する力を示す初期の例だった。

中国の海軍力増強の火つけ役となったのは、中国が主要な敵対国とみなすアメリカの行動だった。一九九〇年代に、アメリカは一連の戦闘において強大な軍事力を見せつけた。それによって、中国指導部と軍の司令官たちは、自分たちの軍事力では太刀打ちできないと悟ったのだ。

「一九九一年の砂漠の嵐作戦、一九九五年から一九九六年にかけての台湾海峡危機、そして一九九九年五月七日にセルビアのベオグラードでNATOの作戦遂行中に起きた米軍機による中国大使館の誤爆――これら三つの軍事上の大きな出来事によって、中国指導部はアメリカの技術的優位性が罰せられることなく、中国の資産を攻撃することができるという考えをますます強めていった」と、エリクソンは語った。

国外で感じたそうした脅威が、中国内部の政変と時を同じくして生まれたと、エリクソンは言う。当時は、江沢民国家主席が権威を拡大していた。江沢民は、中国軍の近代化を優先した指導者で、そうした野望を実現するだけの信頼と関係を中国軍内に築いていた。

「これが、対艦弾道ミサイル（ASBM）のような『暗殺者の矛』となる兵器を開発する強大なプロジェクトに資金と支援を投入する機運を高め、造船も盛んになった」と、エリクソンは言う。

ロシアと同じように、中国はその増大する野心――シャドウ・ウォーの各局面で勝利するという――を、実際にアメリカと戦争をはじめることなく、つまり「戦わずに」実現したいと願っている。そのために中国は、学者たちが「ハイ・ロー戦略」とよぶ大がかりな軍事戦略を策定したと、エリクソンは説明している。その上限《ハイエンド》は戦争だ。中国はアメリカとの戦争を避けたいと願う一方で、アメリカや他の敵対国に対する戦争抑止力を備えなければならない。下限《ローエンド》には、戦争になるすれすれのハイブリッド戦争の技術が含まれている。

南シナ海での中国の活動は、このローエンドを行動で示したものだ。中国は近海に準軍事的な船舶や非軍事的な船舶まで配備して、権利を主張している領土を防衛し、ときには侵略したり併合したりしている。ロシアがクリミアに配備したリトル・グリーンメンの中国による海上版だ。

中国の沿岸警備隊と中国海上民兵は、実質的には、人民解放軍海軍を補完する非公式の海軍だ。中国は、そうした作戦にトロール漁船を使うことも多い。こうした軍事力は、近海におけるさまざまな領有権の主張とその他の海事権を守るという「グレーゾーン」での作戦における選択肢を中国にもたらすと同時に、中国軍のいかなる関与も否定する力を中国政府に与えていると、エリクソンは説明している。ロシアの場合がそうであったように、シャドウ・ウォーでは「嘘の力」が物を言うのだ。

二〇〇九年にアメリカ海軍の〈インペッカブル〉を妨害したのは、中国のトロール漁船だった。二〇一二年に中国が最初にスカボロー礁を支配したときは、漁船が前線部隊として活躍した。沿岸警備隊と海上民兵が加わったのは後になってからだ。さらに二〇一四年に西沙諸島でヴェトナム船に立ちはだかったのは、中国の海軍艦艇ではなく沿岸警備艇だった。

「海上のグレーゾーンでの作戦において、中国政府は大規模な沿岸警備隊と海上民兵を使って、戦争をせずに黄海や南シナ海といった論争が起きている地域での領有権の主張を強めている」と、エリクソンは言う。

そしてこう続けた。「中国は、アメリカとその同盟国、あるいは近隣諸国からの報復を受けずに、目標に近づくために必要なことだけをしている」

中国は「ハイ・ロー戦略」のローエンドの範囲にうまくとどまる――戦闘ではなくシャドウ・ウォーで戦うこと――を強く望んでいる。だが、効果的にそうするためには、アメリカという超大国とのハイエンドの戦いにも通用する力をつけなくてはならないと、中国政府の軍事計画者は考えている。アメリカに対して、中国と戦っても簡単に勝つことはできず負けることも十分あり得るというメッセージを伝えたがっているのだ。

「最悪のシナリオにおいて勝利する力を示し、それによって平時に戦争抑止力を提示することで、アメリカとその同盟国に戦争をしないという中国の政策を受け入れさせるために、中国は介入に対抗するための軍隊を育成し配備している」と、エリクソン博士は私に語った。

その軍隊は、「接近阻止・領域拒否（A2／AD）」として知られる軍事戦略を中心に築かれている。この戦略は、中国沿岸に近づく船舶や航空機に対して巨大な「キル・ゾーン」を設けることで、敵対国の接近を阻止することを目的としている。

「このA2／AD軍は、地域的に狙いを定める世界最大級の弾道ミサイルの力をベースにしている。そして、二種類の対艦弾道ミサイル、さまざまな衛星攻撃兵器、そして開発中の超音速技術まで含む、形勢を一変させかねないシステムをもっている」とエリクソンは言う。

こんにちでは、中国のA2／AD能力は、水中から空中そして果ては宇宙にまでおよんでいる。その軍事力は圧巻といえる。世界最多の中距離通常型ミサイル（中国の核ミサイルの数を七対一の割合で上回っている）、より進化した新型の対艦巡航ミリイル、さらには対衛星ミサイルをはじめとして、敵の衛星を軌道から奪い取ることのできるキッドナッパーとよばれる衛星や、ミサイルを地上に撃ち返す二種類の軍事偵察衛星といった衛星攻撃兵器まで所有している。

中国は恐るべきミサイル兵器を、地上、船舶、潜水艦、航空機に配備して、アメリカ艦隊の防衛力を凌駕《りょうが》している。これらのミサイル兵器によって、中国はアメリカの軍艦や戦闘機だけでなく、グアムのアンダーセン空軍基地や、沖縄の嘉手納空軍基地や、韓国に一五か所ある陸軍および空軍基地のすべてを含む、アジア地域の米軍基地を標的とすることができる。

中国の目的は、アメリカにハイエンドの軍事衝突を検討させない程度までに、ハイエンドの軍事力を示すことにある。中国政府は、アメリカ政府に対して、軍事衝突がもたらす可能性のある人的および軍用設備面での損害が、想定すらできないほど大きいということを示したいのだ。

こんにちでは、アメリカ軍司令官たちは、中国の驚くべき進歩を認める一方で、「接近阻止・領域拒否」という言葉の使用を拒否している。その理由は、アメリカには中国の兵器を打ち負かす力があるので、中国は米軍に対して実際には領域を拒否することができないからだという。彼らは代わりに「反介入」という表現を使うようにしている。だが、中国が少なくとも米軍にとって危険な存在になりつつあることは認めている。とくに空母や空母打撃群（米海軍の戦闘部隊のひとつ）は、現状においては巨大な標的となるからだ。またこうした地域で活動を継続し、有事の際に必要ならば、潜水艦には中国のA2／AD防衛線を破壊してアメリカ海軍に貢献する能力があると、自信を表明している。

しかし、中国は潜水艦と水中戦においても進歩を遂げている。中国の従来型の潜水艦は、原子力潜水艦と比べて潜水距離が短いために本土の近くで活動しているが、いまではより静かになり探知が難しくなっている。うるさい音を立てる潜水艦はもはや通用しないと、潜水艦の乗組員たちは言う。重要なのは、こうした潜水艦は、アメリカ海軍を念頭に設計されていて、対艦ミサイルを発射することができるということだ。アメリカの潜水艦は、中国の潜水艦に対して明らかな優位性をもっているが、アメリカ海軍の司令官たちは、その差が縮まっていると認めている。

「結局のところ、このアメリカの優位性は長くは続かない」と、デイヴィッドソン大将は二〇一八年四月に書いている。「着実な投資と一定のイノベーションを維持しないかぎり、人民解放軍は、この重要な領域でアメリカに追いつくことになる」

中国の兵器システムの選択は、その戦略的優先事項と見事なまでに一致している。現在では、中国製のミサイル、軍艦、航空機の能力向上によって、中国沿岸からの攻撃は減りつつあると、エリクソンは述べている。

「中国は、近海での危機や紛争に介入しようとするアメリカやその同盟国の試みに対抗するためのプラットフォームや兵器システムに非常に力を入れている」と、エリクソンは言った。「具体的にいうと、アメリカと同盟国の戦艦や軍事基地を攻撃することのできる弾道ミサイル（特に地上から発射するタイプ）や巡航ミサイル（地上、潜水艦、水上艦、航空機から発射するもの）のような大量の長距離精密照準爆撃兵器などだ」

これは、中国が長期的に、領土に関する野心を制限していることを意味しない。実際、こんにち中国は、すぐにでも沿岸から先へ野心を広げるのに役立つような兵器システムの開発を進めている。

「中国海軍は、原子力潜水艦、空母攻撃群、長距離爆撃機のような長距離の戦力展開に最適なプラットフォームを開発している――いまのところは、最優先しているわけではないが」と、エリクソンは説明した。

中国はそれによって、アメリカの潜水艦、空母、長距離爆撃機といった米軍の影響力とより直接的に衝突することになる。遠洋がシャドウ・ウォーにおける次の戦場になるのだ。

いまのところ、シャドウ・ウォーは近海で戦われている。それはすでに、米軍が何十年ものあいだその地域で何の問題もなく維持してきた米軍の影響力に対する、直接的な挑戦となっている。当該地域におけるアメリカの目標には、領土の拡大は含まれていない。アメリカは、新たな植民地をつくったり、人工島というかたちの「浮沈空母」を建造したりするつもりはない。そして、アメリカは政策方針として、南シナ海で論争が起きている島々のいずれにも何の手段も講じないことにしている。民主党および共和党政権によるアメリカの政策は、国際法を遵守し交易路を開放しておくというものだった。アメリカ当局は、そうした原則が、アメリカの海軍力によって支えられることで、アジアの経済発展が加速し、中国を含むすべての国々の利益になると強調している。現在の課題は、中国が軍事的、経済的、外交的影響力を強めるなか、いかにしてアジアの平和を維持するかということだ。

P‐8Aポセイドンの紛争領域上空の定期飛行を含め、いわゆる「公海航行自由原則維持のための作戦」には、アメリカが中国の領有権の主張を認めず、それによって中国の近隣諸国もそれを認める必要がないということを明確にするという目的がある。

「安定を確保するには、巡航作戦の自由を含む南シナ海におけるアメリカの作戦は、定期的な習慣であり続けなければならない。私の考えでは、空および海でのアメリカの存在感が少しでも弱まれば、中国を再び勢いづかせる可能性が高い」と、デイヴィッドソン大将は証言した。

だが、アメリカがそうしたミッションを何年も遂行してきたにもかかわらず、中国は新たな領有権を主張しつづけている。

アメリカの防衛専門家のなかには、アメリカの最大の希望は海中にあると考える人たちがいる。こんにち、中国はすでに世界第二位の強力な海軍をもっている。そして、中国海軍は、少なくとも軍艦の数だけをみると、一〇年あまり先の二〇三〇年にはアメリカ海軍を超えるペースで拡大している。だが、エリクソンやアメリカ海軍の司令官たちは、アメリカの潜水艦は、中国が追いつくのに苦労していて、今後も苦労すると思われる技術的な優位性を維持していると強調する。

このアメリカの優位性と、中国がそれを克服するのは今後も難しいだろうという認識から、エリクソンたちは、潜水艦こそアメリカが競争力を維持するための最大の希望であると、再度指摘している。彼らの考えでは、問題解決に不可欠なのは、より多くの潜水艦を建造して配備するだけでなく、迅速にそれを行うということだ。

現在、アメリカ海軍は、〈ヴァージニア〉級主力攻撃型潜水艦（〈ロサンゼルス〉級の後継）を年に二隻つくることができる。そして、そのペースを年に三隻にまで増やすことが可能だと考えている。二〇一八年に要求された軍事予算は、二一世紀中ごろまでにアメリカ艦隊に一五隻の潜水艦を加え、総配備数を六八に引きあげるためのものだった。しかし、一年に三隻というより速いペースで建造することができれば、アメリカ海軍はもっと早く――おそらくは一五年以内に――この数字を達成することができるはずだ。

戦争になれば、〈ヴァージニア〉級主力攻撃型潜水艦は、敵の潜水艦を本国から遠く離れたところまで追跡して破壊するという本来の機能を発揮して、外洋海軍をうまく稼働させるという中国の野望を打ち砕く力をもっている。

　だが、本質的な問題は、はるかに大局的なものだ。アメリカの国家安全保障戦略家たちの多くは、アメリカはシャドウ・ウォーに対抗する――そしてその概念を取りいれた――戦略的な見直しが必要だと考えている。

「いまやアメリカは、独自のハイ・ロー戦略を遂行する必要がある」と、エリクソンは私に語った。「従来型の武力衝突に勝てる力を示して、平時における着実な中国の海上拡張に抵抗することで、中国の武力侵略を阻止するのだ」

　いまのところ、アメリカのハイ・ロー戦略は、何十年も変わらない戦略と戦力展開に依存している。それは、戦時には圧倒的な軍事優位性を維持しつつ、紛争水域に戦艦や戦闘機を派遣して中国の領有権の主張を妨害するというものだ。


　P‐8で中国の人工島上空へ飛行した三年後の二〇一八年八月、アメリカ海軍は南シナ海での別のミッションを担うP‐8に、再びCNNを招いた。中国海軍はまたもやアメリカのフライトクルーに対して警告を繰り返し、P‐8に領空から出ていくよう要求した。そして、アメリカのフライトクルーも、ここが国際水域上空の国際空域であるとするアメリカ政府の見解を再度主張するお馴染みの原稿を読みあげて、中国側の要求を退けた。こうしたやりとりは、二〇一五年の飛行時よりも静かに行われた。このミッションに同乗していたCNNのシニア国際特派員のイヴァン・ワトソンは、彼らのやりとりが儀式化していると私に語った。

「パイロットは、中国人パイロットがおそらく原稿を読みあげたのに対し、原稿を読んで応えている。それが、新しい標準になっていた。真剣なやりとりには思えなかった」と、ワトソンは私に言った。

二〇一五年にはまだ作業中だった島々は、いまではすっかり軍備の整った前哨基地となっていた。ファイアリークロス礁には、レーダー塔、発電所、軍人の住居と思われる五階建ての建物などがあるのが、上空から確認された。実質的に中国軍のあらゆる戦闘機を受け入れることができるほど長い滑走路が、すでに完成していた。スビ礁の近くでは、島の深く人工的な礁湖に八六隻もの船が配備されているのを、ポセイドンの乗組員が確認した。そのなかには中国の沿岸警備艇や軍艦も含まれていて、南シナ海にいくつかある人工島の一島だけのためにしては、巨大な部隊を構成していた。だが、そこには「人間」がいなかった。乗組員のひとりがワトソンに語ったところによると、諸島の島のひとつに一ダース以上の人間を見たことはないという。何マイルも離れたところからレーダーで監視していた米軍機が接近してきたので隠れたのか、それとも単にそこにいなかったのかは定かではない。

「まるでポチョムキン村（政治的な意図でつくられた見せかけだけの村）のようだった」と、ワトソンは私に言った。

だが、中国の人工島では、ますます本格的な軍事作戦が展開されるようになっていた。二〇一八年五月には、アメリカは、中国の軍事演習で対艦ミサイルと対空ミサイルが三つの人工島に配備されているのを探知した。そのミサイルは、中国のＡ２／Ｄ２戦略に不可欠な部分を占め、それ自体がアメリカを念頭において設計されたものだ。中国政府がアメリカ政府に向けて発した単刀直入なメッセージは「我々は、この水域をアメリカ軍艦にとって安全ではないものにする用意ができている」というものに思われた。人工島を軍事目的には使わないという、二〇一五年に習近平国家主席がオバマ大統領にした約束は、無意味なものと化していた。

中国の発する警告は、それで終わりではなかった。その月の後半になって、人民解放軍空軍は、何機かの爆撃機が南シナ海のある島に無事着陸し、そこから離陸したと発表した。のちにこの島は西沙諸島のウッディー島であることがわかった。爆撃機のなかには、アメリカの空母群や二〇〇〇マイル以上離れた地上の標的を攻撃するように設計された核攻撃専用機H‐6Kも含まれていた。

アメリカ太平洋軍はそれに気づき、ある報道官が、中国軍の演習は「南シナ海の紛争領域における中国の継続的な軍事化」の一環だと批判した。中国外務省はいつものように、アメリカの抗議を過剰反応だと退けて、こんな声明を発表した。「南シナ海の島々は中国の領土である。今回の軍事活動は通常の訓練であり、他の国が過剰に介入すべきものでない」[15]

南シナ海における既成事実は、中国にとって有利に働いた。中国は、オバマやトランプの抗議の声を無視して、人工島を建設し、軍事化を進めて、稼働可能な状態にしていたのだった。オバマ・トランプ両政権は、アメリカの反対を明確にするために、航行の自由作戦を継続した。だが、海と空におけるこうした膠着状態は、中国の行動を変えさせることも、中国の領土収奪を逆行させることもできなかった。中国は、このシャドウ・ウォーに勝ったのだ。

◉教訓

南シナ海における中国の人工島建設は、第二次世界大戦が終わってからアメリカが構築し提唱してきた規則に基づく国際秩序に対する、広大で差し迫った目に見える挑戦だ。それは、アメリカの同盟国を含む半ダース以上の国々が権利を主張している領域の真っただ中での膨大な領土収奪で、海洋に関して適用される国際条約を形骸化させるものだ。さらに、ウクライナにおけるロシアとは違い、中国は戦火を交えることなく、アジアの国境線を引きなおして、この領土収奪を成しとげている。その過程で中国は、支配的な軍事大国とアジアにおける平和の番人としての数十年にわたるアメリカの役割に、まんまと異議を唱えたのだ。それは、当該地域で起こっているアメリカ政府と中国政府のあいだの紛争にとって、警戒が必要な反省すべき前例となっている。そのなかには、日本が領有権を主張している尖閣諸島や、フィリピンが領有権を主張しているスカボロー礁といった、南シナ海および東シナ海で論議の的となっている陸塊も含まれている。とりわけ、日本とフィリピンは、海外からの攻撃に対してアメリカが防衛することが条約に定められている国だ。

ヨーロッパとその周辺でのロシアによる武力侵略と同じように、中国は、南シナ海における領土的野心に関して何十年ものあいだ警告を発していた。そうした警告は、アメリカの政権が代わっても、繰り返し見落とされたり軽視されたりしてきた。中国政府に対するアメリカ側の抗議は、常に無視された。その結果、アメリカは、その抗議を十分な費用や確かな戦力で裏づけることに何度も失敗して、中国の領土収奪を許してしまった。こんにちでは、中国の人工島は、いってみれば「海上の既成事実」となり、アメリカが認める最も攻撃的な中国の強硬派さえも、いまとなってはアメリカがどんな警告を発しても動じないのはほぼ間違いない。

第六章

宇宙での戦争

——ロシアと中国

二〇一四年五月、カリフォルニア州のヴァンデンバーグ空軍基地にある、統合宇宙運用センターで、空軍将兵からなる小チームが、いままで一度も見たことがないものを目にした。その前の月に、ロシアがある衛星を打ちあげていた。毎年数多く打ちあげている商業衛星や軍事衛星のひとつだった。この特殊なロシアのロケットはある通信衛星を発射したが、それはいつものように、ロケットの巨大な使用済みの段から塗料片まで、さまざまな大きさの宇宙ごみを回収するものに思われた。そうした破片の多くは、その後の何日間か何週間で地球に向かって落下し、大気中で安全に燃え尽きてしまうか、軌道をまわる宇宙ごみの雲に紛れてしまう。そうした破片のひとつひとつは、衛星と——とくに国際宇宙ステーションを含む有人宇宙船と——衝突しないよう、日々監視されている。だが、二〇一四年のロシアによる打ちあげの数週間後、そうした「ごみ」のひとつが活動をはじめたのだ。

統合宇宙運用センターの空軍将兵たちは[1]、その後の数日間、その謎の物体がロケット上段に一一回接近するのを見守っていた。それは、宇宙での精巧なダンスのようで、その物体が、軌道を通過して動きまわるための、小型ロケットエンジンと十分な燃料を備えていなければできない動きだった。これは、「カミカゼ衛星」と呼ばれる衛星攻撃兵器がもつ能力で、他の衛星にひそかに接近して、干渉したり、機能を停止させたり、破壊したりする力があるということを意味する。その衛星は、宇宙に打ちあげられた二四九九個目の衛星であることから〈コスモス２４９９〉と命名され、さらに詳しく観察された。やがてわかってきたのは、〈コスモス２４９９〉が活動をはじめたばかりだということだった。

宇宙業界では「Ｊスポック」と呼ばれている運用センターは、『スタートレック』でおなじみだが、ＵＳＳエンタープライズ（スタートレックに登場する架空の恒星間宇宙船）のブリッジというよりは、企業のコールセンターのようだ。コンピュータ・スクリーンを備えたデスクが同心円上にならび、そこに座った空軍将兵の男女がマウスやタッチパッドを巧みに操って、脅威となりそうなものが宇宙にないか調べている。彼らのスクリーンは、宇宙にあるソフトボール大の物体までも、三次元で鮮明に映しだしている。マウスを一、二回クリックするだけで、ズームして詳しく調べることができるのだ。これが宇宙戦争のイメージだ――温度管理された洞窟のようなオペレーション・センターが新たな前線で、そこにコンピュータのスクリーンが戦闘配備されている。

デスクのひとつに、アンドリュー・エングル中尉が座っていた。宇宙への打ちあげが潜在的な脅威となるものかどうかを監視する役目を担うために、新たに任命された防衛任務官のひとりだった。エングルは、前哨基地を守る歩哨のような警戒心をもってスクリーンを見つめていた。衛星とははるか遠く離れたところで、宇宙における脅威を見つけようと真剣に監視業務に取り組んでいる彼らの姿は、狙撃兵のために次の丘の頂を調べる歩兵か、地平線に敵の航空機を見つけようとする戦闘機のパイロットのようだ。だが、エングルを悩ませていたものは、時速一万七五〇〇マイルという高速で、数百マイル頭上の空間を突っ走っていた。〈コスモス２４９９〉は、とくにエングルの注意を引きつけた。

「意図的でないかぎり、同じ平面や軌道のうえにいるはずはありません」と、エングルは言った。「これは宇宙という新しい領域に、敵国が送りこんだと思われる何かです。かなり専門的で高度な技能を備えており、どんな機能をもっているかを明らかにするために、我々は綿密に観察しているのです」

エングルが配属された第６１４航空宇宙作戦センターは、軍事衛星の防衛を担うチームで、より巨大な組織である空軍宇宙軍団の小部隊だ。空軍宇宙軍団は、二〇一八年にトランプ大統領が宇宙軍団の創設を命じるはるか前から、米軍の航空部隊として完全に機能していた。アメリカ国民の目や意識にとまらないところで活動することが多かったが、軍人と民間人を三万人以上雇用し、年間予算は九〇億ドルで、六つの基地と、世界じゅうにある一三四か所の出先機関を有している。[2]最近まで、宇宙軍団の作戦の多くは機密扱いとなっていた。それが変わったのは、軍の上層部が、大衆と政治的指導者にアメリカの宇宙資産に対する脅威が急速に高まっていることを警告しなければならないと思うようになったからだ。

エングル中尉は、防衛任務官（ＤＤＯ）として、監視衛星、ＧＰＳ衛星、そしてとくに重要な核弾道ミサイル発射早期警戒衛星を含む、最高の価値があるアメリカ宇宙資産に対するあらゆる脅威を、とくに綿密に調べている。彼が使っているテクノロジーは、簡単で分かりやすいものに見える。まるでビデオゲームのように、衛星とその他の宇宙機が、コンピュータがつくりだす立体像で表示される。だが、人工的につくられた三次元画像とはいえ、リアルタイムで宇宙から送られてくる位置と飛行経路は現実のものだ。最先端のオペレーション・センターで所定の席についたエングルは、航行するロシアの「カミカゼ衛星」の過去の動きのシミュレーションを、私に見せてくれた。このカミカゼ衛星は、暗殺者が標的に忍びよるように、アメリカの衛星の周囲一〇〇〇ヤード以内の空間を何度もまわっていた。これは、どちらも音速の二〇倍の速さで移動していることを考えると、恐ろしいほどの近さだった。

「我々が〝青い衛星〟と呼んでいるアメリカの衛星が宇宙を周回すると、〝赤い衛星〟と呼んでいるロシアの宇宙機が、アメリカの衛星とまったく同じ動きをするのです」と、エングルは言った。「宇宙の性質からいって、それは偶然目にするようなことではありません」

〈コスモス２４９９〉は、アメリカの衛星のまわりを何度か周回してから、超小型ロケットエンジンを噴射して次の標的へと向かった。それだけ距離が近ければ、アメリカの衛星を機能させなくしたり破壊したりする方法はいくらでもある。ロシアと中国は、比較的低出力の妨害電磁波によって衛星を惑わすことのできる、レーザーやその他の指向性エネルギー兵器の実験をしていた。これは、手元のレーザーポインターで、旅客機のパイロットの目を眩《くら》ませる行為の宇宙バージョンで、混乱させ危険をもたらす可能性はあるが、短時間のもので復元が可能だ。恒久的に衛星の機能を停止させることができるような、より強力な指向性エネルギー兵器は、より強力なエネルギーを照射することで衛星を破壊することができる。

さらに厄介なことに、弾丸のように強引に衛星に体当たりし、衛星を粉々にして地球低軌道に膨大な量の破片をばらまくこともできる。映画『ゼロ・グラビティ』では、スペースシャトルと宇宙ごみの嵐が偶然ぶつかる様子が描かれていた。実際の衝突の様子を撮影するのは不可能に違いない。これらのごみの破片は、軌道同士の角度によっては、人間の目でとらえることのできないほどの速さで動いている可能性があるからだ。その破壊される過程は一瞬のものだ。

この地雷原を観察することが、軍人、民間人を問わず、宇宙オペレーターにとって重大な関心事となっている。それぞれの衛星は、技術と能力の貴重な集積であり、製造するのに数千万ドル、宇宙軌道に打ちあげるのにさらに数千万ドルの費用がかかる。「宇宙は手ごわい」宇宙オペレーターは、よくそう口にする。だが、宇宙が手の届かないものになって欲しいと願う者はひとりもいない。

宇宙は、シャドウ・ウォーの新しく危険な前線だ。ロシアや中国をはじめとするアメリカの敵は、アメリカの軍人と一般人が宇宙資産と技術に比類ないほど依存しているのにつけこんで、宇宙領域におけるアメリカの圧倒的な優位性を弱めるために、急速に宇宙における攻撃能力を開発し配備している。そしてシャドウ・ウォーの前線の多くと同じように、脅威が高まっているというのに、アメリカはいまだにどう対応するのが最善かを話し合っている。

〈コスモス2499〉は唯一の脅威ではない。こんにち、少なくとも四基の衛星――うち二基がロシアに、残り二基が中国によって打ちあげられた――が、他の人工の宇宙物体が一度もしたことがない動きをしている。アナリティカル・グラフィックス社（AGI）は、創立時からこうした宇宙物体を監視してきた。ペンシルヴァニア郊外にあるAGIの商業空間オペレーション・センター（コム・スポック）は、宇宙にある一万個の物体を監視している。実際には、クラウドソーシングによるレーダー・アンテナと望遠鏡の世界的ネットワークを使って、一〇センチ以上の物体の宇宙の軌道上での動きを、仮想三次元画像で表示しているのだ。コム・スポックは、こんにち衛星を運用している何百という政府や民間企業のための、宇宙航空管制塔のような役割を果たしている。稼働している衛星は、コム・スポックが監視している物体のうち約一五〇〇個を占めている。残りは廃棄された衛星から、使用済みのロケットの段や衛星のもっと小さなかけら――タイヤのトレッド、ホイールキャップ、地上の高速道路の路肩に散らばる割れたガラスなどの宇宙バージョン――となっている。AGIがつくる地球をまわる物体の三次元画像は、何千匹もの蚊が群がる玄関灯のように見える。

二〇一九年に、米軍はこれまでで最も有能な宇宙監視システムの運用を開始する予定だ。「スペース・フェンス」と呼ばれる最先端の地上レーダーが、マーシャル諸島のクワジェリン環礁に設置され、一〇万個以上のソフトボール大の物体を検知することができるようになる（現在試験中）。ある司令官は、それを地球の周りをまわるすべての物体を監視する巨大なサーチライトだと説明した。そしてこんにち、そのサーチライトが、ますます多くの脅威を見つけだしている。

「アメリカは長年のあいだ、宇宙に戦闘システムは存在し得ないという立場をとってきた」と、AGIのCEOポール・グラジアーニは私に語った。「宇宙での戦争は、私がいままで会ったすべての政府当局者が、関与したがらなかった話題です。残念ながら、敵対国はアメリカを別の方向に駆りたててしまいました。もしこうした兵器が使われたら――第三次世界大戦がまだ始まっていないとしたら――すぐに第三次世界大戦に突入するでしょう」

第三次世界大戦？　米軍司令官たちは、宇宙兵器はアメリカの敵対国に、アメリカ本土と米軍に破滅的なダメージを与える力をもたらすことを目的とするものと思っている。彼らの考えでは、宇宙兵器は全面戦争のための兵器なのだ。

コム・スポックでは、衛星技術者たちが〈ルーチ〉と呼ぶロシア衛星の二号機が宇宙での攻撃的な脅威となるのをリアルタイムで観察していた。二〇一四年、〈コスモス２４９９〉のわずか数か月後に打ちあげられた〈ルーチ〉は、危険な能力をひとつではなく、ふたつ備えていた。〈コスモス２４９９〉と同じように、ある外国の衛星から別の衛星へと軌道を移動することができる。そして、危険なまでに接近して、観察したり、機能を停止させたり、破壊したりすることができる。

ひとつの軌道のなかで動くのは、目新しいことではない。ほとんどの衛星には、飛行中に微調整をする何らかの駆動力がある。だが、ひとつの軌道からまったく別の軌道へ移るのは、数百あるいは数千マイルの移動を意味する。また、別の衛星ににじり寄ってその周囲をまわるのは、ものすごい軌道速度での数えきれないほど多くの調整をともなうため、多くの動力、燃料そして遠隔操作技術を必要とする。そして、それらが機動性のある〈ルーチ〉のような衛星のもつ利点なのだ。それを成しとげるためには、旧世代のガスを使ったロケットエンジンと、新世代の電磁推進力が必要で、実際には電気ビームを照射して宇宙を動きまわっている。そしてこの組み合わせが、〈ルーチ〉に宇宙戦闘機としてのスピードと機動性をもたらしているのだ。同時に、〈ルーチ〉はスパイ活動のために周回するプラットフォームとしても機能していて、宇宙における最も機密性の高い衛星間のやりとりを傍受し、堅固な円形の漁網に似た巨大な宇宙アンテナを使って大量の情報を収集している。〈ルーチ〉は、最も機密性の高いアメリカの偵察および通信衛星ににじり寄る能力をもち、ヴァージニア州ラングレーにあるCIA本部で電話を盗聴するような作業を宇宙で行うことができる。

一年にわたって〈ルーチ〉は、最も機密性の高い軍や政府のコミュニケーションをつかさどる三基のアメリカ衛星にすり寄った。コム・スポック内で見たときには、商業通信衛星のあとを追っていた。

「自分たちの衛星を、他の衛星の近くにすり寄らせることで、ロシアはいままでにない機会を手にすることになります」と、グラジアーニは言う。「ルーチは、他の衛星に近づくことで、標的とした商業通信衛星だけに向けられた信号を傍受することができるのです」

この能力は単純な物理的特性に基づくものだ。地上局から目標衛星に発信されるビームはかなり細いものなので、その信号を傍受するには、ビームが当てられる場所にかなり近づく必要がある。こうした光線のなかには、暗号化されているものもあれば、そうでないものもある。暗号化された光線であっても、十分な時間とコンピュータの力さえあれば解読は不可能ではない。

二〇一三年には、ロシアが〈コスモス2499〉を打ちあげる直前に、中国も新種の宇宙兵器を導入している。最初、練習機を意味する〈試験〉7号は、従来型の衛星と見られていた。だがその後、軌道のいたるところで見せる一連の複雑な動きで、同時に打ちあげられたコンパニオン衛星〈創新〉3号に近い存在であることがわかった。〈創新〉に接近し、周回してその後をつける試みは、〈試験〉がロシアの〈コスモス2499〉や〈ルーチ〉といった衛星と似たような能力をもつことを示している。

二〇一四年に入ると、AGIの技術者たちは、この第二の衛星がスクリーンから姿を消したことに気がついた。破壊されてしまったのだろうか？　だが、残骸はどこにも見あたらなかった。大きい方の衛星にドッキングしたのだろうか？　はっきりとはわからなかった。地上のセンサーは宇宙にある物体の位置と大きさを正確に判別することができるが、その輪郭をとらえることができるとは限らなかった。

二〇一四年に、コム・スポックは、小さい方の衛星が再び姿を現したあとでまた消えたのを確認した。ＡＧＩの分析官はひとつの説明しか思いつかなかった。〈試験〉7号が小さい方の衛星をつかんでは離すというまったく新しい能力を試していたのだ。ポール・グラジアーニと彼のチームは、〈試験〉7号を世界初の「キッドナッパー衛星」と名づけた。

「機動性に非常に優れ、数多くのミッションを遂行していました」グラジアーニは、コム・スポックの巨大スクリーン上で展開されているさまざまな動きを見ながら、私にそう語った。「自分が発射した小さい衛星に近づき、つかんでは離すという動きを何度も繰り返しています」

中国の国営メディアは、この衛星のロボットアームは、宇宙ごみを回収し、衛星のメンテナンスを行うよう設計されていると報じた。しかし、アメリカの宇宙司令官たちは、もっと脅威となるような活用法があることを知っている。中国は、宇宙に関する軍事計画を明らかにしている。宇宙での兵器の配備は、「情報化された状況下で局所的な戦争を戦って勝利する」という中国の幅広い軍事戦略と符合している。素人的な表現をすると、それは地上でのサイバー戦争から、宇宙での敵の情報技術の妨害と破壊まで、軍事作戦のあらゆる局面で情報技術を駆使していることを意味していて、衛星を標的とすることもそこに含まれている。そうした戦略においては、中国がダビデでアメリカがゴリアテだ。アメリカは、最も進歩的で、最も宇宙と情報技術に依存しているために、情報技術に対する攻撃に最も弱いのだ。

「この状況を前にして、米軍が戦時体制を敷いていないとしたら、私たちは絶対に衝撃を受けるだろう」と、グラジアーニは言った。「ロシアと中国の両国が、宇宙の兵器化を、自分たちの立場を向上させてアメリカと対等になる手段と考えてきたのは間違いない」

アメリカの司令官たちがあらゆる国家や民間からの不規則な脅威にますます注目している時代においては、アメリカの技術的優位性を減らしたり排除したりするための新たな機会を、大小の敵対国に対して宇宙が提供している。

宇宙の兵器化に関しては、中国とロシアが先行している。だがこの二か国だけではない。イランや北朝鮮も、宇宙に向けたレーザー兵器を使って実験を行っている。理論的には、宇宙計画をもつ国ならどこでも兵器化が――それも非常に迅速に――可能だ。AGIは、宇宙にある一〇〇〇〇個程度の物体は少なくとも何らかの機動力をもっていると推定している。そして宇宙では、物体が時速一万七五〇〇メートルで移動するので、あらゆる機動性のある物体が宇宙兵器と化す可能性がある。

「軍事的な観点から言うと、もし何かが動いているとすると、それはぶつかってくる可能性があります」と、グラジアーニは言った。「車だって、その気になれば凶器になります。車で人を怪我させたり殺したりできますから。衛星だって同じです。衛星はものすごいスピードで動いているので、他の衛星にぶつかれば相手を破壊してしまうでしょう」

宇宙では、直径がわずか二センチほどの物体ひとつでも、スピードを出したSUVと同じ力をもち、大きさや数はその威力に関係ない。

第二次世界大戦中、爆撃機で奇襲をかけるには、一〇〇〇機の爆撃機と何千人もの空軍兵士を必要とした。宇宙では物体が数個あれば、徹底的に破壊することができる。

何十年ものあいだ、宇宙は安全な環境にあった。冷戦のさなかでも、アメリカとロシアは地球の軌道には兵器を持ち込まないことで合意していた。月への競争でもわかるように、宇宙での競争は確かに熾烈だったが、あからさまに敵対的なものではなかった。その後ソ連が崩壊すると、宇宙はもはやアメリカにとって競争の場ですらなくなった。アメリカは唯一のまともな競争相手を失ったからだ。だが、この一〇年間で、世界的野心をもつ強国として中国が台頭しロシアが再浮上してきたことで、宇宙は再び競争の激しい危険な場所となっている。

米軍は、宇宙での戦争に関するシミュレーションを数多く行っており、そのひとつひとつが警戒すべき実態を描きだしている。最悪の場合、宇宙での攻撃は地上での全面戦争、はては核戦争の前哨戦ともなる。かなり限定的な宇宙での戦闘さえも、アメリカ一般市民と米軍に破壊的な結果をもたらす可能性がある。

アメリカ人にとって、最初の宇宙戦争は音もなく始まるだろう。組織的な一連のサイバー攻撃が、アメリカを光の速さで駆けめぐる。テレビは消える。インターネットへの接続は、劇的に苦痛を感じるほど遅くなる。ＡＴＭは正常に機能しなくなる。当初は、一連の不運なサイバー障害と思われるに違いない。緊急に警戒を促すものはほとんどないからだ。

戦場の前線は、その後サイバー領域からはるか宇宙にまで広がっていく。地上のレーザーが、地球低軌道にあるアメリカの通信衛星を狙う。敵の戦艦や戦闘機から発射されたミサイルが、一万二〇〇〇マイル以上の上空を周回しているGPS衛星を破壊する。さらに何千マイルも上空の静止軌道――最も至高な軌道だという司令官もいる――では、新たに配備されたカミカゼ衛星が、アメリカの最も重要な核攻撃の早期警戒および偵察衛星を停止させる。最悪のシナリオでは、広範にわたる攻撃によって多くの漂流物が生じ、いくつもの軌道が何年間も使えなくなる。

　衛星を失ってしまうと、一般市民への影響はさらに広範囲におよぶ。軍が所有するGPS衛星群が提供する時間管理に頼っている金融市場は、麻痺して停止する。インターネットもまったくつながらなくなる。クレジットカードやATMが使えなくなるため、ビジネスは中断されてしまう。すでに断片的にしか使えなくなった携帯電話が、まったく機能しなくなる。9・11同時多発テロで二機目の旅客機がツインタワーに突っ込んだ瞬間のように、アメリカが攻撃を受けていることが現実になる。

　GPS衛星が使えなくなると、金融市場をはるかに超えた混乱が起こる。道路や鉄道の信号機もGPSに同期しているためすべて赤になり、交通が麻痺してしまう。航空交通は、パイロットが運航指示を得られずに停止を余儀なくされる。航空宇宙局（NASA）や海洋大気庁（NOAA）の衛星が失われたり破壊されたりすると、もはや天気予報が機能しなくなる。国の送電網や水処理設備の混乱がすぐその後に続く。社会秩序が失われることを危惧して、政府当局者は非常事態を想定する。

　ピーター・シンガーは、二〇一五年に出版した『中国軍を駆逐せよ！　ゴースト・フリート出撃す』のなかで、宇宙時代の紛争の最初の数時間に起きるそうした事態を描いている。[3] そうした戦争が起きれば、アメリカ全体が突然麻痺してしまう。ますますネットでつながるようになった世界が、いきなり接続を断たれてしまうのだ。アメリカの最大の強みが最大の弱みになる。

宇宙戦争は、一般市民にとっては分かりにくいものだ。軍隊にとっては、アメリカの最新兵器の多くを使えなくして、陸上、空中、海上そして海中で兵士の動きを封じて何もわからなくさせてしまう。

「我々は、第二次世界大戦での戦い方へと立ちもどることになる」と、空軍宇宙軍の元司令官であるウィリアム・シェルトン大将はいう。「遠隔操縦される航空機や全天候型の精密誘導兵器など、宇宙なしには存在し得ないものをすべて思い浮かべてみるといい。いまや、いつでもどこでもどんな天候でも、地上のあらゆる場所に狙いを定めることができる。その力が失われてしまうのだ」

ＧＰＳシステムが使えなくなると、アメリカはもはやドローンをシリアのＩＳＩＳやパキスタンのアルカイダを標的として配置することができなくなる。アメリカの巡航ミサイルや精密誘導爆弾は、標的をはずしてしまうだろう。アメリカの戦艦や戦闘機は、紙の地図や無線通信に再び頼らざるを得なくなる。戦闘中の米軍兵士は、敵の戦闘機を見失ってしまう。

「最近では、ほぼすべての軍事作戦は何らかの宇宙機能に基づいている」と、シェルトン大将は語った。「通信もＧＰＳも諜報能力も、すべてが宇宙から提供されている。すべての情報だ。いま我々はそうした情報時代に生きているという認識をもつべきだ」

宇宙戦争が起きれば、最初の数時間で、いままでつくられたなかで最大級の軍事および情報機器が使いものにならなくなり、米軍は反撃ができなくなる。

「力がものを言う戦いではない。最もいい情報をもつ者が勝利する可能性が高い」と、シェルトンは説明した。「すべての情報は宇宙を通してもたらされているので、アメリカが直面する戦争は、情報および諜報を重視したものになる。それをすべて取り払って産業化時代の戦争に逆戻りしたとしたら、もはやどうやって戦えばいいかわからないだろう。だから、宇宙戦争が米軍にとって破壊的なものだと評しても、誇張だとはまったく思わない」

宇宙での軍事作戦で成功すれば、アメリカよりもずっと小さくて力の弱い敵国でも、戦場ですぐにアメリカと肩を並べることができる。シャドウ・ウォーの速度と威力は恐るべきものだ。

二〇一五年を通して実施された軍事演習はうまくいかなかったと、情報機関のある幹部が私に言った。そうした演習が米軍の注意を喚起し、二〇一五年の春に、米軍の宇宙司令官のトップたちを集めた異例の会議が開催されるきっかけとなった。

コロラド州コロラドスプリングスの高級ホテル〈ブロードモーア〉で毎年四月に開催される「スペース（宇宙）・シンポジウム」は、いつもは退屈ですぐに忘れられてしまうようなイベントだ。政府や業界団体が年に一度集うこの集会は、防衛分野の他の会議に似ている。人脈を築き、最先端の武器技術を売買するのが目的なのだ。

だが二〇一五年四月のシンポジウムは、まったく違ったものになった。主賓は、国防副長官のロバート・ワークだった。ワークは、国防長官のアッシュ・カーターの代理として、宇宙に関するアメリカの取り組みを統率していた。その年コロラドでは、副長官のワークが、最も地位の高い宇宙司令官たちと、機密情報へのアクセス権をもつ業界の専門家たちを、機密扱いのセッションに招集していた。ワークの発言すべては明かされなかったが、彼の発したメッセージを示唆する概要を、彼の部下が機密扱いの部分を除いて公表した。

「我々は平時においても戦時においても宇宙能力に非常に頼っているので、問題が発生しても、宇宙統率力を示し続けなければならない」と、ワークは聴衆に語った。「軍事的優位性を維持するためには、あらゆる宇宙資産を――機密扱いのものもそうでないものも――ひとつの集合体の一部と考えるべきだ。そして、もし敵がその能力を否定しようとするなら、統合された組織的な方法で対抗できるようでないといけない」[4]

出席者のなかには、ワークのこの警告を、より厳しい言葉で表現する人たちがいた。AGIのCEOポール・グラジアーニも、そのなかのひとりだ。グラジアーニは、そのときのことを思いだしてこう言った。「あれは、私がいままでに参加したなかで最も興味深い会議でした。そのときは、軍関係や情報機関の人間や受託業者など一五〇人くらいの聴衆がいました。ワーク副長官は、脅威が実際にどんなものか、そしてそれに対して何をするのかを実際に説明したのです」


聴衆のなかでワークの警告が直接向けられたのは、当時、宇宙軍団司令官だったジョン・ハイテン将軍だった。それはまさに自分とアメリカ宇宙軍団に対する叱責に他ならなかったと、ハイテン自身が私に語った。

「我々は行動を起こしていなかった。動きはじめたのは、まさに二〇一五年四月一五日だった。そしてその日に、国防副長官が飛行機でやってきてこう言ったのだ。『もし戦争が宇宙にまで広がったら、それに対する備えはできているのか？』それに対する答えは『そうとは言えません』というものだった。すると副長官は『準備には何が必要なのか？』と訊ねてきた。私は『どうすればいいかはわかっています。ただ、もう少しの資源と時間が必要です。それがあれば準備を整えることができます』と、答えた」

ワークは、アメリカが宇宙における戦争に対する準備をまったくしていないと警告を発し、司令官たちにすぐに準備をはじめるよう指示した。ワークの発言に込められた緊急性は、宇宙軍団全体に伝わった。米軍は、ようやくこの新たな手ごわい現実に追いつこうとしていた。アメリカはあまりにも長いあいだ、宇宙が安全だという前提にしがみついてきた。一九六〇年代の最初の宇宙競争のさなかに定められたルールが、いまでも変わらないと思い込んでいたのだ。この時代遅れの思い込みが、宇宙資産を脅威から守る努力をせず、少なくとも抑止力となるようなアメリカ兵器を試して配備することをしないといった一連の過ちにつながったと、司令官たちは言う。

宇宙時代のポール・リビア（アメリカ独立戦争中に伝令として活躍した銀細工師）として、シェルトン司令官は、二〇一五年の会議の前のほぼ一〇年間、警鐘を鳴らし続けてきた。部隊長たちに、アメリカは宇宙への取り組み方を徹底的に変えて、まずは宇宙が争いのない領域だという考えを捨てなければならないと警告していたのだ。

「あなたがいま話しかけている男は、本当に行動を促したいと思っていたが、十分迅速には行動に移っていない」と、シェルトンは言った。「我々は、衛星を積極的に防衛できるだろうか？　答はノーだ」

二〇〇七年の中国による衛星攻撃試験も、迅速で決定的な行動を引きおこしはしなかった。アメリカを思いとどまらせたものは何だろうか？　シェルトンは、軍隊という巨大な官僚組織の惰性が一因だという。

「それは長い道のりだ」と、シェルトンは私に語った。「アメリカ政府は非常に有能だが巨大な組織だ。この空母を正しい方向に動かすには、長い時間がかかる」

だが、理由は他にもあった。アメリカ宇宙軍は、自分たちが無敵だと思うようになっていたのだ。軍事史には、深刻で危険な弱点を露呈させた奇襲攻撃や失敗が刻まれている。

パール・ハーバーは、組織的な空襲に対するアメリカ海軍の脆弱性を見せつけた。イラク戦争は、内乱に対するアメリカ地上部隊の脆弱性を明確に示した。ＩＳＩＳの台頭は、イラクをはじめとしてアフガニスタンやアフリカでアメリカが訓練した現地部隊へ、オバマ政権が依存していることの脆弱性を立証した。ロシアのクリミア侵略と併合は、力の釣り合わないハイブリッド戦争に対するＮＡＴＯ諸国の脆弱性を明らかにした。アメリカ宇宙軍団は、幸運なことにまだ宇宙時代のパール・ハーバーは経験していなかった。だが、宇宙兵器に関する中国やロシアのこうした進歩は、アメリカの戦略と資源に大きな変化がない限り、そうした攻撃が可能で、さらには起こり得ることを示唆している。

「ワーク副長官が発した全般的なメッセージは、敵国は宇宙がアメリカに攻撃を仕掛けるひとつの手段だと判断しているというものだ」と、シェルトンはつけ加えた。「我々は宇宙が聖域のままであって、誰も宇宙で軍事活動はしないものと願っていたが、そうはならなかった。そしていま我々は、自分たちの資産を守り敵に宇宙能力を失わせるために、多大な努力をしている」国防副長官のワークは、宇宙軍団とアメリカ軍全体を、初めて戦時体制に置いたのだった。

二〇一五年四月一五日の会議は、米軍全体に波及効果をもたらした。武装部隊の司令官たちは、戦場で頼りにしていた技術が、思っていたよりも脆弱なものだということを理解しはじめた。宇宙なしでどう戦うというのか？　そして何よりも、宇宙なしでは負けてしまうのだろうか？　アメリカ宇宙軍の内部では、司令官たちが、新しい脅威環境に順応しなければならない──それも非常に迅速に──と通告されていた。変化は、あらゆる面での改善を意味していた。宇宙の脅威を特定し、宇宙資産を守り、必要ならば、宇宙で敵に反撃するための攻撃能力を育てるのだ。そうした現実を考慮して、アメリカは世界じゅうの軍事施設に宇宙軍を配置してきた。

コロラド州コロラドスプリングスにあるシュリーヴァー空軍基地を訪ねてみるといい。そうすれば、そこには何かが足りないことに気がつくだろう。シュリーヴァーはロッキー山脈の東麓に広がる平原のなかにあり、うしろには壮大なパイクス・ピークがひかえている。この基地は、アメリカじゅうに散在する多くの空軍基地と同じように見える。司令部と作戦センター、さらには基地に不可欠なフィットネスセンターや軍人の子どものための保育園が入った実用的な低層ビルを囲むように、ゴルフボールと呼ばれる保護ドームに収められた多くの衛星アンテナが配置されている。ここは風が非常に強いので、風に助けられたり邪魔されたりしないよう、空軍兵は毎年体力テストを室内で受けている。基地は上部に有刺鉄線を配した高いフェンスで囲まれていて、最も機密な任務を負うチームのいる立ち入りが制限されたビルの周囲にはさらに立派な囲いがある。

シュリーヴァーにないものは、当然ながら他のすべての空軍基地の中心にあるものだ。それはフライトライン、つまり滑走路と航空機だ。シュリーヴァーを本拠とする第50宇宙航空団には、戦闘機も爆撃機も偵察機もない。航空機は一機たりとも所有も運用もしていないのだ。彼らが飛ばしている「鳥たち」は、何百マイル、何千マイルといった上空を飛んでいる。そうした「鳥たち」やそのパイロットが、いまや戦時下に置かれている。

「我々は、いまや戦闘員文化を宇宙に導入している」空軍宇宙軍団の司令官である、デイヴィッド・バック中将は言った。

バック中将は、野戦指揮官のような雰囲気をまとっている――生真面目で、率直で、喧嘩も辞さないような。バックと彼のチームにとっては、宇宙戦争は遠く離れたところにある理論上の脅威ではない。イラクのISISや東ヨーロッパにおけるロシアと同じくらい現実的なものなのだ。

「一〇年前に宇宙へ行ったとしたら、サービス提供会社のように見えただろう」と、バックは言った。「だが、いまはもう違う。我々は空軍宇宙軍団の戦闘員で、それはすごいことだ」

「宇宙の達人《マスター・オブ・スペース》」というのが第50宇宙航空団のニックネームで、空飛ぶ鷲獅子《グリフィン》を模した紋章の下につけられた記章のうえにこの名が書かれている。一〇〇〇年前の中世のマスコットであるこの鷲獅子が、二一世紀の宇宙戦闘員の証なのだ。このニックネームは、実は第二次世界大戦のある部隊につけられた「空の達人《マスター・オブ・ザ・スカイ》」というニックネームをもじったものだ。二〇世紀には、パイロットたちはノルマンディー上陸のために上空援護を行った。のちの冷戦中には、核武装戦闘爆撃機がドイツに配備された。そして最後に、湾岸戦争中に精密誘導爆弾を投下するという任務が初めてこの空軍に与えられた。だが彼らが航空機を飛ばしたのは一九九二年が最後で、代わりにアメリカで最も機密の高い軍事衛星七八基を飛ばす任務を負ったのだった。[5]

こんにち、もしひとつの国だとすると、第50宇宙航空団は制御している衛星の数で世界第六位となり、この順位はインドのすぐ下で欧州宇宙機関の上位にあたる。このミッションには、膨大な数の宇宙パイロットとでもいうべき人員が必要となることを考えると、この事実は驚くべきもので思わず警戒心を抱いてしまう。

指令センターの三階には、金庫室のような分厚い金属製の扉のうしろに、「MOD」と呼ばれる指令室が半ダースほどある。それぞれのMODのなかでは、空軍兵士たちが衛星群全体の飛行、制御、保護を担っている。ひとつの扉の向こうでは、あるチームが軍の所有する四基のミルスター衛星を飛行させている。この衛星は、世界中の米軍戦闘員に安全な通信を提供するものだ。別の扉の向こうでは、別のチームが極度な高周波を使った通信を提供するEHF（超高周波）衛星群を飛行させている。この衛星群は、最も安全で機密性の高い軍事および情報通信のためのもので、大統領はこれらの衛星を使って、最も機密性の高い指令を現地の部隊に伝えている。EHFによる通信は、とりわけアメリカ特殊部隊もよく使う。廊下の突きあたりでは、別のチームが軍の所有する近隣監視衛星と呼ばれる衛星を飛行させている。この衛星は、ロシアの〈コスモス2499〉といった、アメリカの宇宙資産にとって脅威となるものをすべて把握するために、宇宙を監視する任務を負っている。

他のどのチームよりも多くの衛星を飛行させているのは、第2宇宙作戦中隊――通称2SOPS――で、全地球測位システム（GPS）を司《つかさど》る衛星群を担当している。最初の衛星を打ちあげてから三八年目となったいま、GPS衛星群は、現在の宇宙において最大かつほぼ間違いなく最重要な衛星網だ。多くの人は、あらゆる衛星ナビゲーション・システムの基本となる、GPSの測位能力について知っている。そしてそのマッピング機能は、一般市民にとっても軍隊にとっても同じように極めて重要だ。あらゆる航空機、海軍艦艇、潜水艦、戦闘機、誘導兵器、ドローンが、すべてGPSマッピングに頼っている。だが、GPSは世界中に一〇〇〇分の一秒単位まで正確なタイムスタンプを送信して、正確な計時も提供している。こんにちでは、銀行業務から株式取引や信号機まですべてがGPSのタイムスタンプに頼って機能している。そしてこの依存はアメリカ合衆国にとどまらない。世界のあらゆる国がGPSを使っているのだ。宇宙軍の推定によると、世界で四〇億人もの人々が、毎日GPSに頼って行動している。それは、米軍が無償で世界に提供している膨大な最先端技術だ。

ラッセル・モーズリー大尉は、シュリーヴァーに駐屯する第2宇宙作戦中隊の司令官だ。モーズリーと彼のチームの指令室は、数百マイル上空の脅威や潜在的な敵と遠く離れていて、奇妙なほど清潔で静かに感じられた。だが、第50宇宙航空団からすると、その距離は人為的なものだった。宇宙では物体が超高速で移動する。数百マイルなどあっという間だ。危険は離れたところにあると見えるかもしれないが、すぐに現実となる。

「第50宇宙航空団では、誰もが警戒態勢をとっている」と、モーズリーは言った。「制服を身につけるのと一緒だ」

現在、二四基のGPS衛星と、さらに一〇基の予備衛星が毎日二四時間週七日、世界をカバーしている。それでも、第2宇宙作戦中隊の指令室で、合計三四基の衛星の飛行を管理しているのは、ごく少人数のチームだ。

「ここでは、何人が勤務についているのですか?」私は、モーズリー大尉に訊ねた。

「いま現在は、七人の軍人とひとりの受託業者が勤務中だ」と、彼は答えた。

「その人数で、三四基の衛星を担当しているのですか?」

「そうだ。そして、地球を回っているその三四基の衛星が、二四時間年中無休でGPSを提供している」

勤務中の軍人ひとりひとりが四基以上の衛星を担当していることになる。通信、ナビゲーション、そしてますます増えている通信回線に接続された機器を動かしている、二億五〇〇〇万ドルもする衛星を四基も、だ。衛星が稼働しなくなれば、二一世紀のネットでつながった世界も動きをとめてしまう。つい最近まで、そうした衛星や衛星の置かれている宇宙は、小惑星と宇宙ごみの他には何の危険もなく安全だと思われていた。だが、もはやそうとはいえない。

「我々はいま、紛争さなかの殺伐とした環境で戦っている。そして状況はこれから厳しくなる一方だ」と、モーズリーは私に言った。「宇宙は地球のあらゆる人にとっての最前線だ。新たな最先端領域だといえる」

宇宙は、シャドウ・ウォーの新たな前線でもある。

シュリーヴァーからさほど離れていないコロラド州オーロラにあるバックリー空軍基地に駐屯する第４６０宇宙航空団は、アメリカの核早期警戒衛星の保護という、ほぼ間違いなく最も緊急性の高い任務を負っている。第４６０宇宙航空団を指揮するのは、デイヴィッド・ミラー大佐だ。[6]ミラー大佐は、彼の同僚の多くがそうであるように、戦場で訓練を受けている。バグダッドでは、イラクの首相と内務大臣の軍事顧問を務め、イラクの治安部隊のために、ＩＳＩＳや他のテロの脅威に対する戦略を策定した。ミラーたちにとっては、宇宙戦争は理論上の脅威ではなく、現在アメリカやイラクの地上部隊を脅かしているＩＳＩＳの自爆テロ犯や狙撃兵とまったく変わらない現実の脅威なのだ。

「軌道はさまざまだが、おおまかにいって大陸間弾道ミサイルの飛行時間は、約三〇分から四〇分だ」と、ミラー大佐は言った。「ずいぶん長い時間に思えるかもしれない。だが、警告を発して、意思決定者にどんな対応をとるべきかを伝えることを考えると、その情報の最初の検知者で最初の報告者である我々に与えられる時間は非常に短いことがわかるだろう」

だが現在、早期警戒システムは、二万二〇〇〇マイル上空の対地同期軌道を周回するわずか四基の衛星に頼っている。それらの衛星のうちの一基を失うだけでも、アメリカの視界は大幅に損なわれてしまうだろう。中国がまたもや怪しげな衛星の打ちあげを成功させたときに、アメリカがあれほど注目したのはそのためだ。中国は、ロシアの〈コスモス２４９９〉のような駆動力のある衛星を、対地同期軌道とアメリカの早期警戒衛星への攻撃が可能な、一万八〇〇〇マイル上空に打ちあげたのだった。アメリカの軍事専門家たちは、この打ちあげを、最も高いところにある地球高軌道で宇宙戦争を行うための試験だったとみている。これは、それだけで戦場の拡大といえる。中国とロシアは、あらゆる軌道においてアメリカの宇宙資産を脅かすことができる兵器を開発している。そこには、アメリカの最も機密性の高い衛星が飛行する、最も遠く最も重要な軌道も含まれている。それが、アメリカの軍事司令官たちが、ひと言でいえば「受け入れがたい」と感じている現実だ。もし敵国が、アメリカを核攻撃から守る衛星に狙いをさだめて破壊することができるとすると、当然ながらそうした宇宙兵器そのものが、実存する脅威となる。

カリフォルニアのヴァンデンバーグ空軍基地は、ロサンゼルス北部の、映画『サイドウェイ』で有名になったワイン生産地の真ん中にある。バック司令官の指揮所は、古い格納庫のなかにあって外からは見えない。その格納庫には、アメリカの宇宙計画における奥深い歴史がある。初期の宇宙への打ちあげの際に動力を供給した、大型ロケット〈アトラス〉の射場だったのだ。現在、バックと宇宙戦士たちからなるチームは、新たな宇宙競争のための戦略と兵器を開発している。

こんにちでは、司令官たちは、実際に宇宙を監視してきた空軍兵たちに、戦闘任務の役割を割りあてている。そうした新たな役割のひとつが防衛士官で、宇宙での新しい脅威を探すために、世界で宇宙に打ちあげられるものをすべて監視しなくてはならない。それは、一日二四時間、コンピュータのスクリーン上に異常がないか探すことを意味する。その異常とは、タリバンの兵士がアフガニスタンにあるアメリカの前哨基地を包囲するのとまったく同じくらい現実的で危険なものだ。二〇一四年五月、ロシアのカミカゼ衛星が飛行しているのに最初に気づいたのは、ヴァンデンバーグ空軍基地の統合宇宙運用センターにいた防衛仕務官だった。

シュリーヴァー、バックリー、ヴァンデンバーグにいる空軍兵たちは、宇宙で迫りくる衝突を見張っていて、アメリカの宇宙資産が脅威にさらされると警報を鳴らす。問題は、警報が鳴らされたときにどうするか、だ。第50宇宙航空団の隊員は、自分たちのことを宇宙戦士と呼んでいるかもしれないが、いまのところ武器をもっていない。そのため、高尚な動機があるとはいえ、この中隊の指令本部は監視所とさほど変わらない。

いまのところ、たとえ脅威を発見して指揮系統に従いバック司令官に報告したとしても、彼にできるのはコロラドにいるチームに命じて、衛星を脅威の程度を評価するために移動させるか、脅威から逃れるために避難させることくらいだ。

「言っておきたいのは、地上部分も含めて、危険にさらされていない宇宙資産などひとつもないということだ」と、バック司令官は説明してくれた。「衛星は一五年前につくられたものだ。それは、設計されたのが二〇年前だということを意味している」。つまり、衛星が設計され、建造され、打ちあげられたのは、宇宙が安全な環境にあった時代だ。脅威などまったく存在していなかった。はっきり言って防衛能力のない燃料補給機やジェット機を建造するなど、考えられるだろうか？　我々の衛星や地上の基盤設備は危険にさらされている。それらを確実に守ることができるよう、我々は力を尽くしている」

シャドウ・ウォーのこの前線に関係する最も差し迫った問題は、いまだに解決されていない。アメリカは、力で対抗するのだろうか？　独自の宇宙兵器を配備するのだろうか？　私たちは、その答えが得られると思われる場所を訪問した。アメリカの宇宙資産を「保護して守る」のは、アメリカの宇宙計画で最も明かされていない要素だ。それについては、アメリカの宇宙司令官たちもたいてい口を濁す。その極秘戦略への取り組みは、最も内密のアメリカ軍事施設のひとつで適切になされている。

　アメリカ戦略軍は一九五〇年代に、ネブラスカ州のオファット空軍基地につくられた地下三階まで掘られた掩体壕《えんたいごう》（銃撃や爆撃から人や航空機を守るために地下などに建設される施設）のなかにある。階段を三階分おりてオペレーション・センターのある階に着くと、まるで別の時代に戻ったような気がする。冷戦のさなかに建造された掩体壕は、核爆発に耐えられるよう設計されていた。壁は分厚い鉄筋コンクリートで補強されている。銅で補強された一連の厚い鋼鉄製の扉が廊下をふさいでいる。鉄は核爆発の衝撃力に耐えるため、銅は爆発に伴う電磁パルスを遮断するためのものだった。

　だが現代の核兵器は、あまりにも強力で正確なために、土とコンクリートでできた三階建ての建物などひとたまりもない。そのためここの隊員は、戦略軍を核戦争が起きたときの避難場所とは考えていない。掩体壕を安全な避難所にするには、地下数百フィートあるいはもっと深いところにつくらなくてはならないだろう。そのため現在ここに配属された軍人には安全を確保《フェイルセーフ》する仕組みがあった。上の駐機場には、一日二四時間週七日いつでも飛びたてるよう燃料を満タンにした軍用ジェット機が待機している。核攻撃を受けた場合は全員が空へと脱出して、上空から司令官たちが核戦争を指揮し続けるのだ。

一〇〇年以上におよぶ歴史を通して、オファット空軍基地はつねに時代の脅威に適応し続けてきた。最初は一八九〇年代にクルック砦として築かれた、大草原地帯《グレートプレーンズ》で繰りひろげられていたインディアン戦争の前哨基地だった。軍用機がはじめてオファットにきたのは一九一八年で、そのときここは陸軍航空部の気球基地だった。その後、第一次世界大戦中に複葉機を操縦していたオマハ出身のジャーヴィス・オファット中尉に敬意を表して、オファット空軍基地と改名された。第二次世界大戦中、オファット空軍基地では、原子爆弾を投下する爆撃機の最初の二機がつくられた。広島に投下した〈エノラ・ゲイ〉と、長崎に投下した〈ボックスカー〉だ。一九五〇年代に冷戦が深刻になると、戦略空軍の拠点として迫りくる核戦争の中心基地となり、アメリカの最も破壊的な兵器——核弾頭を搭載した大陸間弾道ミサイル（ＩＣＢＭ）と長距離戦略爆撃機——の指揮統制をとるようになった。[7]

こんにちでも、核への対応はオファットの中心的ミッションとなっている。ホノルル、ワシントン、グリニッジ標準時間（あるいはズールー時間）、ソウル、東京といった世界中の時間を表示する一連のデジタル時計のとなりには、「レッド・インパクト」「ブルー・インパクト」「セーフ・エスケープ」と書かれた三つの時計がある。これらの時計は、核ミサイルが発射されるといっせいにカウントダウンをはじめる。「レッド・インパクト」はアメリカのＩＣＢＭが敵の領土に命中するまでの時間を、「ブルー・インパクト」は敵のＩＣＢＭがアメリカの領土に激突するまでの時間を、そして「セーフ・インパクト」は司令官たちが空中指令機に脱出するタイミングまでの時間を示している。

その壁を見つめていると、一九七〇年代や八〇年代のハリウッドに迷い込んだような気がした。ここはまるで『ウォー・ゲーム』や『博士の異常な愛情』といった映画のセットのようだった。これらの時計は、別の時代から借りてきたもののように思える——ソ連が崩壊する前の、世界核戦争が国際的な脅迫観念となっていた時代から。だが、私が話をした軍人たちは、その脅威は減ったかもしれないが完全になくなったわけではないと明言した。

だが、現在の戦略軍は、核戦争だけでなくはるかに多くの責任を負っている。合計で九つの重要かつ異なるミッションを遂行するアメリカ本部となっていて、そのミッションは核攻撃からサイバー戦争、情報戦争、ＩＳＲ（情報、監視、偵察）にまでおよぶ。二〇〇〇年代初頭には、アメリカ宇宙軍も受けいれ、そのときに戦略空軍は再び戦略軍に指定された。オファットがいかにアメリカの防衛の中心であるかというひとつの証拠は、９・11同時多発テロで旅客機が世界貿易センターに激突したとき、大統領専用機《エアフォースワン》が大統領を運んできたのがオファットだったということだ。その朝指令センターに入ってきたときにジョージ・Ｗ・ブッシュ大統領が見せた陰鬱な表情を、ここの隊員はいまでも覚えている。大統領は、世界貿易センターだけでなくペンタゴンにも旅客機が突っ込んだことを、ここで初めて知ったのだ。

二〇一六年までは、セシル・ヘイニー司令官が戦略軍を率いていた。彼は、現代的な将校の典型だ。非常に高い教育を受けていて、工学と技術のふたつと、さらに国家安全保障戦略の修士号をもち、戦闘経験も豊富だった。ヘイニー司令官は潜水艦乗りで、核攻撃と、三元戦略核戦力のひとつの柱である弾道ミサイル潜水艦に関する数多くの任務を負っている。実際にアメリカ宇宙軍団の各部隊を訪れた私には、ひとつどうしても彼に訊きたいことがあった。ロシアと中国はいま、あらゆる軌道にあるアメリカの宇宙資産すべてを実際に攻撃する能力をもつ、ミサイルやレーザーやカミカゼ衛星を試して配備している。アメリカは反撃力もなしに、どうやってしっかり防衛できるというのだろうか?

軍で最も機密性の高い計画について検討している指令官にしては、彼の回答はおどろくほど明確なものだった。

「我々は、あらゆる領域における能力を開発している。他の選択肢はない」と、彼は言った。

そして、地下三〇フィートにある、おそらくは世界最強の指揮統制センターでは、最初の宇宙兵器競争が始まろうとしていることが、私にはわかった。

おそらく、あるいはまず間違いなく、軍の宇宙への関与は関係するすべての部門にとって高くつく。広範囲にわたる宇宙戦争の影響は、破壊的で取りかえしがつかないものとなるだろう。何十万あるいは何百万という破片によって、有人および無人の宇宙飛行は何世代ものあいだ地球軌道に入ることができなくなるに違いない。宇宙は軌道をまわる地雷原と化し、破片のひとつひとつが衛星や宇宙機を破壊する撃墜弾となりかねない。もし多忙な地球軌道が立ち入り禁止となったら、地上の人間がすっかり依存するようになっている多くの機能が失われてしまう。衛星テレビ、衛星通信、ＧＰＳ衛星で時間を合わせる金融取引……そして最も重要なのは、アメリカ軍がしっかり国土を防衛してくれるという信頼だ。

最初の宇宙戦争が起こった場合の危険度をいい表すために、ハイテン将軍はアメリカ軍事史上最も凄惨な戦争となったゲティスバーグの戦いを引き合いに出した。彼がこのふたつの戦いを比較したことに、私は衝撃を受けた。ゲティスバーグの名は、アメリカ軍のなかでは神聖化されている。もしこれが、迫りくる戦争に対するアメリカの宇宙司令官のトップの見方だとしたら、アメリカはいったいどうなるのだろうか？

「ゲティスバーグに行ったことがあれば、あそこが地球上で最も美しい場所のひとつであることがわかるだろう」と、ハイテン将軍は私に語った。そして悲しげに涙まで浮かべてこう続けた。「極めて美しいところだ。私はおそらく一〇回以上行っている。家族や友人を連れて、戦場の跡を歩くのだ。この美しい戦場を歩いてみれば、一八六三年七月三日にピケットが最後の突撃をしたときはどんなだったのかと想像することだろう。あたり一面を埋めつくす何千もの死体や何千もの馬の屍……人間性の完全なる破壊だ。これほど凄惨な場面は他に想像できない」

「だが宇宙では、人間が破壊し生みだす環境は、何十年も何世紀もそのままで、地球への影響は永遠に残るだろう」と、ハイテンは続けた。「それは避けなければならない。そうなったら、宇宙を探検するという夢が奪われてしまうからだ。そして、中国、ロシア、アメリカ、ヨーロッパ、日本、イスラエルに目を向けてみると、誰もが宇宙の探検に取りつかれている。それを放棄したいなどと思うだろうか？　そこで戦争が起こってくる。もし戦争が起こるのならば、宇宙の環境を破壊するようなかたちでは起こって欲しくないと願っている」

「戦争が起こる」やがてアメリカ軍で最高のポストのひとつにつくことになる人物からこの言葉を聞くと、動揺せずにはいられない。

アメリカ軍司令官たちは、宇宙環境の破壊は勝者のいない戦争だと言いきった。宇宙司令官たちはよく「衛星には親がいない」というが、それは宇宙で戦争が起きると直接犠牲となるのは生身の人間ではないという意味だ。だが、それはむしろ宇宙での戦争をより想像しやすいものにする。冷戦時には「核による人類滅亡の脅威」として知られた相互確証破壊（ＭＡＤ）の宇宙時代バージョンだ。

「我々は、もし宇宙を運動エネルギー兵器にとっての自由発砲地帯とすることに決めるとしたら、宇宙に対して何ができるかについてもっと賢い考えをもっていると思いたい」と、シェルトン司令官は言う。「ふたつの明らかな敵対国だけでなく、すべての国が宇宙を使えなくなってしまうだろう――それも長いあいだ」

だが、膠着状態にあった核問題にも、やがてさまざまな交渉、兵器削減そして究極的には戦争の回避を可能にする一連の合意がなされるようになった。

「ロシアとの冷戦の時代には、明確なものではなかったが、暗黙の合意が確かにあった」と、シェルトン司令官は言った。「宇宙の戦略的資産は、オフリミットとする――両国は少なくともその一線は越えないと暗に合意していたのだ。中国人と同じやりとりをしたとは思えないので、中国人の心のなかにそうした戦争の抑止を促す考えが芽生えるとは思わない」

つまり、宇宙は無法地帯で、宇宙の平和を維持するための条約は存在しないのだ。

アメリカはかつて宇宙の兵器化を試みたことがある。そして、それが計り知れない危険を伴うことがすぐに明らかになった。実際、一九五七年のロシアの〈スプートニク〉打ちあげで宇宙時代が始まってからわずか三年で、アメリカは地球軌道に兵器をもちこんだ。アメリカ軍司令官たちは、論理的に考えて宇宙を次の戦場とみなしていたのだ。

一九六二年七月、アメリカは二四〇〇マイル上空の宇宙で、核兵器を密かに爆発させた。スターフィッシュ・プライムと呼ばれたこの極秘扱いの兵器試験は、いままでどんな国も人間もやったことのない、地球の大気圏外での第一弾の試みとなった。その結果は恐ろしく、また唖然とさせられるようなものだった。地上から目撃された強い光は、遠く離れたニュージーランドで対潜水艦演習をしていた航空機が海面に浮かんでいた標的を容易に発見することができるほど、長く輝きつづけた。目に見える影響以外にも、爆発によって地球をとりまく電離層というイオン圏が活性化して、地上の電子機器を故障させた。爆発の衝撃により、ハワイの送電網がすべて停止した――実際の爆発は、一〇〇〇マイル以上離れた南太平洋の上空で起こったというのに。[8]

後にアメリカは、もうひとつ予想外の影響があったことに気づくことになる。爆発により、地球のまわりに人工的な放射線帯ができたのだ。その電磁パルスを発する放射線帯が、その後の数か月のあいだに、七基の衛星を故障させた。そのなかには、世界初の商業通信衛星やイギリス初の軍事衛星が含まれていた。アメリカの宇宙計画は、アメリカの宇宙飛行士たちが何十回も地球軌道やその先へ行っているあいだにも、一〇年間にわたってそのときにできた放射線帯を探知しつづけた。早い段階でそうした警戒すべき兆候があったにもかかわらず、アメリカは一九六二年から一九六三年にかけて、さらに四回、核を宇宙で爆発させるのだ。[9]

一九六三年には、ロシアが独自の宇宙兵器試験を行った。それは、化学爆発装置を取りつけた衛星を、別のソ連の衛星に接近させて破壊させるという実験だった。ロシアの起こした爆発による影響は地上では観測されなかったが、低地球軌道には即座に何千という破片がばらまかれた。それによって、ソ連だけでなくすべての国の衛星が、宇宙での衝突による被害を恐れることとなった。〈コスモス２４９９〉より五〇年以上前の、ロシア版〈カミカゼ〉だった。

そうした初期の宇宙兵器試験は、一般市民の目の届かないところで実施されていたが、ロシアとアメリカ両国の指導者たちにとっては十分に懸念すべき事項だったため、冷戦の敵対国同士で宇宙における非公式な停戦を決めた。停戦が一九八〇年代にまで続いたところで、『スター・ウォーズ』が再び人々に意識されるようになった。ロナルド・レーガン大統領は、地球を核兵器の蔓延から守る手段として、戦略防衛構想（ＳＤＩ）――支持者にも反対者にもスター・ウォーズと呼ばれた――を提唱していた。実際は、ＳＤＩが、宇宙における新たな兵器競争に火をつけたのだった。一九八五年に、アメリカは別の宇宙兵器試験を実施した。この実験では、Ｆ－15戦闘爆撃機に空中発射ミニチュア・ビークル（ＡＬＭＶ）と呼ばれる改良型のミサイルを搭載し、それを機能しなくなったアメリカの気象衛星に向けて発射したのだ。ミサイルは標的に命中し、低地球軌道に何千もの宇宙ごみの破片をまき散らした。ロシアは再び宇宙兵器の使用禁止を提案してきた。両国は正式な合意にはいたらなかったが、しばらくのあいだ試験を中止した。

ソ連とアメリカにとって宇宙兵器は、すでに形骸化していた「相互確証破壊（ＭＡＤ）」構想の一環で、核戦争においてのみ配備されるべき兵器とみなされていた。どちらの国にも、宇宙での限定的利用という選択肢はなかったのだ。こんにちでは、ロシアとアメリカ両国に加えて中国、北朝鮮、イランも、宇宙兵器を通常戦争のひとつの可能性ととらえるようになっている。宇宙兵器はより想定しやすいものとなり、宇宙に配備され怒りにまかせて発射される可能性が高まった。シャドウ・ウォーにもうひとつ前線が生まれたのだ。

潜在的な当事者が増えていった。一ダース近くの国々が、宇宙で核爆発の実験を行う力をもっており、アメリカ、ロシア、中国、イラン、北朝鮮に加えて、NATO同盟国のイギリスやフランスもそのなかに入っていた。長距離ミサイル・システムをもつ国であればどこでも、宇宙にある標的に向けてミサイルを発射することができる。そうした国は、世界の核大国といわれる国々よりもさらにたくさん存在する。その一方で多数の国々が、宇宙資産を故障させたり破壊したりする力をもつレーザーや指向性エネルギーを使った兵器の開発に取りくんでいる。ロシア製のGPSやGLONASS（ロシアの衛星測位システム）の妨害電波《ジャミング》発生装置といったものも商業化されており、非国家主体にも似たような能力をもたらしている。

最初の宇宙兵器試験から五〇年がたち、宇宙は再び、シャドウ・ウォーの当事者を中心としたいくつかの国にとっての性能試験場となった。二〇〇七年一月一一日、中国が、四川省の山間部にある西昌《せいしょう》衛星発射センターから一台のロケットを打ちあげた。アメリカでは最初、この中国のロケットは従来型の衛星を搭載しているものと考えた人たちがいた。だが大気圏のうえにでると、そのロケットは中国の気象衛星と衝突するコースへと入っていった。秒速八キロメートルで突っ込んだロケットは、衛星を文字通り木っ端みじんに破壊した。とんでもない宇宙の撃墜弾と化したのだ。中国の宇宙兵器試験は、国際的な非難を浴びた。宇宙への兵器導入に向けた不穏な手段であり、残骸物の破片を六〇〇〇個もすでに混みあっている地球軌道に加えるという差し迫った危険をもたらしたからだ。その破片そのものが、衛星や宇宙船に激突する可能性があった。軌道速度で動く直径二センチメートルほどの宇宙ごみのひとかけらが、時速七〇キロで走っているSUVと同じ力をもち、国際宇宙ステーションをはじめいままで人類が宇宙に打ちあげたものをすべて破壊する力をもっていた。

二〇〇八年二月には、アメリカ海軍のミサイル巡洋艦〈レイク・エリー〉が、コントロールを失ったアメリカの周回軌道衛星を攻撃して破壊するために、洋上から宇宙に向けてミサイルを発射した。公式には、この「バーン・フロスト作戦」は、衛星に搭載されていた有害な燃料が地上の人々を脅かすのを防ぐためのものだった。だが、アメリカが宇宙ですぐに使える攻撃能力をある程度備えていることを、中国、ロシアをはじめとする国々に示すメッセージだとみる人も多かった。アメリカは、攻撃兵器を宇宙に配備すると決めたわけではなかった。だが二〇〇八年のミサイル発射は、大統領と軍司令官たちが決断さえすればそれを実行に移す力を米軍がもっていることを示すものだった。そうした司令官たちと話をしてみると、宇宙での兵器配備を迫っている人たちがいるのがよくわかった。

対象となる可能性のある宇宙兵器としては、ミサイルをはじめ、レーザーを含む指向性エネルギー兵器、ロシアのカミカゼ衛星〈コスモス２４９９〉のような軌道衛星攻撃兵器、宇宙での核兵器爆弾などがある。

ＣＮＮのチームは、二〇〇七年のペルシャ湾での試験で、自立型致死兵器システムまたはレーザー兵器システムとして知られる最初に実用化されたレーザー兵器を目にした。エネルギーの瞬間的な爆発が、その光速の破壊的火力で、標的を最初は地上で続いて空中で破壊するところを目の当たりにしたのだ。自立型致死兵器システムは、長距離発火バーナー《ブロートーチ》のように標的を完全に破壊すると、アメリカ海軍は私に語った。アメリカ海軍の輸送揚陸艦〈ポンス〉の甲板に設置されたシステムは試験用ではなく、迫りくる脅威に対抗するために配備された、艦長の意思で使うことのできる兵器だった。

自立型致死兵器システムのような兵器を宇宙に配備するには、アメリカが主要な戦略を変更する必要があり、それについてはアメリカ軍の指導者や計画立案者がいまだに議論をしている。それでも二〇一六年四月に、国防副長官のロバート・ワークが演説のなかで新たな警告らしきものを発し、宇宙で攻撃された場合にはアメリカは反撃する――反撃して相手をたたきつぶす――と明言したのには、多くの人が注目した。

その年のうちにペンタゴンのオフィスで会ったとき、私はワークに、必要ならば宇宙での戦争に突入する恐れがあると言っていたのかどうかを訊ねた。

「そうではない。アメリカは宇宙で戦争を始めるつもりはない。だが、敵対する可能性のある国に、アメリカはやつらをかわすのが精いっぱいで、遅かれ早かれ一発くらう運命にあるとは思われたくないだけだ」と、ワークは説明した。「アメリカは、やつらの衛星をたたきつぶすことができる。敵となる可能性のある国はそれを知るべきだ。最初から、もし誰かがアメリカの衛星群を追いかけるような真似をしたら、我々を脅かす相手を逆に追いつめて、そうはさせないような行動を起こすつもりだ」

そうした変化は、アメリカの衛星とその周囲における防衛力の配備に限られ、ミサイル防衛の宇宙版といえる。

「魚雷を破壊する力は、もつに越したことはないとでも言っておこう。だから、我々はそのための最善の方法を常に議論している。私の考えでは、ただおとなしくパンチを受けていてはだめなのだ」

だが、アメリカ軍は、現在ロシアや中国が配備し試験をしているのと同じような攻撃力をもつ宇宙兵器を配備することで、宇宙の兵器化をさらに一歩進めることはできる。

「基本的に、抑止手段にはふたつのタイプがある。ひとつは拒否による抑止だ。我々の衛星に何をしようと、何度攻撃を仕掛けようと、そうした攻撃をかわして活動を続ける力が我々にあることを敵にわからせるのだ。もうひとつは罰による抑止だ。つまり、攻撃されたらもっと激しく攻撃し返す、ということだ」と、ワークは語った。

現在、この二番目の抑止力を提唱している人たちがいる。地球から発射される兵器がそのひとつだ。理論上では、あらゆる戦術ミサイルには少なくとも、大気圏のわずか一〇〇マイル上空にある低地球軌道上の標的を破壊する能力がある。アメリカは一九八〇年代に、地球の大気圏内を飛行するF‐15から発射したミサイルで宇宙の標的を破壊したことがある。そして二〇〇八年には、アメリカ海軍の駆逐艦から発射されたミサイルで同じことをした。だがワーク国防副長官は、脅威から身を守るために衛星を武装して、宇宙に兵器を配備する可能性を提起していた。

「向かってくる兵器に対して発射する兵器をもつことはある」と、ワークは言い、第二次世界大戦中にアメリカの戦艦が敵の潜水艦に向けて発射した水中爆雷を引き合いにだして宇宙の場合と比較した。

「駆逐艦は商船の護衛をすることがある。そのため、潜水艦を攻撃するための水中爆雷を搭載している。だから、宇宙でも同じことをするのだと考えて欲しい。基本的には、アメリカの衛星が破壊されるのを防ぐための、完全なる防御という性質のものだ。なんだか宇宙での攻撃的な戦争のように聞こえるという人もいるかもしれない。だが、我々はこれをまったく防御行動とみている。説明したように、何よりも方針として、宇宙に多くの残骸を生みだすような戦闘能力は追求していない。

『スター・ウォーズ』の世界にさらに目を向けると、アメリカは最初のアメリカ製宇宙ドローン〈X－37B〉をひそかに開発してきた。スペースシャトルに驚くほど似ているこのドローンは、公式には観測機器を宇宙に運ぶための再利用可能な宇宙機だとされている。その他の任務は機密扱いだが、その機動性と何百日も軌道をまわる実証済みの能力で、宇宙における攻撃と防御のどちらにも使える可能性がある。それでもアメリカは、〈X－37B〉は兵器ではないと主張している。だが、ロシアと中国は、はたしてそれを信じるだろうか？

「好きに判断させておけばいい」ハイテン将軍は私にそう語った。「はっきり言えるのは、現時点で〈X－37B〉は兵器ではないということだ。そして、兵器化を目的とするものでもない。〈X－37B〉は、新しい技術の実験を可能にする。物質を持ち帰って、何が起きたかを調べ、必要ならば送りかえすことができる、非常に有用なものだ。〈X－37B〉は兵器ではないと、私は世界にはっきり言うことができる。だが、それを見てどう判断するかは人の勝手だ」

それでもハイテン将軍は、いずれはハリウッドで見られるような技術を使った宇宙戦争が避けられないと考えている。

「いつの日か、Xウィング戦闘機（「スター・ウォーズ」シリーズにでてくる小型宇宙船戦闘機）が登場してくるだろう。人間同士の戦いの延長だ。人間がいままで足を踏みいれた領域は、すべて戦場となってきた。宇宙では戦争が起こらないと思いたいところだが、そうはいかない。我々は最悪の事態を想定しなくてはならない。目の前で起きていることが現実で、我々に挑む機能が開発されつつあり、我々はそれを打ち破る力をつけるべきだ。そして、必要に迫られたときには反撃するのだ」

それでは、宇宙戦争を考えにくいものにするには、どうすればいいのだろうか？　アメリカは宇宙防衛力だけでなく、攻撃に対する宇宙資産の脆弱性についても考え直さなければならないと、宇宙司令官たちは言う。

「私たちがここで使いたいのはレジリエンスという言葉です」と、宇宙の脅威について、国家安全保障会議に提言したことのあるピーター・シンガーは言う。「レジリエンスとは、自分の身に起こった悪い出来事を振りはらい、打ちのめされたときにすばやく立ちあがる能力のことです。レジリエンスと冷戦時代の抑止力には違いがあります。抑止力というのは、同じ強さで反撃されるので攻撃しないというものでした。レジリエンスは、否定による抑止です。お前が攻撃してこないのは効き目がないとわかっているからだ、そんな攻撃はかわしてみせる——。我々の宇宙能力には、まだレジリエンスがありません。十分な衛星をもっていないからです」

二〇一四年にアメリカは、そのレジリエンスがないために苦い思いをしている。技術的な欠陥によってGPSシステムから切り離され、米軍全体が機能しなくなってしまったのだ。

「実に何万もの米軍のシステム——空母からハンヴィー（高機能多目的軍用車両）の一台一台ま

ですべて――が動かなくなったのです」と、シンガーは言う。「システムのなかで、自分たちがどこにいるのか、他の皆がどこにいるのか、わからなかったのです。技術的な故障でした。つまり、もし戦争になって宇宙で負けたりしたら、おなじような影響があるということです」

衛星は、もともと攻撃を受けやすいものだ。衛星を軌道に押しだすのに必要なロケットの大きさと費用を節約するために、重量を最小限に抑えた高度なシステムをできるだけたくさん詰め込むよう設計されてつくられているからだ。この現実からすると、衛星に戦艦のような装甲を施したり、戦闘機のような防衛力を加えたりすることは、理想的とはとても言えない。他にも課題がある。たとえば、対空ミサイルを惑わすために軍用機がばらまく微小な金属片のチャフは、宇宙ごみの雲をつくりだしてアメリカの衛星をさらに危険にさらす。こうした問題があるので、レジリエンスという言葉が議論の中心となりがちなのだ。

「彼らは、レジリエンシーをシステムに組みこもうとしています。つまり、敵はアメリカの衛星のいくつかを攻撃することができるかもしれませんが、私たちはそうした衛星のミッションをなんとしても失いたくはないということです」と、グラジアーニは言った。

そのために注力しているのが、ひとつあるいは少数の衛星を失うことで受ける損害を減らすという試みだ。これは、比較的迅速かつ安価で置き換えが可能な衛星を配備すると同時に、特定の任務を多くの衛星に分散させることを意味する。アメリカの核攻撃の早期警戒システムとして使われている四つの衛星を覚えているだろうか？　そのうちのひとつを失えば、アメリカはおそらく地球の四分の一から発射されるミサイルに気づくことができなくなるだろう。

「敵国がアメリカの衛星をつけまわすのは、脆弱だとわかっているからだという事実に対処するための戦略なのです」と、グラジアーニは言った。

レジリエンスを重視するからといって、従来の防衛手段を検討しなくなるわけではない。アメリカの衛星のなかには、いまでは電子妨害に対して何らかの強化を施しているものがある。さらに、カミカゼやキッドナッパーから逃れるような動きができる衛星が多くつくられるようになっている。これらは、絶対確実な手段とはいえない。最も強力な指向性エネルギー兵器には、そうした強化も効果がないからだ。衛星は、十分なエネルギーを照射されれば、いずれにせよ壊れてしまう。そして、標的とされそうな衛星が動くことができたとしても、ロシアのカミカゼ衛星や中国のキッドナッパー衛星も、一緒に動くことができるのだ。


レジリエンスへのひとつの道は、急速に進化している超小型《マイクロ》衛星——直径数センチメートルほどの小さな衛星——の技術にあるのかもしれない。アメリカは、他の宇宙に関するミッションと併せて、一回につき一ダースかそれ以上の超小型衛星を打ちあげており、試験的に配備されたそうした衛星の数は何百にも及んでいる。この衛星は、トースターよりも小型でありながら、信号の伝達を行い、写真を撮影し、宇宙を動きまわることができる。

「そのほとんどが現在、研究開発の段階にある」空軍宇宙軍のデイヴィッド・バック司令官はそう説明しながら、試験中のマイクロ衛星をひとつ私に手渡した。重量がわずか数ポンドの、その黒い金属製の立方体は、ステレオのコンポーネントに似ていた。宇宙機とはとても思えなかった。だが、バックは会話のなかで、一〇〇マイル以上の上空にこれが何十個も浮かんでいるのだと断言した。

「米軍は、この小型化技術を本当に活かせる方法を見つけようとしている。衛星の監視、通信の中継――なかには、駆動力を搭載しているものもある」と、バックは言った。

アメリカはすでに軌道内で活動している二〇〇以上の超小型衛星を監視している。アメリカと、ロシアや中国といった他の国々が打ちあげたものだ。アメリカにとって、潜在的な用途は単純なものだ。現在配備されている二桁の数の超小型衛星を三桁あるいはそれ以上に増やして、あまりの数の多さにアメリカの敵国が狙いを定めて攻撃することができないようにするのだ。

いまのところ、超小型衛星は大部分が試験的なものだ。そして、最も重要なミッションに関しては、アメリカはもっと大きな衛星に頼らなくてはならない。物理学の法則に従えば、衛星はある程度の大きさと信号を送信する出力、それと宇宙と地球のあいだの膨大な距離を移動するのに必要なエネルギーを必要とする。しかし、アメリカは新しい衛星に新たな機能を搭載させている。小型ロケットエンジンと、潜在的な脅威を避けるための燃料、レーザー兵器を遮断するためのシャッターなどだ。そして近い将来、ワーク副長官が提案した宇宙爆雷もそれに加わるだろう。

アメリカ人は、一九五〇年代と六〇年代の宇宙開発競争を、アメリカ最大の勝利のひとつとして覚えている。だが、一方でその競争が一九五七年のロシアのスプートニク打ちあげによるショックからはじまったことは忘れているかもしれない。人類最初の人工衛星が、アメリカは超大国の敵に後れをとっているのではないかという懸念をあおったのだ。アメリカはすぐに壮大な宇宙計画をたて、そこには「マーキュリー・セブン」と呼ばれた宇宙飛行士たちや、月にアメリカ人を送りこむというジョン・F・ケネディの宣言、そして一九六九年七月二〇日の月面着陸によるアポロ計画の最終的な勝利が含まれている。だが、この新たな宇宙競争とシャドウ・ウォーの新たな前線は、素早い展開を見せている。そしてアメリカは、ロシアと中国というふたつの強力な敵と相対しているのだ。

「私たちは、月の裏側へ着陸するところを目にするでしょう。いままで誰もしていないことです」二〇一九年一月に中国が月面着陸に成功するよりまえに、ピーター・シンガーはそう言っていた。「ロケットが地球から飛びたち、月に行って、着陸機《ランダー》を降ろす。着陸機は月の裏側に着陸すると、なかからロボットがでてきて、その側面には中国の国旗が描かれている。それは中国だけでなく人類によって歴史的瞬間となり、私たちは先頭を行くのがアメリカではないという事実を認めざるを得なくなるのです」

それが二一世紀以降の軍拡競争だ――新たなアメリカの戦闘計画は誕生するものの、これといった勝利はない。そこが今までとは違うところだ。アメリカは、かつては宇宙で勝利をおさめていた。だが一九六〇年代の宇宙開発競争と同じように、現在の宇宙競争は極めて競争が激しい。「問題はますます認知されるようになりましたが、実際に必要な改善に取りくむためにすべきことは実はもうないのです」と、シンガーは言った。

ワーク国防副長官は、二〇一五年四月にコロラドで開催されたスペース・シンポジウムで、戦闘準備を指令した。アメリカ軍はいま、それに応えるべく戦っている。

二〇一六年の早い時期に、AGIのポール・グラジアーニのチームは、旧友ともいえる〈カミカゼ2499〉が、一年近くたって再び活動を始めたことに気がついた。

「長いこと動きがなかったので、きっと燃料が切れたのだと、誰もが思っていました」と、グラジアーニは私に語った。「あれだけ動きまわったのだから、普通はそう考えますよね」

二〇一四年に打ちあげられてから、このロシアの衛星は、他のロシアの宇宙資産の周囲を複雑な動きで忙しく動きまわり、明らかに機動能力の試験を行っていた。アメリカ宇宙軍は〈コスモス２４９９〉が破壊目的で他の衛星の進路に入りこむ能力をもっていると判断し、そのロシアの宇宙機にカミカゼ衛星とあだ名をつけた。ロシアは新しい宇宙兵器の試験をしているのだと、アメリカは考えた。だが二〇一五年に〈コスモス２４９９〉が動きをとめたので、寿命がきたのだろうとアメリカは思った。

「すると驚いたことに、何か月も活動をやめていたこの衛星が息を吹きかえして、本格的な動きを再開したのです」と、グラジアーニは言った。

その動きは、衛星が打ちあげられたばかりのころにアメリカが観察したものと似ていたが、長い休止期間のあとの出来事だった。これは、このロシアの衛星が、いままで知られていたよりも多くの燃料と耐久力をもっていることを示していた。〈コスモス２４９９〉は、活動を再開したのだ。

「ロシアは、打ちあげたこのシステムを、さまざまな方法で繰り返し使いつづけてきたのです」と、グラジアーニは言った。

翌年の二〇一七年六月二三日、アメリカ軍が最初のロシア製カミカゼ衛星が軌道を動きまわるのを探知してからわずか三年で、ロシアはロシア北極圏の端にあるプレセツク宇宙基地から一基のロケットを打ちあげた。ロシア国防省もロシア国営メディアも、ロケットの有効搭載量《ペイロード》については詳細をいっさい明らかにしなかった。ロシアの宇宙観察ウェブサイトのなかには、おそらく新しい測地衛星——ミサイルの照準設定のために地球表面の正確な測定値を収集するようにつくられた――を搭載していると、理論的に想定しているところもあった。だが〈コスモス2519〉は、地上四〇〇マイルの軌道に乗ってから最初の二か月、謎に包まれたままだった。

変化が見られたのは二〇一七年八月二三日だ。その日〈コスモス2519〉は、〈コスモス2521〉と呼ばれるようになる小型の子衛星を生んだように見えた。だが、アメリカ軍技術者が衛星の機能と性能について独自の判断をしなければならなかった二〇一五年のときとは違って、今回はロシア政府が珍しく率直だった。ロシア国防省は、〈カミカゼ2521〉がいわゆる探査衛星だと発表し、親衛星の〈コスモス2519〉に接近して調査を行うものだと明確に説明したのだ。[10] 中国と同じようにロシアは、これらの機動性の高い衛星が、兵器ではなく宇宙における修理工にすぎないと主張した。

それからさらに二か月が経った一〇月三〇日、〈コスモス2521〉は、自分の子機となる〈コスモス2523〉を軌道に放った。これも探査衛星だと、ロシア国防省は説明した。一回のロケット発射で、三基の衛星を軌道に押しだしたことになり、そのそれぞれが優れた機動力を備えていた。ロシアは標準手順に従って、それぞれの新しい衛星を国連に登録し、親衛星から分離した日を打ちあげ日とした。そしてその目的を、「ロシア連邦国防省の任務遂行のため」と記した。[11]

中国も再び行動を開始した。二〇一八年初頭に、二〇一六年一一月に中国が打ちあげた〈実践17号〉は、二万二〇〇〇マイル上空の対地同期軌道という宇宙のはるか遠くの新たな場所で機動力を見せていた。

それは、核早期警戒衛星をはじめとするアメリカの最も機密性が高い衛星がいくつか配置されている、地球から最も遠い衛星軌道における複雑な動きだった。一連の試験において、中国は〈中星〉20号という名のもうひとつの古い衛星を、対地同期軌道より二〇〇キロメートルほど上空にある墓場《グレーブヤード》軌道に配置した。墓場軌道とは、活動中の衛星の安全を確保するために、寿命が尽きた衛星を廃棄するための軌道をいう。

中国はその後、対地同期軌道のすぐ下の軌道に、キッドナッパー衛星の〈実践〉17号を配置した。このキッドナッパー衛星は、地球を完全に一周して獲物を追跡する。AGIの技術者チームは、リアルタイムでそれを観察していた。

「〈実践〉17号は対地同期軌道の下から軌道上へと動いて衛星とランデブーし、一定の距離を保ちながら飛行しています」と、グラジアーニは言った。「そうしたまったく新しい飛行技術によって、ランデブーのような近接運用をするための新しい高度な動きが実際に可能となっているのです」

軌道間の動きはすでに複雑なものになっていたが、グラジアーニと彼のチームを驚愕させたのは、〈実践〉17号がこれほど近くまで標的に接近したことだった。

「数百メートルの距離まで接近したのです。信じられないくらいの近さです」とグラジアーニは言った。「いままで、これほど他の物体に接近した衛星は見たことがありません」

地球からこれほど離れた軌道でここまで接近するということは、とてつもない空間認識力があることを示している。中国が見せた宇宙で他の物体を追跡するこの能力は、アメリカが知っていたよりもはるかに高いものだった。この複雑な動きは、いまや中国が感じている、おそらく世界で最も進んだ宇宙兵器に対する信頼も表していた。

「彼らは、ふたつの衛星の位置をそれだけ正確に把握していて、至近距離を保ちながら動かす能力に自信を持っていたのです」と、グラジアーニは私に説明した。「そうでなければ、〈実践〉17号が他の衛星に激突する危険を冒すことになりますから。〈実践〉17号は非常に高価なものなので、中国がそれを危険にさらすとはとても思えません。この衛星がどんなものか、十分おわかりになったと思います」グラジアーニはそう締めくくった。

中国は、宇宙で敵の衛星を捉える力があることを証明した。

いずれの場合にも、ロシアと中国は、特定の役割をもった衛星に必要な機能を改良していた。〈コスモス2499〉は他の衛星に衝突する機能、〈実践〉17号は他の衛星をこっそり追跡する機能だ。

「ひとつの軌道からまったく別の軌道へ長い距離を移動するには、多くの燃料と大きなエンジンが必要となります」と、グラジアーニは言った。「遠くから怪しまれずに標的に襲いかかるためには、兵器システムに絶対欲しい機能です」

シャドウ・ウォーは、宇宙に広がりつつあった。

中国とロシアが、新たな宇宙兵器の信頼性をはっきりと示すのをみて、アメリカは警戒心を募らせていた。中国とロシアの進歩により、アメリカは自分たちの宇宙資産を守るためにいま何をしなければならないかという議論が、宇宙コミュニティのなかでさらに活発となった。次のステップが極めて重要だ。何もしなければアメリカは宇宙戦争に負けてしまうという、大筋の合意がある。

「世界の国々が、この件に多大な関心を寄せはじめました。特に中国かロシアのどちらかに対して脅威を感じている国々です」と、グラジアーニは言った。「もしどちらかの国を恐れていて、そして衛星をもっているのならば、自分たちの衛星が襲われるのではないかと不安になるのです」

最も難しい問題は、アメリカはロシアや中国の兵器に対して、自前の宇宙兵器で対抗すべきかどうかだ。過去のアメリカ大統領や軍事司令官たちは、新たな宇宙兵器の開発競争が起きるのを恐れて、宇宙の兵器化には二の足を踏んできた。軍事司令官たちが力説しているように、宇宙での武力戦争に勝者はいない。戦闘の残骸による宇宙ごみは、誰にとっても使い道のないものだ。こうした考慮すべき事柄があるにもかかわらず、トランプ政権は進んで攻撃兵器を配備しようとしていると、グラジアーニはみている。

「この前の政権は、その点についてははるかに慎重でした。攻撃という言葉を本当に使いたがらなかったのです。今度の政権は、そうではないようです」とグラジアーニは言った。

　グラジアーニを含めた宇宙コミュニティのなかには、この率直さを歓迎する者もいる。そうした人々が目指しているのは、宇宙における武力戦争ではなく、核戦争の場合のようなある程度「相互確証破壊《MAD》」の原則に基づいた抑止手段だった。もしアメリカがたとえ限られた方法であってもそうした手段をとれるならば、アメリカに敵対する国々に攻撃的な宇宙能力をはっきりと示さなければならないだろうと、グラジアーニは考えている。

「効果的な抑止手段をもつようになれば、敵対する国々は自分たちに何が起きるかを知る必要がでてきます。アメリカが本気で抑止したいと思ったら、秘密の能力をもっていても意味がないのです」と、グラジアーニは言った。

　二〇一四年の〈コスモス２４９９〉の打ちあげは、宇宙における特別珍しい実験というより、ロシアが進めている極めて高度な宇宙兵器の一連の試験と配備の第一段階だということがわかる。中国は固有の機能を備えた独自の宇宙兵器でその後を追っている。カミカゼ衛星、キッドナッパー衛星、宇宙および地上でのレーザー兵器――これらは、最新の宇宙戦争に登場する最新の宇宙兵器だ。そして、アメリカにとっての問題は依然として残っている。「この宇宙での軍備競争に加わることになるのだろうか？　それともすでに参入しているのだろうか？」

◉教訓

現在では、中国とロシアは宇宙からアメリカを無力にすることができる。世界最強のアメリカ軍を機能させなくして、アメリカ一般市民を立ち往生させることができるのだ。中国とロシアの両政府は、公共・民間部門が依存している多くの技術をアメリカから奪う能力のある兵器を、試験したうえで配備している。この意味で、宇宙をベースにした資産と技術におけるアメリカの突出した優位性は、ロシアと中国が大いにつけ込もうとしている比類なき脆弱性をもたらした。

アメリカ軍の計画立案者や戦略家たちは、中国とロシアのサイバー能力にしばらく前から気づいて注目していた。だが、両国の宇宙における攻撃能力に気づいて注目したのはごく最近のことだ。その結果、アメリカ宇宙軍の老練者さえも、アメリカは危険とそれによって後れをとるリスクに適切に対処してこなかったと認めている。アメリカ軍はいまになってようやく、アメリカの宇宙資産に対する脅威を削減して抑止するための戦略を立案しているところだ。だが、アメリカは独自の攻撃的な宇宙兵器を試験して配備すべきかどうかといった、多くの問題はいまだに解決されていない。ひとつ合意されているのは、アメリカ軍と一般市民および民間部門は、宇宙にお

ける
レジリエンスを強化しなければならないということだ。それは、衛星のいくつかを失った場合に被る損害を小さくするために、GPSや重要な通信といった宇宙をベースにした機能を、より多くの衛星に搭載するということだ。しかしアメリカはいまだに、核兵器が登場したときと似た、より大きな戦略的決断に直面している。その中心となるのは、抑止に注力すべきか、それとも宇宙での軍拡競争に参加すべきか、という問題だ。この課題につきまとうのは、宇宙での膠着状態を、アメリカや敵対する国々が誰も望んでいない戦争状態にまで高めてしまうという危険だ。

第七章　選挙へのハッキング
――ロシア

ロシアは二〇一四年に、アメリカの政治システムに対して、大胆な情報戦争における最初の威嚇射撃を放った。二〇一六年の大統領選挙で民主党に仕掛けた最初の側面攻撃より一年以上前のことだった。標的となったのは、アメリカ国務省の電子メール・システムだった。そうした攻撃をずっと監視および観察していたのは、当時、国家安全保障局（NSA）の副局長だったリチャード・レジットだった。レジットはその直前まで、NSAの脅威対応センターの責任者だった。NSAでロシアのサイバー攻撃を何年間も監視しそれに対処してきたが、このときは何かが違うと感じた。

「長いあいだ、ロシア人を見つけてネットワーク内で彼らと戦うとき、彼らの存在に我々が気づいていることを示すような行動をとってきた。やつらは、マルウェアを引きあげるといった防衛手段を講じて、ネットワークから姿を消していった」と、レジットは説明した。

そして「いったん潜行してから、完全に姿を変えて戻ってくるので、再びそれを見つけださなくてはならなかった」と、つけ加えた。

それが、サイバー空間における「いたちごっこ」のルールとなっていて、ロシアの戦術は比較的控え目で予測可能なものだった。ロシアのハッカーがアメリカ政府のネットワークに侵入したり、侵入しようとしていたりするのをNSAが見つけると、アメリカはハッカーたちの侵入を阻止してネットワークから排除するための防衛的な行動をとる。するとロシアはそのネットワークを放棄し、別の日に違うルートを使って違う姿で戻ってくる。

「いったん引きあげて、別の侵入手段を探すのだ」と、レジットは言った。「そして、次は我々に気づかれないようにと、見掛けを変えてくる。やつらの主な目的は、捕まらないことだ」

二〇一四年の国務省への攻撃の際は、それが違っていた。いまでは、NSAの技術者がロシア人ハッカーを特定して戦っても、ハッカーたちは出ていかなくなった。単に同じサイバー・ツールの新バージョンを使ってネットワークへの攻撃を繰りかえすだけだ。ロシアのハッカー集団は、巧妙さを放棄して鈍力に乗りかえたのだ。

「二〇一四年以降のやつらの主な目的は、データを入手することだった。おれたちの存在をお前たちに気づかれても一向にかまわない、というわけだ」と、レジットは言った。

国務省のシステムへのロシアのハッキングは、ほとんどのサイバー侵入がそうであるように、弱いリンクを見つけだして利用することからはじまった。この場合の「弱いリンク」とは、国務省の非機密扱いの電子メール・システムだった。国務省は、ふたつの異なる電子メール・ネットワークを運用している。国務省の職員に「ハイ・サイド」と呼ばれている機密扱いのシステムと、「ロー・サイド」と呼ばれている非機密扱いのシステムだ。国務省の規定では、機密扱いもしくは要注意の情報は、「ハイ・サイド」のみで共有しなくてはならないと定められている。「ロー・サイド」ネットワークも安全だとみなされているが、それを信じて利用している外交官はほとんどいない。私が北京のアメリカ大使館で働いていたとき、同僚と私は中国が私たちの「ロー・サイド」電子メール・システムにアクセスしていることを知っていた。私たちが電子メールを送信した直後に、中国の外交官が怪しげな電話をかけてきて、明らかにその通信内容に関係していると思われる質問をする——実際にそんな経験を誰もがしていた。

非機密扱いのネットワークは、機密扱いの情報のやりとりには使われていなかったが、海外の敵にとっては価値のある情報をたくさん扱っていた。

「非機密扱いのネットワークでは、興味深い情報がたくさん流れていた」と、レジットは言った。「さまざまな指標や、まとめてみると興味深いものとなる情報の断片などだ。そして、非機密扱いのネットワークと機密扱いのネットワークの接点を、つねに探すようになる。そうしたつながりは、あるかもしれないしないかもしれない。たいていはないはずだが、ときには存在することもある」

情報収集というのは退屈な重労働だが、デジタル時代には、コンピュータの膨大な機能によってかなり負荷が減っている。現在、情報機関はビッグ・データを活用している。気が遠くなるような膨大な量の電子メール、通話内容、予定表の入力内容、ウェブ検索などを組みあわせることで、敵の行動の実態を浮かびあがらせることができるのだ。

「国務省はグローバル組織だ。世界中で非機密扱いの端末を所有している。そうした端末は、国務省の外電の送受信から、事務所のパーティーのためのケータリングの注文まで、あらゆる用途で使われている」と、レジットは説明してくれた。

なかには、国務省のシステムがインターネットに接続する唯一の手段だという国もある。わかりやすい例として、ウズベキスタンにはコムキャスト（アメリカの情報通信会社）がないと、レジットは指摘した。そのため、アメリカの外交職員たちは、「ロー・サイド」ネットワークを私用で使うことが多い。国務省は、海外で働く職員が、そうしたシステムを使ってしていいことと、してはいけないことを規則で定めている。だが、これは強制でないことが多い。

ロシアのアメリカ国務省のシステムへの侵入は、そうした国のひとつで使われていた一台のコンピュータからはじまった。国務省でどんな違反があったのか正確な状況は依然として機密扱いだが、わかりやすく説明するために、レジットは息子に国務省のシステムを使ってオンラインゲームで遊ぶことを許したある大使の例をあげた。一回ゲームをして、一回ロシアのマルウェアを開いただけで、システム全体が危険にさらされ、世界一九〇か国にいる何千人もの外交官の活動に、ハッカーがアクセスすることを許してしまうのだ。

ロシアのハッカー集団は、侵入したことが発覚するまで、何か月ものあいだ国務省の電子メール・システムの内部を徘徊する。だがＮＳＡは、ハッカーが誰のために動いているかについては確信があると、レジットは言う。

「サイバー侵入の調査をするときは、何を探せばいいのかがわかっている。やつらが使うコードがあり、インフラがある。つまり、狙ったところにたどりつくために使うホップ・ポイントだ。やつらは世界のどこかにあるこの特定のサーバーか、この特定のコンピュータを経路《パス》として使い、狙ったネットワークから仕事に取りかかるだろう。そこには、一連の行動が読みとれる」と、レジットは言った。

またハッカーはデジタル指紋も残すので、NSAは時間をかけて特定のハッカーとその作業を見つけだすことができる。落書き芸術家《グラフィティ・アーティスト》やポーカー・プレーヤーのように、ハッカー集団にも、そのサイバー活動に一貫してみられる「癖《くせ》」がある。

「ハッカー集団は、コードの断片を再利用することがある」と、レジットは言った。「こんなコードを書いた。実に見事なコードだから、他のマルウェアでも同じ成果をあげるように、それをもう一度使おう、と考えるのだ」

そうした怠惰さと傲慢さの組み合わせが、NSAがさまざまなロシアのハッカー行為の犯人を割りだすうえで極めて役にたつ。だが、国務省の電子メールや二〇一六年の選挙でのハッキング行為に対してNSAがしたように、自信をもって犯人を特定するには、時間をかけて膨大な情報や機密を収集する必要があると、レジットは強調する。

「ひと言で、犯人をいい当てることはできない。そこで、相手が何を求めているかに目を向けるのだ」と、レジットは言った。「何者かがネットワークに侵入しているのは、情報を盗みだすためだ。何を盗みだそうとしているのだろうか？　時間をかけて調べてみると、ロシアに対するアメリカの政策に関する情報を盗もうとしているのがわかった」

二〇一四年にNSAが収集した手掛かりと特定したデジタル指紋は、その後に起きる二〇一六年の選挙の際の、ロシアの広範囲におよぶサイバー攻撃の犯人を特定するうえで有用となる。それでもいま、レジットは明らかな苛立ちとともに、二〇一四年にはロシアの行動における著しく危険な変化を示す警告サインをまたもや見逃したと考えている。実際にロシアは、そのサイバー戦術と目的がどんなものかを警告するサインを一貫して発し続けていたにもかかわらず、インテリジェンス・コミュニティを含むアメリカの指導者や政策立案者は、繰り返しそれを過小評価していたのだと、レジットは述べている。

ハッキングに対するアメリカの対応は、他のロシアの攻撃に対する対応と似たようなものだった。警告サインを見逃したうえに、科した制裁はさらなる攻撃を阻止するには不十分だった。二〇一四年に起きた一連の事件はとくにひどかった。サイバー空間ではアメリカ、地上ではウクライナと、いくつもの前線で、ロシアが攻撃と妨害を拡大させていたからだ。二〇一四年のロシアのサイバー攻撃の拡大は、世界でのロシアの武力侵略を反映したものだったのだ。

「それは、ウクライナ侵攻で政治的・物理的・動態的な領域に起こっていたことや、ロシアの攻撃性によって外交領域で起こっていたことと、直接対応していた」と、レジットは語った。「そして、世界でのロシアのアメリカに対する地位を少しでも回復したいというプーチンの願望とも合致していた」

ロシアは、アメリカを標的とする攻撃行為を、目まぐるしいほど多く実施していた。二〇一四年七月のとりわけ衝撃的だった一日には、ロシアのミサイルが、ウクライナ東部の上空を飛行していたマレーシアの旅客機ＭＨ17便を撃墜した。その翌日には、ロシアの軍用レーダーが、北ヨーロッパ上空の国際空域を飛行中のアメリカの偵察機をロックオンした。アメリカのパイロットは、攻撃の的にされたことで不安になり、警告を発することなくスウェーデン領空へと避難した[1]。レジットによると、こうした行動はすべて、西側に対しての攻撃を強化するというロシア政府全体の一貫した方向性を示すものだった。

そしてロシアはその直後、アメリカに対してこれまでで最も大胆なサイバー攻撃を仕掛けてくることになる。

　ジェームズ・クラッパーは、オバマ大統領のもとで国家情報長官という最も位の高い情報高官を務めた人物だ。クラッパーは、二〇一五年の夏にロシアがアメリカの政治組織へ侵入しようとしていることをはじめて知ったのが、二〇一六年の大統領選挙日の一年以上前に国務省の電子メール・システムに不正アクセスがあった数か月後だったと述べている。だがクラッパーは、ロシアの試みがどれほど真剣なものかすぐにはわからなかったと認めている。

「それほど真剣なものとは思わなかった。なぜなら、おそらくロシアはいずれにせよアメリカを情報戦における第一の標的と考えているからだ」と、クラッパーは私に語った。

　今回の具体的な標的は民主党全国委員会（ＤＮＣ）だった。ＤＮＣが最初に内々の警告を受けたのは二〇一五年九月のことだった。ロシアのハッカーがＤＮＣのコンピュータの少なくともひとつに侵入したと、ＦＢＩの中堅捜査官が電話で知らせてきたのだ。

　数年経ったいまでも、民主党の職員は、このＦＢＩの最初の対応を思いだすとき怒りを隠さない。

「ＦＢＩは、ＤＮＣのヘルプデスクに電話を寄越してメッセージを残したのです」と、当時クリントン陣営の選挙対策本部長だったジョン・ポデスタは言った。「ＦＢＩは、それを深刻な事態として扱ってはいませんでした」

　ポデスタの向かいに座っていた私には、彼が苛立っているのがよくわかった。ポデスタは、ロシアの不正アクセスと彼自身の関与に関して、まるで愛する人を失った者のような話し方で語った。

ＦＢＩは、九月のこの電話で、初めて直接ＤＮＣに連絡をしてきたのだった。メッセージは、企業でいうコンピュータ電話相談のような部署の若手コンピュータ技術者宛に残されていた。その技術者はＦＢＩにコールバックをしなかった。

「ご存知のように、事務局というのは忙しいところです」元ＣＩＡモスクワ支局長のスティーブ・ホールは言った。「やることがたくさんあるので。ですが、もう一度同じ目に遭わなければならないとしたら、いまなら違った対応をしたのではないかと思います」

ＤＮＣの技術者は、システムをざっと調べても何も見つからなかったので、ＦＢＩの懸念を委員会の上司には伝えなかった。実際には、被害が甚大であることがわかった。ハッカーは、その後の数週間および数か月にわたって、何百何千という電子メールやドキュメント・ファイルへのアクセスに成功したと思われる。この成功には、ロシアのハッカーたち自身も驚いたのではないかと、ホールは考えている。

「二週間後に、ロシアのハッカー集団が『上出来だ。みろ、ちゃんと侵入しているぞ』と言っている姿が目に浮かびます」と、ホールは言った。

数週間にわたりＦＢＩは、ＤＮＣの同じコンピュータ・ヘルプデスクの番号に電話をかけ続けた。ＤＮＣの職員は、ＦＢＩの担当者が、ナショナル・モールを挟んでＦＢＩ本部の向かいにあるＤＮＣの本部を訪れて直接警告してくれなかったことも不満に思っている。

「いまになって思えば、ＦＢＩもおそらく『もっと積極的に対応すべきだった』と言うかもしれません。ですが、こうしたことが最終的にどこに行きつくかを予測するのは困難で、今回は非常に興味深いところまで行ったのです」

この同じ危機感の欠如が、多くの機関や政治組織を悩ますことになり、ロシアの不正アクセスは数か月後の選挙にまでおよんで、その攻撃はいっそう大胆なものになっていく。

大統領選挙を一年後にひかえた二〇一五年一一月、同じFBI職員が再度DNCに電話をしてきて、さらに警戒を要する知らせをもたらした。DNCのコンピュータが、いまでは情報をロシアに送っているというのだ。それでもまだ、DNCのコンピュータ技術者はなんの行動も起こさなかった。そしてDNCが言うには、FBIは委員会の上層部に警告を発することをしなかった。そうした判断が、さらに何か月ものあいだロシアのハッカー集団に、DNCのコンピュータのなかを自由に動いて情報を吸いあげることを許したのだった。そうして盗みだされた情報は、のちに暴露されて膨大な影響をもたらすことになる。

「敵対する外国勢力は、アメリカの選挙プロセスを積極的に攻撃しようとしています。当然他の情報機関やホワイトハウスの注意をひいたはずだと思うことでしょう」と、ポデスタは言った。

トム・ドニロンは、二〇一三年まで、オバマ大統領の国家安全保障顧問を務めていた。ドニロンはかつて、プーチンと直接対面したことがあった。そして今にして思えば、少なくともこの元KGB工作員の手口が感じられた。

「警戒すべきだった。なぜなら、このやり方は西側の制度を弱体化させるというプーチンの意図と完全に合致していたからだ」と、ドニロンは私に語った。

「プーチンが最初から関与していて、詳細をすべて把握し、実際にはほとんどの筋書きを自分で書いたに違いないと、私は確信している」と、ドニロンは言った。「プーチンは知っていて、おそらくは『本当にこれをうまくやり通せそうだ』と言いたかったのだろう」

いまやロシアのハッカー集団は、何か月にもわたって、民主党全国委員会のネットワークやサーバーのなかを動きまわっていた。だが、このハッカー集団は、新たな政治的標的を定めようとしていた。そして新しい獲物を引きよせるために、スピアフィッシング・メールと呼ばれる最も粗雑なサイバー兵器を利用した。この本の読者の多くも、同様の怪しげなメールを受け取ったことがあるはずだ。

「標的にされた組織だけでなく、多くの個人もグーグルの警告画面に似たスピアフィッシング・メールに狙われました」と、サイバー・セキュリティ会社〈ファイア・アイ〉の情報分析部門のディレクターであるジョン・ハルククイストは言った。ファイア・アイは、のちに民主党に招かれ、不正アクセスの診断と対処を実施した。

「セキュリティに関する警告だと思ってクリックしてしまうと、実際は敵国のサイトへ誘導され、そこで認証情報を盗まれてアカウントにアクセスされてしまうのです」と、ハルククイストは説明してくれた。「かなり本物そっくりのメールで、いたってまともに見えました」

スピアフィッシング・メールは、情報システムに巣くう南京虫のようなものだ。いたるところにいて、根絶するのはほぼ不可能だ。ネットワークのファイアウォールがいかに堅固でも、あるいはサイバー・セキュリティ・チームがいかに優秀でも、ひとりの不注意な職員がうっかりクリックしてしまうと、システム全体がハッカーの攻撃を受けやすくなってしまう。今回の場合、狙われたのはクリントン・キャンペーンの本部長であるジョン・ポデスタの電子メール・アカウントだった。

「システムに何らかのセキュリティ侵害が認められたので、パスワードを変える必要があるという、グーグル・アラートを受けとったのです」当時ヒラリー・クリントンの大統領選挙対策本部長だったポデスタは、低い声で私にそう語った。ポデスタが、その瞬間を何度も頭のなかで思いうかべ、肉体的な苦痛を感じるまでになっていたのがわかった。

この一見無害なメッセージが、実はスピアフィッシング・メールだった。そうしたメールによくある「誰かがあなたのパスワードを使用しました」という文句で警告を発し、すぐにパスワードを変更するよう促すのだ。そのメッセージには、無難でもっともらしい「Gメール・チームより」という署名がされていた。

「実際には、私のアシスタントが、サイバー・セキュリティの担当者に確認をとったのです」と、ポデスタは言った。「そして、ばからしい間違いだと思うのですが、その担当者はそのままクリックするよう指示をだし、アシスタントはそれに従いました」

そのばからしい間違いは、やがて致命的なものになった。サイバー・セキュリティの担当者は、そのメールが偽物だときちんと見抜いていたのだが、アシスタントに返信する際に、とんでもないタイプミスを犯してしまったのだ。

「偽物（illegitimate）と書くつもりが、本物（legitimate）と書いてしまったのです」と、ポデスタはすっかり諦めた様子で言った。

「その後のことは、皆さんもご存知の通りです」

ひとつのタイプミスと一回のクリック――それによってロシアのハッカー集団は、民主党のなかにさらに入りこみ、最有力とみなされていたアメリカ大統領候補者のキャンペーンを仕切る人物がやりとりした、何万通ものメールを思いどおりに手に入れた。そしてロシアは、これをすべて最も単純なサイバー兵器を使って成しとげたのだ。

「それが、サイバー・セキュリティの専門家たち全員にとっての不満のひとつだ」国家情報長官のクラッパーは、独特のそっけない口調で私に言った。

大統領選挙の八か月前の時点で、ロシアのハッカー集団は、民主党のコンピュータ・システムのふたつにまんまと侵入していた。クリントン・キャンペーンと民主党全国委員会のシステムだ。そして一年前に国務省の電子メールに不正侵入があったときにNSAのリチャード・レジットがまさに指摘したように、ロシアのハッカー集団は、自分たちの行動を積極的に隠そうとしないどころか、そのための最低限の努力さえしなかった。

「このサイバー空間で、これほど厚かましく行動するのには驚きました。自分たちの行動がどんな結果をもたらすかなど、どうでもいいようでした」と、ハルククイストは言った。

選挙遊説にでていたヒラリー・クリントンは、民主党の指名獲得がますます確実視されるようになっていた。するとヒラリーは、関心と攻撃の矛先を、共和党の対立候補であるドナルド・トランプに向けるようになった。二〇一六年四月、ヒラリーは、バンパー・ステッカーに描かれるキャンペーン・スローガンがどんなものになるかを明らかにした。それは「愛は憎しみに勝つ（Love trumps hate）」というものだった。トランプは即座に反撃して、同日中にこう宣言した。「心のねじ曲がったヒラリーを、立ちあがれないほど徹底的に打ち負かしてやる」

DNCに話を戻すと、ロシアのハッカー集団がDNCのコンピュータに最初に侵入してから九か月が経ってようやく、DNCのコンピュータ技術者が侵入の事実に気づいた。DNCはFBI

に通報し、クラウド・ストライク社というサイバー・セキュリティの会社を雇った。

クラウド・ストライク社の技術者たちは仕事に取りかかるとすぐに、ふたつの容疑者集団を特定した。どちらもサイバー攻撃では長い歴史をもち、ロシアと多くのつながりをもっている。「ファンシーベア」と「コージーベア」という名の集団で、アメリカの情報機関は、どちらもロシア政府の意を受けて活動しているハッカー集団だと考えていた。

このふたつのハッカー集団は、サイバー・セキュリティの専門家には馴染みの深い存在だった――そして、特に身分を隠そうともしていなかった。またもや、その大胆さが尋常ではなく稚拙にさえ思えた。

「こうした集団については、選挙がらみで有名になるずっと前から知っていました」と、ハルククイストは言った。「何年も前から知っています。この集団が、ロシア人もしくはロシア語を話す人間の集まりだという証拠がたくさんあります」

その証拠は、素人にとっても驚くほど単純なものだった。ひとつには、このハッカー集団は、モスクワ時間に従って働いていたのだ。

「彼らが犯した間違いは、こうしたタイムスタンプを残していることです」と、ハルククイストは説明した。「彼らをじっくり観察していると、このハッカーが仕事をしている時間帯がわかってきます。そして、その就業時間が西ロシアのタイムゾーンとぴったり一致しているという結論に行きつくのです」

このハッカー集団は他にも、彼らをプーチンの率いるロシアにさらに直接的に結びつけるような手掛かりを残している。その手掛かりは、サイバー・セキュリティの専門家たちが「ランゲージ・アーティファクト」と呼ぶものだ。彼らのコンピュータ・コードは、キリル文字かロシア語のアルファベットで書かれていたのだ。

ハルククイストと彼のチームは、次の侵入に備えて警戒を緩めなかった。そして二〇一六年の夏、新しい獲物を物色しているファンシーベアを発見した。

「やつらを現行犯で捕らえられると思うとわくわくします」ハルククイストは、いたずらっ子のように目を輝かせて言った。

ハルククイストと彼のチームは、〈アクトブルー〉という民主党の別の団体でハッカーを見つけたのだった。アクトブルーは、政党や他の進歩的な集団のために資金を集めるウェブサイトだ。

「ハッカーたちは、アクトブルーの献金システムにアクセスした人たちを、自分たちのサーバーへと誘導していたのです」と、ハルククイストは言った。

のちにファイア・アイの本社で、サイバー・スパイ分析のマネジャーであるベン・リードが、ハッカーたちがいかにして本物のサイトをほぼ瓜二つの偽サイトと入れ替えたかを実際に見せてくれた。リードは、二〇一六年七月一九日に、民主党下院選挙運動委員会（ＤＣＣＣ）のウェブサイトが実際にどう見えたか、その画面をコンピュータ・スクリーン上に呼びだしてくれた。アクトブルーへのリンクは、ウェブページのソース——画面の裏にあるコンピュータ・コード——をクリックしない限り見分けがつかない。本物のサイトでは、ハイパーリンクがユーザーを「secure.actblue.com」に導く。だが、ハッキングされたページでは、リンクはユーザーを「secure.actblues.com,」へ誘導する。同じものに見えるが、本物にはないカンマや「ｓ」がついている。

今回リードがすぐに見せた反応は「何か変だ」というものだった。

あからさまに余計な「s」がついた「Actblues.com」は、DCCCとは何の関係もないものだった。ロシアのダミーで、大して優秀ではない技術者でも、その気になれば見分けることができた。

「次にそのサイトを見たときには、あちこちに電子メールが飛び交っていました。標的にされた組織に宛てられたものもありました。当然ながら、そうした組織には注意を喚起したいと思います」と、リードは言った。

今回の侵入は、ハッカー集団がDCCCの資金調達システムと、ユーザーやキャンペーンに関する大量のデータに侵入する前に発見され是正措置がとられた。しかし、ロシアのハッカー集団によるこのサイバー攻撃も、またもや素性を隠す気はなさそうだった。

「私たちは、これがロシアの情報機関によるものと確信しています」と、ハルククイストは言った。「私たちこのハッカーを長いあいだ追ってきて、ロシアの情報任務を担っていることを示す多くのアーティファクトや、デジタル・フォレンジングを見ているからです」

いまや問題は、ロシアの情報機関がこの情報すべてをどうする気かということだ。情報を盗みだして、兵器化するつもりだったのだろうか？

大統領選挙日まであと五か月という二〇一六年六月、アメリカの一般市民は、これから何が起ころうとしているかについて最初のヒントを受け取った。それを伝えたのは、「グーシファー2・0(Guccifer 2.0)」というハンドルネームをもつ謎のブロガーだった。コージーベアやファンシーベアと同じように、グーシファーも、ロシアの高度なハッキング作戦を代弁する存在だとアメリカの情報機関はみなしていた。

「ロシア人は、嘘の人格をまとって、その姿で作戦を遂行するのを好む」と、元CIAモスクワ支局長のスティーブ・ホールは言った。

最も重要なのは、ロシアが、アメリカの選挙に対する情報作戦における次の手段を準備していたことだ。盗みだしたデータを兵器に変えて、選挙プロセスに影響を与えようと考えていたのだ。グーシファーはDNCから盗んだドキュメント・ファイルのサンプルを公開した。そのなかには、高額献金者のリストや、ドナルド・トランプに関する対立候補調査報告書も含まれていた。

「自分の経歴を考えると、ロシアの情報部員の立場になって考えてみるのは結構おもしろい」と、ホールは言った。「そうすると、やつらが『この調子で行けば、インフルエンス・オペレーション（敵のコンピュータ・システムに侵入し、偽の情報を流すなどして相手の活動を妨害する作戦）を計画するのも、まんざら夢ではないかもしれないな』とうそぶいている姿が目に浮かぶ。そして、おそらくそれが上層部へと伝えられ、誰かがこう言ったのだ。『いいじゃないか。試しにやってみろ』」と、ホールは言った。

グーシファーは、DNCがハッキングされたという事実が最初に報じられた翌日に、盗んだデータを公開した。そして、DNCだけでなく、クリントン・キャンペーンやDCCCから盗みだしたデータも公開しはじめた。そのどこもがいまやロシアのハッカー集団に不正侵入されていた。

「戦利品を手にしていたロシア当局は、そこから何かをつくりだし、次にそれを使って敵を、この場合はアメリカを攻撃するのに使う気だ」と、ホールは言った。

そして「アメリカは、いつになってもロシアにとっては一番の敵だからな」と、つけ加えた。

やがて、ジュリアン・アサンジが設立した組織〈ウィキリークス〉が率いるたちの悪い出版社が、グーシファーの仲間に加わった。私は二〇一〇年一二月にロンドンで、アサンジにインタビューをしたことがあった。ウィキリークスが、世界中から盗みだした何千ものアメリカの外交公電をリークした直後のことだ。当時それは、機密情報の漏洩としては最大規模のものだった。会話のなかでアサンジは、アメリカ政府機関が独裁政府の手先であることを暴くのが自分の責任だと説明した。

「セキュリティ担当者は、秘密を守るのが仕事だ。報道機関は、真実を一般大衆に公開するのが仕事だ」と、アサンジは私に語った。「私たちは、自分の仕事をしているだけだ。国務省が自分たちの職務を果たせなかったとしたら、それは彼らの問題だ」[2]

それは六年後の二〇一六年に行われた大統領選挙期間中に、よく耳にしたミッション・ステートメントだった。なぜそうした関心を、中国やロシアといった本物の独裁政権に向けないのかとアサンジに迫ったが、彼が答を口にすることはなかった。

二〇一六年七月二二日、ウィキリークスはツイッター上で驚くべき告知を行った。民主党全国委員会から流出した約一万九〇〇〇通の電子メールを公開するというのだ。

アメリカのインテリジェンス・コミュニティは、クレムリンの指示のもとロシア政府のために働いているハッカー集団から、ウィキリークスが電子メールを入手したのだと確信していた。

「必要なのは、いわゆる中継係《カットアウト》だ――たとえば、ウィキリークスのような」と、ホールは言った。「中継係の役割は、ハッキングの対象となるアメリカの政治機関とクレムリンのあいだに距離をもたらすことにある。そうしたもっともらしい、あるいは信じがたい関係性の否定が、シャドウ・ウォーの本質的な特徴なのだ。

元国家情報長官のジェームズ・クラッパーは、アメリカの情報機関は騙されないと私に語った。彼らはウィキリークスとロシアのつながりを示す確かな証拠を握っていた。

「何が起きたのか――我々は、それに関してはかなりの自信をもっていた。そういうことにしておこう」と、クラッパーは言った。

民主党の党大会は、刻一刻と迫っていた。当時の世論調査によると、本選挙ではヒラリー・クリントンがドナルド・トランプよりもかなり優勢とみられていた。党大会は、ヒラリー陣営にとって、共和党の対立候補に目を向けはじめるだけでなく、民主党指名候補のバーニー・サンダースの支持者たちを懐柔する場でもあった。

党大会のわずか三日前に、ウィキリークスは電子メールの第一弾を公開した。盗まれた電子メールは、民主党全国委員会（ＤＮＣ）の幹部が、サンダースよりもクリントンに肩入れしていることを示していた。サンダースの支持者たちは、ＤＮＣ委員長のデビー・ワッサーマン・シュルツに強く反発し、彼女が演壇に立つと罵声を浴びせた。

「みなさん、落ち着いてください！」ワッサーマン・シュルツは、ブーイングの嵐のなかでそう叫んだ。

ワッサーマン・シュルツは結局委員長を辞任せざるを得なくなり、選挙に対するロシアの拡大する誘導工作の最初の犠牲者となった。

その後の電子メールの公開は、すぐにアメリカ国内メディアのトップニュースとなった。のちにクリントン陣営や支持者たちのあいだで、メディアがあまりにも簡単に海外政府の影響工作に騙されたという批判が湧きあがった。

ドナルド・トランプは、民主党内部の分裂が暴露されたことに大いに満足しているところを見せた。七月二五日にはこんなツイートをしている。「これは、街の新しいジョークだ。ロシアがDNCの悲惨な電子メールをリークしたのはプーチンが私のことを好きだから――そんなことは書かれるべきではなかった（まったくばかげている）」

七月二七日、トランプは、いままではぼろくそに言われている演説のなかで、ロシアにクリントンの電子メールのハッキングを奨励するような、こんな危険な発言をしている。「ロシアよ、もし聞いているなら、紛失している三万通の電子メールを見つけだしてくれるといいのだが」

大統領自身によるこうした公式発言は、トランプ陣営とロシア政府のあいだに何らかのつながりがあったのではという疑念を植えつける一因となったと、アメリカの情報関係者がのちに私に語った。ひとりの情報分野の高官は私にこう言った。「誰もが入手できる証拠を見逃してはいけない。それは公の場で見つかる」

トランプの長年の盟友のひとりが、ロシアに盗まれたデータについて公に発言している。ロジャー・ストーンは、これからどんな電子メールが公開されることになるか、ウィキリークスのジュリアン・アサンジからの情報ですでにわかっていると、何度もほのめかした。

二〇一六年八月八日、ストーンは共和党のあるグループにこう言った。「私は実際にアサンジと連絡をとっている。次に公開されるのは、クリントン財団に関する資料だ。だが一〇月にどんなサプライズがあるかは、そのときのお楽しみだ」

八月二一日に、ストーンはこんなツイートをしている。「次に槍玉にあがるのはポデスタだ。これは本当の話だ」

一〇月初旬にストーンは、クリントン陣営を攻撃するような内容が、ウィキリークスによって間もなく公開されるという、一連の明白な警告をツイートした。

一〇月二日。「水曜日に、ヒラリー・クリントンは終わりだ。#ウィキリークス」

一〇月三日。「ウィキリークスと私のヒーローであるジュリアン・アサンジが、まもなくアメリカの人々に情報を与えてくれると確信している。#ヒラリーを投獄せよ」

一〇月五日。「アサンジが引きさがるだろうなどというのは、甘い考えだ。まもなく爆弾が落とされる。#やつらを投獄せよ」

そして一〇月六日。「ジュリアン・アサンジは、気の向いたときに、ヒラリーにとって破滅的な情報を公開するだろう。私はそれを待っている[3]」

「トランプ・キャンペーンとウィキリークスに関連した勢力のあいだに、何らかの兆候もしくは接点があるようだ」元国家情報長官のクラッパーが私に言った。そしてそっけなくこう続けた。

「実に興味深い符合があるように思えると言っておこう」

ストーンは、アサンジとの直接交流――より広く言うとロシア当局者との共謀――は、一貫して否定している。

こうした騒ぎを楽しんでいるように見えたのはプーチンだった。九月一日の『ブルームバーグ・ニュース』とのインタビューのなかで、ロシアの関与を問題外だとして否定した。

「このデータを誰が盗んだかなど、はたして問題なのだろうか？　重要なのは、一般に公開された内容だ」と、プーチンは言った。

そしてこうつけ加えた。「犯人捜しに関連するささいな問題を取りあげることで、大衆の注意を問題の本質からそらす必要などない。だが、もう一度言っておく。私は何も関知していないし、ロシアが国家レベルでそんな真似をしたことは一度もない」[4]

国家情報長官府のなかで、クラッパーの不安は増大していた。

「私はまさに深刻な事態だと、体の芯で直感的に感じた。民主主義の根底をくつがえすような攻撃だ」と、クラッパーは言った。

「直感的」「衝撃的」といった言葉は、ロシアの干渉を監視している情報関係者から何度も聞かされていた。彼らは経験豊富な職員たちで、冷戦以降のロシアの情報作戦を目にしてきた。だが、二〇一六年の選挙におけるロシアの干渉の範囲と傍若無人ぶりは、前例のないものだった。彼らの多くが、いままでほとんど経験したことのない、愛国者《パトリオット》としての義務――そして不安――を感じていた。

「一〇月にどうしても声明を発表しようと考えたのは、それがひとつの理由だ」と、クラッパーは私に語った。

大統領選挙の日まであとひと月と一日という一〇月七日、アメリカの情報機関は、選挙に影響を与えるために民主党のデータを盗みだし、それを少しずつ戦略的に公開した犯人として、ロシアを名指しで非難した。

「アメリカのインテリジェンス・コミュニティ（ＵＳＩＣ）は、国土安全保障省と国家情報長官府が共同で発表した声明にあるように、最近のアメリカの政治組織を含む個人や団体からの電子メールの漏洩は、ロシア政府が仕組んだものと確信している。ハッキングされたとされる電子メールが、ＤＣＬｅａｋｓやウィキリークスといったサイトや、グーシファー２・０のようなネット上の架空の人物によって暴露される最近のやり方は、ロシアが主導する作戦と、手法や動機が一致しているからだ。こうした窃盗や暴露は、アメリアの選挙プロセスへの干渉を意図したものだ」[5]

声明の署名者として国土安全保障省（ＤＨＳ）と国家情報長官府（ＯＤＮＩ）が選ばれたのは、よく考慮されてのことだった。ＤＨＳが関与することで、アメリカが選挙へのロシアの干渉を国土への攻撃とみなしていることを明らかにした。またすべての情報機関を統括するＯＤＮＩの関与は、これがアメリカのインテリジェンス・コミュニティ全体の一致した見解だということを示していた。

トランプ大統領とその支持者の何人かは後になって、一七ある情報機関のすべてが署名しているわけではないので、この判断は少数意見だと主張する。実際、アメリカの情報機関の多くは、この種の脅威を評価する立場になかったので、ロシアの介入に関する判断には関与していなかったのだ。そうした情報機関には、アメリカ沿岸警備隊情報部（海での脅威に重点的に取りくむ）、麻薬取締局情報部（麻薬の密売に関する情報を重点的に扱う）、アメリカ海兵隊情報部（配備された海兵隊のために戦場に関する情報を重点的に扱う）がある。それにもかかわらず、この「一七すべての情報機関」のくだりは、ロシアの関与に否定的な者たちがその後も論点とし続けることになる。

一〇月七日の声明は、民主党の電子メールとデータの窃盗と暴露に焦点を当てたものだったが、より警戒すべき前兆にも言及していた。それは、実際の投票に使われるシステムが攻撃される可能性だ。「最近になって選挙関連のシステムがスキャンされ調べられるという経験をした州もいくつかある。そのほとんどが、ロシアの企業が運営するサーバーからの接触によるものだった」と、声明には書かれていた。そのときはまだ、ODNIもDHSも、ロシア政府が選挙インフラへの攻撃にも関わっているという確信はなかった。だが、その警告は後に、二〇一八年以降のロシアの行動を予示することとなった。

ODNIとDHSによる公式声明によって、アメリカ政府は、大統領選挙日が迫るなか、ロシアに対して今後の方針を示した。そのメッセージは「お前たちが何をたくらんでいるかはわかっている。そうはさせない」というものだった。だが、その後時をおかずに、国民の関心は他へと移っていく。

ヒラリー・クリントン陣営の選挙対策責任者だったジョン・ポデスタは、その晩のことは生涯忘れないと、私に語った。

「国土安全保障と国家情報部門のトップが、ロシアが選挙に積極的に干渉していたという声明を発表しました」と、ポデスタは当時を思いだして言った。「その日遅くなってから、アクセス・ハリウッド（芸能ゴシップを扱うアメリカのテレビ番組）のテープが出てきたのです」

トランプが『アクセス・ハリウッド』の司会者であるビリー・ブッシュと交わした冗長で下劣な会話が初めて公開されると、ニュースはそれ一色となり、ODNIのアセスメントなど誰も気にしなくなった。ゲスト出演したソープオペラ『デイズ・オブ・アワ・ライブス』のセットでのトランプの発言は、開いた口が塞がらないほど女性蔑視に満ちたものだった。

「彼女とやろうとした。でも、結婚していた」と言うと、トランプはさらにこう続けた。「犬みたいに迫ったんだけど、結局できなかった。結婚していたんだ。すると突然、彼女が豊胸手術をしているのがわかった。全身がつくりものだったんだよ」

トランプはさらに話しつづけ、「アクセス・ハリウッド・テープ」と聞くだけで、誰もが思い浮かべるようになる名セリフを口にした。

「美しいものには自然と引きつけられてしまう。そしてすぐキスをするんだ。磁石みたいなもんだな。ただのキスだ。我慢することもない。それに、有名人だから何でも許される。何をしたっていいんだ。プッシーをつかむことだって——何だってできる」

「当然ながら、トランプがあのバスのなかでビリー・ブッシュに向かって話した内容に、皆の関心が集まりました」ポデスタはそう回想する。

クリントン陣営の反応は、衝撃と祝賀気分の混ざったものだった。すでに勝利を確信していたスタッフは、いつトランプが選挙戦を辞退するのか、そして誰がその代わりの候補となるかを話しはじめていた。あるキャンペーン・スタッフは、その晩でトランプは終わりだと、私に語った。

『ワシントン・ポスト』紙がそのテープを公開したのは、東部標準時間の午後四時二分だった。それはクリントン陣営にとって、とてつもなく大きなチャンスに思えた。だがその二九分後、ウィキリークスがこんなツイートをして世界を驚愕させた。「公開　ポデスタの電子メール#ヒラリー・クリントン#ポデスタ#彼女と共にいる」そこに盗まれたデータへのリンクが添えられていた。

「数分以内に電子メールの第一弾が、ウィキリークスに掲載されました」と、ポデスタは語った。「我々は彼の電子メール・システムの中身をもっていて、キャンペーン期間中に公開していく予定だ、というジュリアン・アサンジのメッセージもついていました」

ウィキリークスは、ジョン・ポデスタの私的メール・アカウントの中身をすべて入手していて、電子メールの数は五万通以上におよび、そのなかにはポデスタとクリントン陣営の幹部すべてとのやりとりが何千通も含まれていた。アメリカのインテリジェンス・コミュニティの当局者は、この公開は最もインパクトを与えるタイミングを見計らってなされたのではないかと考えていた。またもや、その兆候はありふれた状況のなかに潜んでいたのだ。クリントン陣営のメンバーたちは、当然ながらその考えに同意した。

「つまり、しばらく沈黙を守っていた彼らが、金曜日の晩に引き金を引くことにしたのは、偶然にしては出来過ぎだということです」

ヒラリー・クリントンは、すぐに懸念を公にして記者にこう語った。「ウィキリークスについては、何も言うことはありません。ただ、ロシアがアメリカの選挙に何をしようとしているかは、みんなもっと気にかけるべきです」

その金曜日の晩に行われた電子メールの放出は、ほんの第一弾にすぎないことがわかった。ウィキリークスは、盗みだしたメールを一〇〇〇通程度ずつ小出しにして、大統領選挙の日まで公表を続けた。そしてこのウィキリークスの発表が、キャンペーンの主要な話題となっていった。「ロシアは、アメリカで起こる出来事を非常に熱心に観察している」と、クラッパーは私に言った。「そして、それについて情報を集めるとともに、我々が目にしたように、機会をとらえてそれを利用しようとした」

選挙遊説では、奇妙な動きがみられた。ヒラリー・クリントンが、海外の敵国によるアメリカの選挙プロセスへの侵入に関して注意を呼びかける一方で、トランプは愉快そうにそれをけしかけていた。

「ウィキリークス！　私はウィキリークスが大好きだ」一〇月一〇日のキャンペーン・イベントで、トランプは高らかにそう言い放った。

三日後、トランプはキャンペーンの群衆に向かって言った。「ウィキリークスが公表するものには、驚かされてばかりだ」

そして一〇月三一日には「ウィキリークスは、まるで宝の山だ」とまで言った。

選挙四日前の一一月四日には再び「まったく、ウィキリークスを読むのは本当に楽しいな」と称賛した。

当時大統領候補だったトランプと彼の支持者の何人かは、ロシアの介入を、特段目新しくもないささいなことだとして問題にしなかった。確かにロシアは、何十年ものあいだアメリカの選挙に介入を試みてきた。だが、二〇一六年のロシアの介入に対するアメリカの反応を目にした情報当局者たちは、その範囲と度合いが前例のないものだったと言っている。

「それは、ロシアがDNCから奪った情報の武器化で、いままでとは違っていた」元国家安全保障局の副長官リチャード・レジットは私にそう語った。「いまやロシアはその兵器を配備して、選挙に影響を与えようとしている」

一〇月下旬、ロシアは、民主党から盗みだした電子メールを武器化する対象を、クリントン陣営の新たな標的へと拡大しようとしていた。そのなかには、昔からのクリントンの盟友で、政権移行チームのメンバーでもあるニーラ・タンデンも含まれていた。タンデンは、それをニュースで知った。

「テレビで自分の名前を目にしたのだと思います。いったい何が起こったの？　という感じでした」タンデンは私に言った。

盗まれた電子メールのなかには、タンデンが他のキャンペーン・スタッフやヒラリー・クリントン本人のことを批判しているものがあった。あるメールで、タンデンはクリントンに私的メール・サーバーを使うことを許した者は、誰であっても厳しく罰せられるべきだと書いていた。他のメールでは、キーストーンXLパイプラインに関して態度をはっきりさせないことで、クリントンは別の問題をうまくはぐらかせていると述べている。なかでも最悪だったのはおそらく「ヒラリーの直感は、最適とは言えない」というコメントだ。

トランプはまたもや、この暴露を大いに楽しんだ。一〇月一九日に行われた三回目の――そして最後の――大統領候補討論会でトランプはこう言った。「ジョン・ポデスタは、きみの直感はひどいもんだと言った。バーニー・サンダースは、きみがよく判断を間違うと言った。私はふたりと同意見だ」

トランプは、メールを間違って引用していた。クリントンの直感を「最適とは言えない」とメールに書いたのはポデスタではなくタンデンだった。だがそれでも、トランプ陣営にとってはホットな攻撃材料だったし、全国放送される大統領候補討論会では気のきいた発言となった。

「トランプは間違えて、ジョン・ポデスタのメールだと言ったわ」タンデンは後になって私に言った。「でもあれは私のメールだった。テレビを観ていてその発言を聞いたときは、枕のしたに頭をうずめたかった」

盗まれたクリントン陣営の電子メールやメモの公表は、選挙当日まで続いた。クリントン陣営は表面的には自信を見せていたが、この公開のせいでクリントンは落選してしまうのではないかと心配しはじめるスタッフもいた。

「そのころには、毎日のようにメールが放出されるようになっていました。ですから朝起きると き、次は何が出てくるのだろうかといつも怖くてしかたがなかった」と、タンデンは言った。「このせいでキャンペーンが駄目になったらどうしようと、そればかり気になって」

ホワイトハウスのなかでは、ときに激しい論争が繰り広げられた。国務長官のジョン・ケリーをはじめとする上級顧問が、より断固とした対応を強く求めていたのに対し、オバマ大統領は海外ではロシアとの緊張の増加を、国内では選挙への影響を恐れていた。

選挙の一か月後に行われた記者会見で、オバマは自分の抱いている懸念を説明した。「私やホワイトハウスにいる誰かが言うことは、すぐに党派のめがねを通して見られてしまうが、私たちが誠実に対処してきたことは、みなさんにぜひわかっていただきたい」[6]

大統領選挙の日が近づくと、オバマ政権の最大の懸念は、自動投票機や有権者登録用データベースといった実際の投票システムを、ロシアが混乱させたり破壊を試みたりしないか、というものになった。ロシアがいくつかの選挙区に干渉するだけで、選挙全体の信頼性が損なわれてしまうだろう。特に投票結果が僅差だった場合、悲惨なことになりかねない。

二〇一六年九月上旬に北京で開催されたG20サミットで、オバマ大統領は、大統領選挙の日には何もしないよう、面と向かってプーチン大統領に警告した。

「サイバー攻撃を確実にやめさせる最も効果的な方法は、直接プーチンにやめるよう申しいれ、もしやめなければ深刻な事態を招くと伝えることだと思った」オバマは、一二月一六日にそう言った。

後にオバマ大統領は、もともとは核戦争を回避するために設けられた、ホワイトハウスとクレムリンを直接つなぐ「ホットライン」を珍しく使って、プーチンに再度警告を発した。

今日にいたるまで、クリントン・キャンペーンの顧問たちは、ロシアの介入がキャンペーンと候補者のヒラリーにどれだけダメージを与えたのかを判断しようと苦労している。

「選挙に勝つことが私たちの仕事でしたが、それができなかったのです」と、ポデスタは言った。「なぜそうなってしまったのか？　多くの原因があります。自分たちも責任を感じています。ですがロシアの介入がトランプの当選の一因で、ロシアは十分な見返りを得たのだと思います」

選挙が終わり、オバマ大統領をはじめとする多くの人が予想していなかった新大統領が選ばれると、オバマ政権はようやく本格的な報復に乗りだした。オバマは、スパイ活動に使われていたと思われる二か所のロシア外交施設の閉鎖を命じた。そして三五人のロシア人外交官を追放した。アメリカの情報機関は、その多くが外交官の立場を隠れ蓑にした工作員だとみなしていた。さらにオバマ政権は、ロシアの個人や団体に経済制裁を科した。

オバマは密かに、もっと攻撃的な手段をとることを考えていた。たとえば、ロシアの重要インフラのネットワークにサイバー兵器を仕込むという国家安全保障局（ＮＳＡ）の計画に着手するのもそのひとつだった。そうしてロシアがアメリカに対して新たなサイバー攻撃を実行したら、システムを起動させていただろう。しかし、新しい大統領を迎えるにあたって、アメリカの報復は差しあたって完了した状態となっている。

元ＮＳＡ副長官のリチャード・レジットは、二〇一六年のロシアの介入に対するアメリカの対応が不十分だったので、ロシアは今後もアメリカの選挙にサイバー攻撃を仕掛けてくるだろうと考えている。

「我々は、ロシアにゴーサインを出してしまった」レジットは、苛立ちを露わにして言った。「悪いことが起こり続けるとわかっていながら何もしないのは、ひとつの方針だ。そういう前例をつくってしまうと、そうした行動が許されるものになってしまう」

レジットは、こうした批判は、さまざまな重要インフラを狙ったロシアのサイバー攻撃に対するアメリカの対応全般にあてはまるものだと言った。

「我々は、一貫した対応手段をもっていない。だからロシアはサイバー攻撃をやめないのだ」と、レジットは私に言った。「いったい次はどんな攻撃を仕掛けてくるだろうか?」

NSAの職員たちは、アメリカはロシアや中国をしのぐ卓越したサイバー能力をもっていると、何度も言っていた。だが、情報機関の職員たちは、アメリカがずば抜けて脆弱でもあると認めている。通信網、衛星、送電網、そして選挙といったサイバー攻撃に最も弱いとされるテクノロジーに依存しているからだ。

「アメリカは、他の国とサイバー戦争をするには向いていない。なぜなら、世界のほとんどすべての国より脆弱だからだ」とレジットは言った。「古いことわざにあるように、『ガラスの家に住む者は石を投げてはならない』のだ」

敵はこのアメリカの依存性をしっかり認識していて、アメリカの脆弱性につけ込む新たな方法を常に模索している。そうした試みは、海外諜報活動に限ったものではない。ロシアの民間テクノロジー企業は、ロシアの政府機関に技術へのアクセスを認めるよう法律で定められていると、アメリカ当局はみている。ロシアで最も知られている国際的なテクノロジー企業であるカスペルスキーもそのひとつだ。カスペルスキーのウイルス対策およびサイバー・セキュリティソフトは、長いあいだアメリカで広く使われてきた。だが、サイバー・セキュリティの専門家は、カスペルスキーの製品には、ロシアの情報機関がアクセスするためのいわゆる「バックドア」が埋めこまれていると考えている。カスペルスキーは、そうしたバックドアの存在を繰りかえし否定している。

「ロシアの情報機関が、法律に基づいてカスペルスキーに情報へのアクセスを提供するよう命じれば、カスペルスキーは世界のどこで事業をしていようと、それに従わなければならない」と、レジットは言った。「この法律は、ロシアで事業を行っている企業や、世界のどこかで事業を行っているロシア企業すべてに適用される」

それでも、連邦議会は二〇一七年一二月になってようやく、アメリカ政府の全コンピュータにカスペルスキーのソフトの使用を禁じる法律を通過させた。二〇一六年の大統領選挙に干渉するために、ロシアのハッカー集団が最初にアメリカの政治組織にサイバー攻撃を仕掛けてから二年以上経ってのことだった。その法制化を支持したジーン・シャヒーン上院議員は、カスペルスキーの製品をアメリカの国家安全保障に対する「重大なリスク」と呼び、こう言った。「カスペルスキーに対する訴訟事例は、十分な証拠書類による裏づけがあり、非常に憂慮すべきものです。この法律は、ずっと前に制定されていなければならなかったものです」[5]

レジットや他のアメリカ情報当局者たちは、「モノのインターネット」の拡大が家庭にもたらした、冷蔵庫から〈アレクサ〉のような音声起動型の機器までのさまざまなインターネットに接続された機器を、目の前にある新しく明白な「危険」だと考えている。

レジットは、自分の家族に家で「モノのインターネット」に関わる機器を使うことを禁じている。

「いまだきちんとした基準がなく、そうした機器は私が望むようなセキュリティ・プロトコルを備えていない」と、レジットは言った。「私は、アレクサや、アマゾンの同等品も持っていない。なぜなら、遠隔操作が可能な指向性マイクを備えているからだ」

アメリカの際立つ脆弱性のひとつは、簡単に解決できるものではない。二〇一六年のロシアによる選挙への干渉は、この国のはっきりと分裂した政治形態が、ロシアの影響工作に格好の場を提供している。フェイクニュースを、アメリカの政治的な対話の場に無理やり持ちこむ必要はない。すべて鵜呑みにされてしまうからだ。ときどき、トランプ大統領とプーチンは同じ論点を共有しているように思える。ひとつのいい例が、二〇一六年のロシアの干渉に関する疑惑に耐えていることだ。

リチャード・レジットは、その点になると怒りを露わにした。

「私は、インテリジェンス・コミュニティのアセスメントで検討されたすべての情報を、ひとつひとつ精査した。インテリジェンス・コミュニティのあらゆる部門からあがってきた情報をすべてだ」レジットはそう語った。「コミュニティ・アセスメントに参加した分析官と、七、八時間かけて話しあった。はっきり言えるのは、犯人はロシアで、プーチン大統領の指示によるものだったということだ。それは間違いない。どんな理由であれ、それを受けいれないのは、O・J・シンプソン裁判の陪審員がDNAを信じないのと同じようなものだ。だが、それもひとつの意見だ」

先のことを考えると、二〇一六年の成功に味をしめたロシアは、これからアメリカで行われる選挙やその他の重要インフラを標的とするだろうと、レジットは考えている。

「絶対、そうすると思う。ロシアが行動を変える理由などあるだろうか？」と、レジットは言った。

ロシアは、送電網、通信システム、水処理システムといった他の重要インフラへも侵入したことがある。そうした侵入による攻撃は、戦争となれば、ロシアに重要なシステムを遮断するという手段を与えてしまう。

「そこまで行けば、これは武力戦争の一部、もしくは武力戦争のまさに前触れだと思う」と、レジットは言った。

「ロシアや中国、そしておそらくは北朝鮮やイランも、戦争になれば、電気送電網や通信システムや金融部門といった重要なインフラに影響を与える力をもっている」

だが、ロシアは武力戦争になるぎりぎりのところにとどまる方を望んでいる。ロシアの目標は、耐えきれないほどの負担を強いるような報復を受けることなく、アメリカにダメージを与えることだ。アメリカにとって危険なのは、そのダメージがいまのところ、ちょうどなんとか無視できる程度のものであることだ。レジットは、ぬるま湯に浸る「ゆでガエル」の譬《たと》えをあげている。

「ロシアは絶えず、だがゆっくりと〝カエルが茹であがる〟ところまで温度をあげていく」と、レジットは言った。「アメリカに対しても、同じことをしているのではないかと思う。だから、その限界値をリセットするのだ。意味のある対応をしなければ、それを阻止できないからだ。それが、新しい基準となり、新しい出発点となる」

「二〇一六年の大統領選挙への干渉は、ロシア政府にとって大きな勝利となった」と、レジットは警告している。「多くの人物が胸につけるメダルを貰って、昇進したに違いない。私が上司だったら、そう取り計らっただろう。それだけの働きをしたからだ。大した費用もかけず、ロシアは実質的になんの代償も払わずに、アメリカの地位を貶《おとし》めたのだ」

◉教訓

二〇一六年のアメリカ大統領選挙へのロシアの干渉は、比較的単純な誘導工作が、世界最強国家の選挙を動かし、アメリカの政治システムと、アメリカとロシアのあいだの最も慎重を要する安全保障問題に、深刻な影響をもたらす可能性があることを立証した。ロシアが、トランプ陣営のメンバーをはじめとするアメリカ国民の支援と知識を得てそれを成しとげたのかどうかは、いまだにわかっていない。だが、ロシアの介入に対するトランプ大統領と共和党の疑わしい対応は、アメリカが一団となってクレムリンに抵抗しないことを示している。それによって、ロシア政府はさらにつけあがり、似たような干渉を再び試みるに違いない。

二〇一八年の中間選挙に向けて、ロシアは着々と攻撃の準備を進めている。それは、二〇一六年の介入に対してアメリカがとった、主として経済制裁というかたちの対応が、ロシアの悪意ある行動を抑止するには不十分だったかもしれないことを示している。最近になってトランプ大統領は、ペンタゴンとサイバー軍に、海外からのサイバー攻撃に対してはアメリカも独自のサイバー作戦で対抗することを許可した。だが、どの程度の海外からの干渉がそうした対応を始動させるきっかけとなるのかは、はっきりしていない。アメリカのサイバー専門家と政策立案者たちは、現在および将来の選挙の完全性を維持するには、信頼できる攻撃的な抑止手段と、より効果的な防衛手段の両方が必要だという点で、意見が一致している。アメリカが、その両方を手にしているのかどうかは、はっきりとはわからない。ロシアだけでなく、中国、イラン、北朝鮮といったアメリカに敵対する国々も、同じように選挙への干渉を試みたか、その実験を実施したという証拠がある。アメリカがそれに対する力を備えないと、選挙プロセスに対するアメリカ国民の信頼が失われ、アメリカの民主主義の活力が削《そ》がれる恐れがある。人々の意識にそれがひとたび刻みつけられると、元に戻すのは困難だろう。

第八章

潜水艦戦争

――ロシアと中国

北極圏の景観は、砕けた氷でできた青灰色の万華鏡のようで、暗くうねる海面に漂うガラスのかけらに似ていた。だがこの見渡す限りの氷原は、決してじっとしているわけではなく、地球の自転によって調整されながら、その氷は解けたり凍ったりを繰りかえしている。気候の温暖化が、この魅惑的な動きを加速させている。毎年夏になると多くの氷冠が溶けるが、冬になって再び凍る氷冠はそれよりも少ない。二〇一八年の二月と三月の海氷は観測史上最も低いレベルとなり、一九八一年から二〇一〇年の平均を五〇万平方マイルも下回った。[1]

二〇一八年三月、四八歳の誕生日を翌日に控えた私は、アメリカ最北端の町のひとつであるアラスカ州デッドホースで、ターボプロップ旅客機ツイン・オッターに飛びのった。向かった先は、北極点からさほど離れていない北極の氷のうえに設営されたアメリカ海軍のキャンプだった。その日私が乗ったのは、チャーター機のなかでもかなり古い機種で、乗客と乗員を氷点下の外部とかろうじて隔てていたのは、木の床と薄い金属の壁だった。三月のデッドホースは、暖かい日でも気温は華氏で一桁（摂氏マイナス一〇度以下）になる。当日朝の空港の温度計では、気温が体感温度を入れなくても華氏零度（摂氏マイナス約一八度）だった。

私たちの目的地は、アメリカ海軍の訓練「ＩＣＥＸ２０１８」のための指令センターとなるアイス・キャンプだった。三隻の攻撃型原子力潜水艦——うち二隻がアメリカ、一隻がイギリスのもの——が、潜水艦作戦の極地訓練を行うために、これからの三週間を世界で最も過酷な環境で過ごすのだ。数日前に先着部隊が、キャンプのそばに滑走路を掘りだしていた。重さが三トンあるオッターが、時速一〇〇マイル（約一六〇キロメートル）で着陸するのに耐えられるだけの氷の厚さがある場所を、慎重に選んでいた。安全マージンはごくわずかだったので、飛行機の総重量が最大制限重量を越えないように、私も含めて乗客全員が服を着たまま体重を測っていた。防寒着を着てリュックと寝袋を抱えた私は、二四八ポンド（約一一二キログラム）あった。

デッドホースを飛びたってから九〇分経つと、アイス・キャンプが見えてきた。登山のベースキャンプに似たこのキャンプはわずか数日で建設されたもので、食堂、就寝所、そして目立つ黄色をしたトイレといった、いくつもの頑丈なテントが半円形に並んでいた。キャンプにいた潜水艦チームは、面白半分に部屋の外に空気注入式のヤシの木を置いていた。ここでは気温がマイナス四〇度にもなり、最も寒い日のエベレスト山頂とほぼ同じだった。

空中から見ると、キャンプの周囲は固定されているように見えたが、北極氷原は、常に動いている浮氷塊がジグゾーパズルのように組み合わさってできている。このキャンプは、四平方マイルの浮氷塊の上にあり、その浮氷塊は時速〇・五マイル（約〇・八キロメートル）、一日につき約一二マイル（約一九キロメートル）の速さで東南東へ移動していて、海中では一万フィート（約三キロメートル）の深さがある。北極の氷は多冬極氷《マルチ・イヤー・アイス》として知られており、北極で生まれて数年かけてできたこの氷は、長い距離を南へ移動してやがて温かい海水のなかで溶けていく。その過程で、元の海水に含まれていた塩分が再び海へと滲《し》みだし、後には魅惑的な澄んだ青色をした淡水氷が残る。北極の氷は生命体であり、常に動いていて生と死を繰りかえしている。ここでは永久に変わらないものはない。だが、地球の温暖化が進むにつれて、ライフサイクルが短くなりつつあり、アメリカの潜水艦隊に課題を提示している。

　アメリカ海軍の技術者は、北極のこの区域を数週間にわたって調査し、アイス・キャンプを支えることができるくらい氷の厚い場所を探していた。氷が薄いと命取りになる。二〇一六年の訓練では、数分のうちにキャンプの真ん中に亀裂が現れ、避難を余儀なくされた。適切な場所を選ぶのが、ゴルディロックスの課題（適度な状態にあるものを選ぶたとえ）だ――氷はキャンプを支えられる程度に厚く、アメリカの潜水艦が浮上するときに割れる程度に薄くなくてはならない。

　私たちの乗ったツイン・オッターは、キャンプの周りを大きく旋回してから、着陸態勢に入った。私は氷でできた滑走路は初めてだったので滑るものと思っていたが、氷の表面に積もった粉雪のおかげで飛行機はすぐに減速した。パイロットがドアを開けると、北極の突風が即座に吹きつけてきた。スキーゴーグルとフェイスマスクのすきまの肌がむきだしになった部分――直接空気に触れるのはこの部分だけだった――は、数秒で感覚がなくなった。

　飛行機の外にでると、北極は知らない惑星の表面のように見えた。太陽はまばゆいばかりに明るく、どこまでも広がる白一色の世界を照らしていた。絶え間なく吹きつづける風が一面の氷の上の雪を動かす音があまりに大きくて、周りの声が聞こえないほどだった。私はミリタリー・グレードの防寒服を重ね着していたが、すぐに寒さが四肢を直撃した。革と毛皮でできた服に身をつつんだ初期の探検隊がここを重い足取りで歩く姿を想像して、彼らを前進させ続けた強靭《きょうじん》さと野望に驚嘆した。

遠くでは、私たちがこれから数日間乗船する潜水艦が水面からその上部をのぞかせていた。アメリカ海軍の〈ハートフォード〉は、ロサンゼルス級攻撃型原子力潜水艦で、その日早くに氷を突破していたのだった。巨大な黒い潜望塔だけが、まるで潜水艦本体から切り離されたかのように姿を見せていた。ロサンゼルス級潜水艦は世界でも最大規模のものだが、北極の景観のなかでは、〈ハートフォード〉が非常に小さく見えた。北極の氷のうえから見ると、小さな町ひとつ分の電力を供給することができる原子炉を搭載した巨大な金属製の葉巻が、とつぜん魅力的に見えてきた。私はハッチを這うようにして下りると、暖かな内部に入った。潜水艦に乗りこんでみると、そこは外部と遮断された世界だ。ラスベガスのカジノと同じように、潜水艦の内部では時間も外の様子もわからない。スピードを出していても、動きを感じるのは、大きな方向転換や急上昇あるいは急下降をするときだけだ。どこからか静かな機械音が聞こえていて、外の水温がカリブ海では八〇度（摂氏約二七度）、北極で氷点下であっても、なかの温度は不思議と常に約六八度（摂氏二〇度）に保たれている。想像していたのとは違って、内部は乾燥している。潜水艦には自然の凝縮装置のような機能があり、内部の湿気を濾過《ろか》して艦外へとだしているのだ。

だが、これが戦争兵器であることがすぐにわかってくる。現代の攻撃型原子力潜水艦は非常にすぐれたエンジニアリングの驚異だ。原子炉は一六五メガワットの電力を、燃料を交換することなく三〇年以上産出する。この潜水艦の武器庫には、前進式の魚雷発射管が四つと、一二のミサイル垂直発射システムがあり、海中と海上そして陸上の標的を攻撃することができる。

武器と推進システムで内部の半分以上が占められているため、寝台の数は一二〇にも満たない。それは、階級が一番低い兵役についたばかりの乗組員は、潜水艦乗りが「ホット・ラッキング」と呼ぶ試練に遭遇することを意味する。窮屈なまるで棺桶のような寝台を、八時間交代で共有するのだ。

ゲストとして乗り込んだ私には専用の寝台があてがわれたが、私は身長が一九〇センチ近くあるため体を伸ばすと頭とつま先がつかえ、鼻先と上の寝台との隙間は一五センチもなかった。潜水艦の乗組員たちが、この寝台を棺桶になぞらえたのも道理な話だった。

空間はとても貴重なので、少しも無駄にはできなかった。座席や寝台の下や壁の後ろは、すべて何かの保管場所となっている。食堂の座席の下も調味料置き場となっていて、それぞれの置き場には「ケチャップとマスタード」「バーベキューソースとA1」といった調味料の名称が几帳面に書かれていた。通路を進んで三つあるデッキの階段を上り下りするには、鋭い空間認識力が求められる。どこかで立ちどまると——トイレのなかでさえ——誰かの邪魔になってしまう。そのため、狭い艦内をすばやくかつ慎重に動けるようでないといけない。潜水艦の乗組員たちの複雑な動きは、まるで優雅にシミー（上半身をゆすって踊るジャズダンス）を踊りながら前後左右へ進んで行くように見えた。彼らは微笑みと会釈を絶やさずに、それをこなしていた。

乗組員たちの勤勉さは、潜水艦での仕事に適している。潜水艦部隊は「サイレント・サービス」と呼ばれている。それは、彼らの敵にこっそり近づく能力と、海での過酷な状況や長期間の孤立した状態に直面したときに見せる特有の謙虚さのためだ。六か月にわたる航行で、海面に浮上するのは一〇日もないだろう。それは、長期間外の世界と連絡がとれないことを意味している——

家族からのメールも、子どもたちからのスカイプによる連絡もない。

姿を隠す能力も仕事の一部だ。潜水艦隊のモットーは「神出鬼没」。潜水艦には、移動範囲と潜航時間と音の静かさの総合力で、世界のどこにおいても——特に北極圏で——軍事力を示す特有の力がある。北極は一年のほとんどの期間、いまだに潜水艦か破氷船でしかたどりつけない区域だ。ロシア海軍は破氷船を何十隻も所有しているが、アメリカ海軍には一隻もない。アメリカ沿岸警備隊は、破氷船を二隻もっている。だが、アメリカ海軍にとっては、潜水艦がいまだに北極圏での作戦に——そして必要ならば戦争にも——最適な選択肢となっている。

潜水艦は、アメリカの核抑止において計り知れないほど大きな役割を担っている。核兵器の大部分を地上のミサイル発射基地に配備しているロシアとは違って、アメリカ海軍の潜水艦は、アメリカが所有する核弾頭の七〇パーセントを搭載している。地上のミサイル基地は標的にされて破壊されることがあるが、潜水艦は常に動きまわっているので、敵には見えないも同然だ。つまりアメリカの潜水艦は、敵の領土にミサイルを撃ち込むことができる位置に前触れもなく到達して、核による最終戦争《アルマゲドン》を仕掛けることが理論的には可能なのだ。

弾道ミサイル潜水艦一隻がもつ破壊力は、想像を絶するものだ。オハイオ級弾道ミサイル潜水艦は、〈トライデントⅡ〉潜水艦発射弾道ミサイル（ＳＬＢＭ）を二四本搭載している。このミサイルは空中に打ちあげられると、音速の二四倍で進み、弾頭が八つに分かれて、八つの異なる標的を同時に攻撃することができる。それぞれの弾頭の破壊力は四七五キロトンにもおよび、これは広島を全滅させた原子爆弾の三〇倍にあたる。つまり原子力潜水艦一隻に、広島二〇〇個分の広さを破壊する力があるということになる。

アメリカ海軍の〈ハートフォード〉は、世界最北のこの地でいったい何をしているのだろうか？　なぜアメリカ海軍は、最も強力な潜水艦のうちの二隻を北極に配備しているのだろうか？　そして、なぜいまなのか？　これがありきたりのミッションではないことは、すぐにわかってきた。

ＩＣＥＸは実弾射撃演習だ。そのミッションとメッセージの重大さは、疑う余地がない。今回の実弾射撃演習――〈ＴＯＰＲＥＸ〉と呼ばれる魚雷演習――が終了するまでに、訓練に参加した潜水艦は標的に向けて魚雷を四発発射していた。

氷の下を航行するのとちょうど同じように、氷の下で戦争をしようとすると、独特で困難な課題に直面する。北極の環境においては、〈ハートフォード〉のセンサー群が非常に有能だとはいえ、敵の潜水艦をその周囲の氷と取り違えることがいまだにあり得る。ＴＯＰＲＥＸの期間中に、アメリカ海軍は潜水艦の司令官や乗組員を招集して、どうすれば氷との違いを見つけて、敵の潜水艦を破壊できるかを説明した。

「違いが何かを全員にわからせるだけだ」と、艦長のマシュー・ファニングは言った。「我々は氷の下にいるので、自分たちの位置を把握する必要がある。ＧＰＳも他の通信手段も簡単には使えないからだ。そのため、とるべき軍事行動に対する考え方が変わってくる」

アメリカ海軍の潜水艦〈ハートフォード〉に関して言うと、魚雷演習はアメリカの歴史と深く関わっている。〈ハートフォード〉という名をもつ最初のアメリカ海軍艦艇は、蒸気を動力とする南北戦争時代のスループ型帆船だ。そして、その〈ハートフォード〉に乗っていたデイヴィッド・ファラガット提督が、メキシコ湾で南部連合軍と戦った際に「機雷がなんだ。全速前進！」というあの有名な指令を発したのだ。

TOPREXでの一番の任務は、潜水艦の乗組員たちが「アイスピック潜水艦」と呼ぶ敵の潜水艦を見つけ、狙いを定めて破壊することだ。意図的に氷の表面に紛れ込むため、数多くの追跡システムを使っても、敵や味方の船と氷そのものを区別するのは難しい。衝突やひび割れや水没といった氷の動きも雑音を生みだし、もともとかなり静かな敵の潜水艦の音をさらに捉えにくくしている。

「我々がいままで通り有能であることを、証明しつづけることが大切だと思う」と、ファニング艦長は私に言った。「これらの訓練は、この特殊な環境で役にたつと思われることをすべて実践するいい機会だ。北極は地上で最も過酷な環境のひとつと言えるからだ」

「二八度（摂氏マイナス二度）——計器では現在三一度（摂氏〇度）——の海水が、実際に潜水艦の操縦方法を変えてしまう」と、ファニングは言った。

潜水艦の視野は、四つの独立したセンサーに頼っている。トップ・サウンダーは電波を上方に向けて発し、氷の下面を表示する。サイドスキャン・ソナーは、右舷および左舷方向の周囲の様子を描きだす。そこに新しく加わったのがライブストリーム・ビデオカメラで、海面の映像をライブで提供している。これらのセンサーによってかなり視野が広がってはいるが、状況を完璧に認識できているとはとても言えない。さらに水中にいるために、GPSを使って自分たちの位置を知ることはできない。氷や水がGPSの信号を遮断してしまうからだ。

演習では、潜水艦同士でかくれんぼをする。二隻の攻撃型潜水艦が、「ラビット」と呼ばれる標的となる潜水艦を追跡するのだ。

北極の氷の下でのかくれんぼは——実際には、この環境で実施する潜水艦作戦はすべてがそうなのだが——独特な難しさがある。

北極の氷は上から見ると平らに見える。空中に向いた表面は、亀裂や低い雪だまりを除けば、おおむね平らだ。だが水面下は、起伏の激しい広大な山岳地帯のようだ。氷の塊同士がぶつかると、巨大な氷の板が下の方へ押しだされる。こうして、氷でできた竜骨《キール》状の突起が水面から下へと伸びてくる。それが潜水艦にとっては、とてつもなく危険なものとなるのだ。二〇ノットで航行する潜水艦がそのひとつに衝突すれば、装置が破損し、乗組員が負傷して、最悪の場合には船体に致命的な亀裂が入る可能性があるからだ。

「厄介なのは、頭上に屋根があることだ」と、海軍少将のジェームズ・ピッツが言った。「氷でできた天蓋だ。海中に突きだしている氷の突起は、一〇〇から一五〇フィート（三〇メートルから四五メートル）に達することもある」

氷の突起は、潜水艦の兵器システムも惑わせてしまう。魚雷がそうした突起のひとつを、船舶や潜水艦と容易に取り違えてしまうことがあるからだ。

二〇一八年三月九日の朝、〈ハートフォード〉は、氷の下で数時間かけて「ラビット」役の潜水艦を追跡していた。最先端のセンサー・システムをすべて駆使しても、その手際は正確とはいえなかった。アメリカの潜水艦は音が静かだし、氷の突起をはじめとしてさまざまな障害物が、隠れ蓑を提供しているからだ。私も自分でモニターを見ながら、標的とする潜水艦を示すブリップ（敵の所在を示すスクリーン上の輝点）はひとつも見つけられなかった。

「ラビット」を見つけたと確信すると、武器管理チームが攻撃の準備をして艦長の指示をまつ。攻撃する潜水艦とその標的がともに動いているとき、水中で一直線に狙いをつけることはない。

武器将校は、水流や魚雷の浮力に影響を与える水中塩分も考慮しなければならない。

魚雷ルームでは準備が始まり、武器将校が魚雷発射管1と2に水を満たした。発射準備の第一段階として、まず発射管を内部タンクの水で満たさなくてはならない。水を満たさないと、海水圧が一平方インチあたり四二ポンド（一九キログラム）の力で船体を圧迫しているために、発射管のドア《マズルドア》が開かない。水を満たすと圧力が同じになり、ドアを開けて魚雷を発射管にセットすることができるのだ。

数分後に武器将校が叫んだ。「発射管1、発射準備！」

次に「発射管2！」

圧縮された空気が魚雷を前方に押しだすとき、発射管がシューという音をたてた。すると、耳が痛くなるほど潜水艦内の気圧が変わるのがわかった。

潜水艦ではすべてがそうであるように、魚雷発射のメカニズムは正確なものだ。発射管を完全に満たすのではなく、魚雷を標的に届かせるのにちょうど十分な空気が放出される。残った空気は、魚雷が発射されてマズルドアが閉まると、再び艦内に還流される。そうしないと水泡が水面まで上がっていって、敵に潜水艦の位置を知られてしまう。この発射管にはすぐに海水が注入される。発射した魚雷の重量を埋め合わせて、潜水艦が一定の深度を保ちながら静かに航行できるようにするためだ。

あとは待つだけだった。標的となる「氷の突起でできた潜水艦」は、二マイル（三キロメートル強）離れたところにいるからだ。アメリカ海軍の魚雷の正確な速度は、機密扱いとなっている。だが司令官たちによると「潜水艦自身の速度の二倍程度」だ。魚雷の速度も潜水艦の速度も機密となっているが、潜水艦は二〇ノット以上、魚雷は四〇ノットを越えて時速五〇マイル（約八〇キロメートル）近くだと一般には推測されている。

待っているあいだに、ファニング艦長が私にこう言った。「これは、海の真ん中で成功すると証明されていることが、氷の下でもうまくいくかどうかを知るいい機会だ」

数秒後、発射管理チームから、魚雷が標的を爆破したとの連絡が入った。〈ハートフォード〉が、敵の潜水艦をやっつけたのだ。

そして今度は新しい敵を捉えようとしていた。武器将校が再び敵の潜水艦に照準を定めた。

「発射管4、発射用意！」武器将校が叫んだ。

そして最後に「発射管4、発射！」二番目の敵艦も爆破された。


氷の縮小によって、北極は不毛地帯から、機会と紛争の可能性のある地へと姿をかえた。いままで触れることのできなかった膨大な石油資源が、いまや手の届くところにあるのだ。一八世紀の昔から海洋国家にとって夢だった北極海航路が、現実となりつつある。そして新たに開かれた商業用の航路は、戦艦や潜水艦も利用することができる。アメリカとロシアの領土の境は、一番近いところではわずか数十マイルしか離れていない。このシャドウ・ウォーの前線が、アメリカとロシアを接近戦に駆りたてている。これは、新しい「グレート・ゲーム」（一九世紀から二〇世紀にかけて起こった、中央アジアをめぐるイギリスとロシアの覇権争い）だ。

ＩＣＥＸ訓練は、アメリカの北極圏に関する野心を明確にすることを目的としている。こうした軍事演習は、冷戦終結後は次第に減っていたが、ここ数年で再び増えてきた。イギリスは二〇一〇年に参加をとりやめたが、二〇一八年に再び訓練に加わった。シャドウ・ウォーのせいで国家防衛戦略の修正を余儀なくされている西側諸国は、アメリカだけではない。私はキャンプで、当時海中戦闘開発センター（ＵＷＤＣ）の司令官だったジェームズ・ピッツ海軍少尉と会った。ＵＤＷＣは潜水艦戦争のために、海軍の訓練を実施していた。そしてロシアが北極をはじめ世界のいたるところで潜水艦隊を拡大するにつれて、ＩＣＥＸ訓練はいままで以上に重要になってきている。

「アメリカの国家防衛戦略をみてみると、我々が大国の競い合う環境にいることがよくわかる」と、ピッツは私に言った。「北極もその一部で、海軍が効果的に活動できるよう北極にきて演習を行っているのはまさにそのためだ」

現在のところ、アメリカの潜水艦司令官は、海中ではアメリカがロシアに対して優位を保っていると確信している。だが、その差が縮まりつつあることも認識している。

「我々は優位に立ってはいるが、敵は少しでも早く追いつこうとやっきになっている」と、ピッツは言った。「そこで海中戦闘開発センターでの我々の役目は、アメリカができるだけ多くの点で優位に立ち、潜水艦部隊がその優位性を維持できるようにすることだ」

「国防長官、海軍長官、海軍作戦部長（ＣＮＯ）といった上層部からの指導は、明らかにそれを示唆している。それに歩調を合わせ信じていることを実行するのが、アメリカが必要とする海軍だ」

ＩＣＥＸの実施中に、ロシアがアメリカの潜水艦を観察していたかどうかについて、ピッツは潜水艦乗りの控え目な強がりを見せてこう答えた。「見たいなら見ればいい。我々はちっともかまわない」

潜水艦は、この新たな「グレート・ゲーム」の槍の先端だ。〈ハートフォード〉のようなロサンゼルス級の攻撃型潜水艦は、冷戦のさなかにソ連海軍を念頭において設計された。そのミッションは、ソ連の潜水艦と戦艦を追跡して破壊することだった。だが、ソ連が崩壊してアメリカに対するロシアの脅威が減ると、こうした潜水艦は極めて先進的ながら明確なミッションをもたない戦艦になってしまったと、潜水艦の乗組員たちはみなしていた。その間の数年間に、対テロ対策に駆りだされてアフガニスタンやイラクの標的に向けて巡航ミサイルを発射していた。また海軍特殊部隊を配備するための改良も施された。だが現在は、ロシアの潜水艦や戦艦を追跡し、戦争が起こった場合には破壊するという本来のミッションのために、訓練を再開している。本来の任務にもどることを歓迎している潜水艦乗組員は、枚挙にいとまがない。

ＩＣＥＸ訓練は、〈ハートフォード〉のようなアメリカ海軍の潜水艦が、北極でこのミッションを遂行できることを示すためのものだ。そしてそれを見せつけようとしている相手は、アイス・キャンプから飛行機ですぐのところに北限の海岸線をもつロシアだ。

「アメリカは、北極海に接している。そしてここに戦略的な関心をもっている」コネティカット州ニューロンドンに本拠をおく〈ハートフォード〉の部隊、第12潜水艦隊の司令官であるコモドア・オリー・ルイスは、私にそう語った。「それは世界共通の関心事だと思う。そして潜水艦を航行させるためには、是非とも必要な航路だと考えている。だが我々の戦略的優位性にとって重要なのは、必要なときにはいつでもそれを効果的に使うことができる、ということだ」

「アメリカは北極圏の国だ」と、ルイスは言った。

しかし、ロシアも北極圏の国だ。ましてや海岸線の五〇パーセントが北極海に面しているので、その存在感と依存度はアメリカをはるかにしのぐものだ。ロシアにとって、北極は戦略的に価値があるだけではない。生き残りがかかっているのだ。そのためロシアはこの地域を主権領域とみなしている。

そうした立場を明確にするために――そして北の領土を守ることで力を示そうと――北部の海岸線全体におよぶ「鋼の弧《アーク・オブ・スティール》」を形成している。この鋼の弧をつくっているのは、五〇以上の飛行場、港湾、ミサイル防衛システム、軍隊、戦艦、そして当然ながら潜水艦だ。

ロシアは、より象徴的な別の方法でも力を誇示している。二〇〇七年にロシアの潜水艦二隻が、北極点の深さ二・五マイル（約四キロメートル）の海底に到達し、そこに高さ一メートルのロシア国旗を立てたのだ。それは記録的な潜航であり、メッセージ性の高いものだった。その国旗は、ロモノソフ海嶺《かいれい》に立てられた。ロシアは、そこがロシアの大陸棚につながっているので、国際法に従って、さらに五〇万平方マイルの北極圏の領土とその下に眠る豊富な石油に対する権利がロシアにあると主張している。[2]

二〇一五年には、ロシアは北極に関する野心をさらに積極的に示した。四月二〇日、ロシアの副首相であるドミトリー・ロゴージンがスヴァールバル諸島に上陸し、仲間と一緒に写した写真に「北極はロシアのメッカだ」というキャプションをつけてツイッターに投稿したのだ。問題なのは、スヴァールバルがノルウェーの領土だということだ――アラスカがアメリカの領土であるように。

ノルウェーはロシアの大使を呼びつけて警告したが、ロゴージンもロシア政府もひるむことはなかった。実際ロゴージンは、ロシアの北極構想の最も熱心な支持者のひとりで、歴史をからめたロシアの主張を組みたてていた。ロゴージンはスヴァールバルに上陸する前年に、北極に関する主張を続けながら、ロシア政府は過去の過ちを正しているだけだと書いている。そして、ロシアはアラスカに対する歴史的な権利をもっているとまで主張した。

「植民地の保有を断念したロシアは、ソヴィエト帝国の国々を手放したゴルバチョフとエリツィンの時代の外交手段について、いろいろ考えてみる必要がある」と、ロゴージンは書いていた。[3]これは一貫したメッセージであり、シャドウ・ウォーへのプーチンの取り組みの原動力となっている。プーチンは、ロシアは歴史の過ちを正し、旧ソ連諸国における支配勢力としての地位を回復して、世界でアメリカともっと対等になるのだと考えている。プーチンにしてみれば、そうした野心を実現するうえで主な障害となるのがアメリカなのだ。

ロシアが水面下での力を見せつけたのは、北極だけではなかった。現在ロシア海軍は、核攻撃弾道ミサイル潜水艦を、冷戦以来見たことがないような数、範囲、攻撃性のレベルで配備している。

「NATOはロシアにとって実存する脅威と見られている。そして冷戦終結後には、ロシアは、ロシアに迫るNATOの東方への拡大とアメリカの軍事力を、かなり直感的に脅威と感じている」と、当時ヨーロッパにおけるアメリカ海軍司令官で、いまは引退しているマーク・ファーガソンは、二〇一六年四月のインタビューで私にそう語った。

「ロシアは、潜水艦の備えている機能を向上させていた。もっと遠く離れた場所に配備して運用しているし、機能の改善もみられる」と、ファーガソンは言った。

ロシア政府は、先進機能をもつまったく新しいタイプの潜水艦を建造して配備している。その新しい潜水艦は、音がずっと静かで攻撃力が高く、より広い範囲で活動することができる。

「我々が目にしている潜水艦は、かなり音が静かだ。ロシアが、より高性能の兵器システムと、遠く離れた場所を攻撃することができるミサイル・システムをもっているのは知っているし、近海から遠くまで動きまわるので効率が改善しているのもわかっている」[4]

この新しいロシア海軍力の先駆けとなるのは、第955号計画〈ボレイ〉級核巡行ミサイル潜水艦と、第885号計画〈ヤーセン〉級核攻撃潜水艦だ。アメリカ海軍の司令官たちが最も懸念しているのはその静かさだ。ステルスが、潜水艦の主要な強みだからだ。音の静かな潜水艦は、敵の沿岸沖に突然現れると、ほとんど前触れもなく核弾頭の雨を大量に降らせることができる。

その点をより明確に示すために、ロシアの潜水艦はソ連時代以降姿を見せていなかった場所に定期的に出没している。ロシアの潜水艦は、アメリカ海軍の司令官たちが「グリーンランド・アイスランド・イギリスギャップ（GIUKギャップ）」と呼んでいる区域を群がって移動しているのだ。GIUKギャップは北大西洋の一画で、ロシアの北岸を起点にして大西洋までつながっており、西ヨーロッパ、アメリカ東海岸などへの入り口となっている。

ロシアは新たに六隻の潜水艦を黒海に配備し、特に一年中使用可能な不凍港から地中海へのアクセスを増やしている。また、クリミアをわずかに北上したところにあるノヴォロシースクというロシアの港に、新たな潜水艦基地も建造中だ。二〇一六年にこの基地の建設が発表されたとき、アメリカのロシア専門家たちは「ノヴォロシースク」が「新しいロシア」という意味であることを見逃しはしなかった。

二〇一五年のシリアへの介入以来、ロシアはタルトゥースにあるソ連時代の海軍基地を再開させた。かつてソ連の第五地中海部隊の本拠地だったところだ。この基地を再開する際に、ロシアの国営テレビネットワークＲＴ（旧ラジオ・トゥデイ）はこう報じた。「ロシアは、この基地で働く職員と隊員およびその家族の安全を保証するために、あらゆる種類の兵器、爆弾、機器、資材を、シリア・アラブ共和国の全土において、税金や課徴金を払うことなく自由に持ち込み、持ちだすことが認められている[5]」

ロシアがシリアに配備した戦艦のなかには、キロ級攻撃潜水艦があった。

さらに、アメリカのみたところでは、ロシアの潜水艦の動きが東地中海で活発になっている。北海艦隊から核攻撃潜水艦が移動してきたり、ロシアの潜水艦が黒海からシリアに向けてカリブル・ミサイルを発射したりしているのだ。

アメリカ海軍の司令官たちは、ロシアが海軍の増強を図っているのは、アメリカを含むＮＡＴＯ同盟国に旧ソ連諸国での活動を認めないという意思表示だと考えている。

「ロシアの作戦をみていてわかるのは、彼らがロシアの海事力の保護に注力するとともに、ＮＡＴＯが海事力を使って活動するのを阻止していることだ」と、ファーガソンは言った。「私が言っているのは、バルト海、黒海そして遠く離れたノルウェー周辺の北大西洋までだ」と彼はつけ加えた。

そうした地域はそれぞれ、エストニア、ラトビア、リトアニアのバルト三国とノルウェー、イギリスといったＮＡＴＯ同盟国と国境を接している。ロシアの新たな潜水艦配備は、アメリカが協定により戦時には防衛の義務を負っているＮＡＴＯ諸国への、直接的な挑戦だ。

ロシアは空においても力を誇示するようになっている。アメリカの空軍と海軍が、ロシアの軍用機による攻撃的な行動に遭遇する機会が増えているのだ。二〇一六年には黒海の国際水域で、ロシアの軍用ジェットがアメリカ海軍駆逐艦〈ドナルド・クック〉に異常接近を試み、横方向に三〇フィート（約九メートル）垂直方向に一〇〇フィート（約三〇メートル）の至近距離まで近づいた。冷戦以来これほどの異常接近を米軍が受けたことはなかった。

「こうした接近は以前にもあったが、今回はそれとは違う。戦艦までの距離も高度も飛行経路も、すべてが違うのだ」と、ファーガソンは言った。「我々は英語とフランスを使って無線で呼びかけたが、戦闘機はそれには応答せずにまっすぐ戦艦へ向かってきた」

最も警戒すべきなのは、ロシアの潜水艦がますます頻繁にアメリカの沿岸に姿を現すようになったことだ。そこには、ロシアの進化した潜水艦は、アメリカの国土をほとんどあるいはまったく警戒させずに攻撃することができる、という明らかなメッセージが読みとれた。

北極や世界のいたるところでロシアが活動を広げていることと、より進化した静かな潜水艦は、NATOの緊急意識にふたたび火をつけた。アメリカとNATOにとって、昔の冷戦時の敵国であるロシアと、昔の冷戦時の武器やミッションに再び焦点をあてるのは、衝撃的な逆行を意味する。一九八九年にベルリンの壁が崩壊し、その二年後にソ連が崩壊すると、NATOは軍事力を大幅に削減した。その過程でヨーロッパ諸国は、ロシアも同じように軍事力と軍事活動を縮小すると考えていた。これは、シャドウ・ウォーで西側諸国が犯しつづけた過ちだった。西側諸国は、ロシアが自分たちと同じ考えをもっているものと思い込んでいたが、ロシア政府の行動はその期待を見事に裏切っていた。

「冷戦終結後、NATOは海軍力、特に対潜水艦戦力を大幅に削減した。訓練の回数も減らしたので、能力と技能の両方が低下した」NATO事務総長のイェンス・ストルテンベルグは、二〇一七年一二月の状況説明のなかで記者たちにそう語った。

軍事力の縮小以外にも、NATOはそのミッションを大幅に変更した。ヨーロッパの防衛よりも、NATO域外で力を示すことに、熱意と関心を向けるようになったのだ。この新たな焦点が最も劇的に示されたのは、二〇〇一年九月一一日にニューヨークとワシントンDCが攻撃されたあとのことだ。NATO同盟国は、NATO同盟第五条を発動したのだ。この条項は、加盟国が敵の攻撃を受けたとき、他の加盟国に防衛に向かうよう求めるものだ。NATO軍は二〇〇一年一一月にアフガニスタンに派遣され、アルカイダという新たな敵と戦った。NATOは国境をさらに数百マイル東にいったところにまで、同盟活動を広げたのだ。

「一九四九年から一九八九年までに、NATOはひとつのことを行った。それはソ連を阻止するための、ヨーロッパの集団防衛だった」と、ストルテンベルグは言った。「その後ベルリンの壁が崩壊して冷戦が終結すると、NATOはヨーロッパにおける集団防衛をそれほど重視しなくなった。域外の安定性を保つことに注力する同盟となり、バルカン諸国やアフガニスタンでテロと戦ったのだ」

ロシアの軍事力拡大の兆しは、ロシアが潜水艦の活動を活発化させるよりもずっと前、さらには二〇一四年のクリミア併合やウクライナ東部への侵攻よりも前からあった。実際には、二〇〇八年にロシアがグルジアへ軍事介入した直後に、ロシアの新たな軍事的立場を明確に示す兆しが認められた。

その後、冷戦終結後では初めて、ロシアが軍事力を著しく拡大させた。「グルジアのあと、そして二〇〇八年以降、海軍力をはじめとするロシアの機能が著しく近代化された」と、ストルテンベルグ事務総長は言った。

ロシアのウクライナ侵攻やアメリカや西欧諸国に対するサイバー攻撃の増加と同じように、二〇一四年は重要なターニング・ポイントとなった。NATOとアメリカの司令官たちは、ロシアが潜水艦の能力に力を入れているのに気がついた。ロシアは二〇一四年以降さらに一三隻の潜水艦を配備した。それだけの短期間で行ったことを考えると、劇的な拡大だと言える。クリミア併合以降、高性能な最新型ミサイル潜水艦六隻を黒海艦隊に移した。そしてロシア海軍は、カリブル・ミサイルをはじめとする新兵器をその新型潜水艦に搭載して試験したり配備したりしたのだった。

ロシア政府は、そうした新型のより高性能な潜水艦を、ソ連時代以来活動してなかった地域に配備した。そうして地中海やアメリカ沿岸でも再び活動をはじめたのだった。「ロシアは冷戦後やめていた行動を、また再開したのだ」と、ストルテンベルグは言った。「潜水艦を増やしたことも問題だが、新たな行動や長年とっていなかった行動をとるようになったことも問題だ」

アメリカと同じように、NATOは自分たちの力を見せつけることで対応した、だが、NATOのリーダーたちは、ロシアについて過去の経験に基づいて話すようになっている。ロシアの拡大は、ヨーロッパの生存に対する脅威なのだ。

「NATOはいま、冷戦終結以降最大の集団防衛強化を図っているところだ」と、NATO事務総長は言った。

「そこには新しい課題もあって、NATOが対応している」

NATOは、二〇一四年にウェールズで開催されたNATOサミットで近代化にとりかかった。ロシアのウクライナ侵攻は、初期対応に遅れはあったものの、NATOに行動を起こさせた。NATOの軍事計画者は、すぐに潜水艦に注目した。

「我々は、対潜水艦能力を、埋めなくてはならないギャップだと認識している。そこで敵の潜水艦を探知することができる潜水艦、航空機、戦艦の数を増やして、我々の対潜水艦戦闘力を少しずつ強化してきている。つまりそうした訓練を増やしてきたということだ」と、ストルテンベルグは記者たちに語った。

アメリカは、はじめてヨーロッパにP‐8哨戒機〈ポセイドン〉を配備した。敵の潜水艦を追跡し、戦争が起これば破壊することにかけては、世界で最も進んでいる戦闘機だ。ロシアのもっとも重要な潜水艦基地に近いNATO同盟国のノルウェーは、自国用のP‐8の購入を決めた。NATOも対潜水艦戦闘のスキルをみがくために、実施する訓練の数を増やしている。北大西洋で実施されている対潜水艦戦闘訓練「ダイナミック・マングース」は、いまでは年中行事となっている。NATOは「ダイナミック・マンタ」と名づけた同様の訓練を、地中海で年に一度実施している。[6]

最も重要なのは、NATOが、ロシアからヨーロッパ大陸を守るという冷戦時代のミッションに、再びエネルギーと資源を投入するようになったことだ。ストルテンベルグは、特に二〇一四年を、NATOの歴史とその安全保障にとって極めて重要な年だとみている。

「我々は初心に戻って、もう一度ヨーロッパにおける集団防衛に注力する必要があった。問題は、国境を越えて危機を管理せざるを得ないということだ。そのためNATO史上はじめて国境を越えた危機管理をする必要に迫られている。そして同時に、ヨーロッパにおける集団防衛のための努力の強化に力を入れなくてはならない」と、ストルテンベルグは語った。

NATOのリーダーたちは、ロシアと戦争をする気はないと釘をさした。実際彼らは、強力な集団防衛を復活させることが、ロシアを牽制し、判断ミスや戦争を誘発する可能性を減らす最善の方法だと主張している。

「戦争を回避する最善の方法は、敵となる可能性のある相手に、我々には同盟国を守る力があるという明確な合図を送ることだ。そのためには、そうしたメッセージを発信できるような強い力をもつ必要がある」ストルテンベルグは、そう警告した。

NATOのリーダーたちは、集団防衛の基盤として、NATO条約第五条への同盟国のコミットメントについて言及している。ロシアの戦車隊の出動圏内に住むヨーロッパ人にとって、第五条は極めて神聖なものだ。

「NATO同盟国は、第五条によって守られている」と、ストルテンベルグはつけ加えた。「互いに守り合うという、同盟国の断固とした強いコミットメントによって支えられているのだ」

しかしそのコミットメントも、新たな課題に直面している。トランプ大統領は、NATOの同盟国が攻撃を受けたときにアメリカが防衛にあたるというコミットメントに対して、NATO設立以来初めて公に疑問を呈したアメリカの指導者だ。トランプの脱落は、長引いているNATOの予算折衝における交渉戦術だと擁護する者もいたが、NATO主要国全体にいまでも響きわたっている。

いまやアメリカの潜水艦による支配にとって、水面下に潜んでいる別の挑戦者がいる。それは中国だ。過去二〇年で中国はとてつもない進歩を遂げ、第二次世界大戦中のアメリカ海軍の造船スピードと遜色のないペースで海軍の増強を図っている。

「そのペースは実に速い。かなりの急成長と言える」〈ハートフォード〉の潜水艦部隊の司令官コモドア・オリー・ルイスは言った。「彼らの造船率は信じられないほど高く、その技能も向上している」

中国の成長のスピードを理解するために、まず数を見てみることにしよう。国際戦略研究所（IISS）のデータによると、中国人民解放軍海軍は二〇〇〇年には軍艦と潜水艦合わせて一六三隻を配備していた。それに対してアメリカ海軍は二二六隻だった。二〇一六年までに中国はその差を縮めて、両国の保有数はほとんど変わらなくなった（人民解放軍海軍が一八三隻、アメリカ海軍が一八八隻）。アメリカの軍事計画者は、二〇三〇年までに中国が――少なくとも数のうえでは――アメリカ海軍を追い越して、中国二六〇隻、アメリカ一九九隻となると予測している。

「中国は明らかに、現代海軍とその影響力をはっきりと認識している」と、ルイスは言った。「中国はこれから先ずっと手強い相手になるだろう。必要な均衡を維持するには、中国と肩を並べて競っていくしかない」

ＩＣＥＸは、この新たな挑戦者に対するアメリカ海軍の対応の一部だ。そして多くの潜水艦乗組員にとって、冷戦時代と同じ立場に戻るのは歓迎すべき変化だ。〈ハートフォード〉の艦長であるマシュー・ファニングは、一九九九年にアメリカ海軍兵学校を卒業し、二〇〇一年に原子力潜水艦〈ロサンゼルス〉——〈ハートフォード〉が属する「級」の名前となった——で最初の潜水艦任務についた。9・11同時多発テロが起こる八か月前のことだった。

「私が本格的にキャリアをスタートさせたころに9・11が起きたために、まわりはテロ対策一色となり、それが潜水艦隊にとって何を意味するのかを考えていた」と、ファニングは当時を思いだして言った。

彼にしてみれば、テロ対策は潜水艦の乗組員にとっては異例のミッションだった。

「いまでは、また致死率が問題になっている。潜水艦部隊の主要任務は、魚雷のような攻撃のための武器を脅威に対して活用できるようになることだ。そのため、それを実行する我々の能力に焦点が移ってきている」とファニングは言った。

彼の士官室で話をしていると、私には彼の興奮と安堵感のようなものが感じられた。彼は潜水艦乗りであり、いままでもずっとそうだったのだ。そして現在は、彼が潜水艦乗りの本来の任務だと思うことをしているのだった。

「この潜水艦を設計したときは、もっといろいろ考えていた」と、ファニングは言った。「この潜水艦はどんな任務もこなせると思っていたのだ。だが、この方がずっと自然な気がする。私が潜水艦での任務についた最初のころは、こうした攻撃を行う準備で、非常に浅いところで導水作業ばかりしていた」

そして「こうした深海こそ、間違いなく我々が任務を遂行すべき場所だ」と、つけ加えた。

水中ではロシアがアメリカにとっての最大のライバルで、潜水艦を進化させるだけでなく、まったく新しいプラットフォームも開発している。二〇一八年三月、プーチン大統領は、海の向こうまで核兵器を運んで敵の街を攻撃する能力をもつ水中ドローンを自慢していた。四期目をかけた選挙を数週間後にひかえたプーチンは、ロシアの連邦議会において、新兵器システムをコンピュータ・アニメーションで紹介する映像を映した巨大なスクリーンの前で得意げに演説をして注目を浴びた。スクリーン上では、核弾頭を搭載した無人水中ドローンが潜水艦から発射され、水中を速いスピードで移動したあとに、空中に飛びだして沿岸の都市を攻撃していた。

「ロシアはいまも主要な核保有国だ。誰も問題の核心について本気で我々に話しかけようとしないし、我々の話を聞こうともしない。いまこそ、我々の言葉に耳を傾けるべきだ」

プーチンは、自分が説明したものが、射程が限りなく長く、敵のミサイル防衛システムをかいくぐる能力をそなえた原子力巡航ミサイルであることも明らかにした。この新しいミサイルは超音速飛行が可能で、実際にまるで隕石か火の玉のように移動していたという。プーチンは、この新兵器がアメリカやＮＡＴＯの防衛システムをまったく役にたたないものにしてしまうだろうと、脅しを込めて断言した。[7]

ロシアの進歩は、潜水艦の司令官やさらにその上層部が、ロシアとの戦争の可能性について検討したり計画を立てたりする際に違いをもたらしている。

「ロシアは間違いなくレベルをあげているし、我々もレベルをあげている」と、コモドア・ルイスは私に言った。「立ちどまっていてはだめだ。競争はすでにはじまっている。何もせずにかつての栄光に甘んじているわけにはいかない」

アメリカが状況に適応しながら拡大を図っているように、ロシアはまったく新しいハイブリッド戦争に関するミッションに潜水艦を使っている。全面戦争が起きれば、潜水艦による戦争とハイブリッド戦争を組みあわせるつもりなのだ。ロシア海軍は弾道ミサイル潜水艦を改良して、より小型の深海潜水艦を搭載できるようにしている。その深海潜水艦は数千フィートの深さまで潜ることが可能で、海底に到達するとそこでさまざまな任務をこなす。もう何年ものあいだ、ロシアがこうした新しい潜水艦を配備して試験しているのを、アメリカはずっと見てきた。

「我々はいま、ロシアが海底ケーブルの近くで活動しているのを見ている。それを目にするのは初めてだと思う」二〇一七年二月に、NATOの潜水艦部隊の司令官であるアンドリュー・レノン海軍少将は、『ワシントン・ポスト』紙にそう語っている。[8]「ロシアは明らかに、NATOと、NATO加盟国の海底インフラに関心をもっている」

こうしたロシアの潜水艦は、大西洋でいくつもの任務をこなしている。アメリカ大陸とヨーロッパのあいだの大量の情報通信を司る海底ケーブルを見つけだして観察し、ときには操ったり移動させたりしている。

ロシアの別の潜水艦〈ヤンタル〉は、海底ケーブルを操作し場合によっては切断することのできる小型潜水艦を二機搭載できるよう改良されている。ヤンタルはノルウェーに近いロシアの港をベースに、北大西洋の海底に敷かれたケーブルで似たような作業をしているのが観察されている。[9]

第三のさらに大きな改良型のロシア潜水艦は、二〇一七年に北極で活動するために配備された。この潜水艦が投入されたとき、ロシアの日刊紙『イズベスチヤ』は、潜水艦の任務はロシア領の北極海大陸棚を調査し、鉱物を求めて海底の探索を行い、潜水艦通信システムを設置することだと報じた。[10]

アメリカ軍当局は、ロシア海軍がこの潜水艦で本当にやりたがっているのは、アメリカの潜水艦を見つけて追跡するための新たな潜水艦検知システムを、北極海の海底に設置することだと考えている。ロシア軍事科学アカデミーの教授であるヴァディム・コズーリンはそれについて多くを知っているようで、『イズベスチヤ』にこう語っている。「この潜水艦は、ロシア軍が北極海の海底に設置した水中監視システムを、世界中に展開することができる」[11]

コズーリンは〈ベルゴロド〉を、ロシア海軍で最もユニークな潜水艦と呼んでいる。

アメリカはロシアの意図をはっきりとは理解していないが、情報および軍事当局者は、アメリカと戦争になった場合にこれらのケーブルを切断するか使えなくする機能を完成しつつあるのではないかと考えている。そうなれば、一般市民や軍や政府の通信は、即座に破滅的な影響を受けるだろう。国際金融システムはこれらの回線が使えないと立ち行かなくなる。

この新しい潜水艦がもたらす脅威を査定したアメリカとNATOの軍事司令官たちは、戦争の可能性とヨーロッパおよびアメリカへの深刻な脅威について語っている。ヨーロッパとアメリカの通信が遮断されてしまうと、同盟はもはや意味がなくなる――北米とヨーロッパ大陸のあいだの通信回線とシーレーンがともに使えることが前提だからだ。

「NATOは大西洋をはさんだ同盟だ。軍隊や装置を、北大西洋を越えて移動させて北米とヨーロッパを結びつけることが重要だ。だが、当然ながら安全で利用可能な通信回線をもてるようでなければいけない」と、ストルテンベルグは語った。

ロシアの最新で最も謎めいた潜水艦は、そうした通信回線やシーレーンにとって明白な脅威となるので、同盟や同盟加盟国にとっても直接的な脅威と言える。


多くのアメリカの司令官の考えでは、潜水艦はアメリカが反撃する一番のチャンスをもたらす。「戦争の初期段階で潜水艦が果たす役割は、ますます重要になっている」と、コモドア・ルイスは言う。「潜水艦はただちにいろいろな場所に移動して、そこで他の部隊では難しいような行動をとることができるからだ」

「潜水艦部隊がまずドアを打ちやぶって、他の部隊があとに続くことがいまは必要だ」と、ルイスは言った。

潜水艦はますます頼りにされるようになり、世界中の軍事司令部のトップにとって大事な存在になっている。

「戦闘部隊司令官は、自分たちの重要度を潜水艦の数で判断している」と、ファニング艦長は言った。「我々はいま、若い士官時代に訓練を受けた、大洋での作戦に再び戻ってきたのだ」

アメリカの潜水艦部隊は、この新たな時代の潜水艦戦争にそなえて、独自の新しい武器を配備しているところだ。新しく開発された自立型無人潜水機（UUV）は、移動距離とアメリカ潜水艦部隊の能力を著しく拡大している。〈ハートフォード〉は、前進用の魚雷発射管や上方へ向けたミサイル発射管を通して打ちあげることのできる新型を含めたUUVの搭載が可能だ。

「UUVは急速に増えている」と、ファニング艦長は言った。

そしてその前任機と同じようにＵＵＶは、敵の潜水艦を追跡したり、海岸線や空母群を偵察したり、武器を運んだりと、いくつもの機能を果たすことができる。アメリカ海軍は、そう遠くない将来に、有人の潜水艦が数多くのドローン潜水艦の指揮統制を行う日がくるのではないかと考えている。

アメリカは現在五三隻の潜水艦を所有しているが、老朽化や予算制限により、二〇二〇年代の終わりまでに四一隻に減ってしまうとアメリカ海軍は言う。二〇一九年の軍事予算は、ペンタゴンの「３５５隻体制構想」の一環として一五隻の新たな潜水艦をつくるには、今後にわたって増額が必要だ。拡大する時期はいまのところ今世紀中頃を想定しているが、海軍によれば前倒しは可能だと言う。

「我々は、ロシアの潜水艦が現在どんな活動をしているかを一〇〇パーセント把握することはできない」退役したアメリカ海洋提督で、元ＮＡＴＯ最高司令官のジェイムズ・スタヴリディスは、ＣＮＮにそう語った。スタヴリディスは現在タフツ大学フレッチャースクールの学部長をしている。「アメリカの攻撃型潜水艦の方が優れているが、差はそれほどない。ロシアの潜水艦は、アメリカの空母群に実際に脅威を与えている」[12]

北極での訓練は、優位性を維持するためのアメリカ海軍による試みのひとつだ。

「いまや、大国同士の競争の時代に入っている。ここ北極で活動することで環境を知り、それに適合する能力を習得することが、さらに緊急を要する課題となっている」と、ルイスは言った。「いずれの場合も、ロシアはいまやっていることを、さらに速くうまくできるようになろうと努力している。ロシアはかなり熱心に取り組んでいるので、同じだけの努力をしなければ置き去りにされてしまうだろう」

北極の下でアメリカの潜水艦が実施している作業のなかで、もっとも慎重さと正確さを必要とするのは、氷を突き破っての浮上だろう。三月一〇日のズールー時間(協定世界時)一八時一三分に、〈ハートフォード〉の艦長および乗組員は、ICEXの一環で二回目の浮上を行う準備を進めていた。その日は、たまたま私の誕生日で、チョコレートのたっぷり入った手作りの誕生日ケーキを士官室でコックから貰ったばかりだったので、これから始まる演習がまさに素晴らしい誕生祝いになるのではないかと思っていた。潜水艦が、まるでコルクの栓がぽんと宙に飛ぶように、波の合間から飛びだしてくる劇的なシーンを目にしたことがあるかもしれないが、氷の下から浮上するのはそれとはかなり様子が違う。いわゆる緊急浮上《エマージャンシー・ブロー》というのは、水中で緊急事態が発生したときのためのもので、当然ながら水の中でしかできない。高速で航行しているのと、氷がセメントのように固い場合があるので、北極で浮上するにはゆっくりとした十分に調整をはかった上昇が必要になる。予想にたがわず北極の氷の上は身を切るような寒さだが、アメリカの潜水艦部隊にとって最大の課題は氷の下にある。氷の底面は、恐ろしい氷の突起《キール》でできた森を逆さにしたような景観を呈している。なかには二〇〇フィート(約六〇メートル)も下に向かって伸びている突起もある。北極の氷の下で航行したり戦ったりするのは、そこらじゅうに鍾乳石が垂れさがっている巨大な鍾乳洞のなかを動きまわるようなものだ。

北極の水は、他にも独特の問題をはらんでいる。古い海氷からは塩分が少しずつ滲みだしていく。多年氷には世界で最も純粋な水が含まれていて、まわりの氷の部分は完璧なアクアマリン色をしている。この真水でできた氷はやがて表面が溶けだし、最も浅いところに塩分をほとんど含まない水の層をつくる。真水は塩水よりも浮力が小さいので、潜水艦がふたつの層のあいだを移動するときは、安定した航行を維持するために潜水艦自体の浮力を常に調整しなくてはならない。

潜水艦の乗組員と司令官にとって、北極での最大の課題は、緊急事態にどう対応するかだ。外洋においては、火災から船体の破損まであらゆる緊急事態における最も安全な選択肢は即座に水面に浮上することだ。そうすれば救助が受けやすく、なによりもまず空気がある。だが数フィートの氷が目の前に立ちふさがっていると、浮上はそれほど簡単ではない。その難しさを考慮して、〈ハートフォード〉は乗組員のために酸素を余計に積んでいる。通常アメリカの潜水艦は、六日分の酸素ボンベを搭載している。北極での作戦では、それが三〇日分だ。それでも深刻な緊急事態の際には、乗組員たちは、船体やクルーを危険にさらさずにできるだけ早く浮上する方法を知っておく必要がある。

その第一段階は、理想的な厚さをもつ氷がどこにあるかを見つけることだ。割って進むことができる程度に薄く、乗組員とおそらくは人員輸送のためのヘリコプターの重みに耐えられる程度に厚くなければならない。攻撃型潜水艦にとって、ゴルディロックスの厚さは約三フィート（約九〇センチメートル）だ。〈ハートフォード〉は、氷上にいるチームの助けを借りて、氷の厚さが二、三フィートと思われる場所を選び、そこを「マービン・ガーデン」と名づけた。モノポリーに登場する架空の都市名で、この訓練ではそうした名前がよく使われた。

ズールー時間一八時一九分、〈ハートフォード〉はマービン・ガーデンの下を何度も通って、その場所をよく調べた。深度は一七六フィート（約五四メートル）に保ち、五ノット強（時速約一〇キロメートル）というゆっくりした速さで航行した。この深度では、許容誤差はほとんどなかった。着実な速度と深度を維持するには、推進力と浮力を常に調整しなければならない。ファニング艦長は、潜水艦の舵を操るふたりの下士官――ひとりは方向舵を、もうひとりは船首安定舵を担当している――に調整の指示を出しつづけた。ロサンゼルス級潜水艦は、フライ・バイ・ワイヤ（電気信号で操縦システムを制御する方式）ではない。操舵手は潜水艦の操舵装置と物理的につながっている。

ズールー時間一八時二八分、〈ハートフォード〉がマービン・ガーデンの真下を通過する。センサーが計算した氷の厚さは一七インチ（約四三センチメートル）で、最初の測定値よりも若干薄いがまだ安全範囲だ。ファニング艦長が再度一八〇度転回してもう一度マービン・ガーデンの下を通るよう命じる。ズールー時間一八時四二分に二度目の通過をした際に、航海士がスクリーン上で浮上地点にX印をつける。一八時四六分、その航海士が一度のソナー音でターゲットまでの距離を確かめる。映画『レッド・オクトーバーを追え！』を何度も観ていた私は（潜水艦を扱ったハリウッド映画のなかで、潜水艦の乗組員の多くが認めている数少ない作品のひとつ）、ソナー音のような「ボーン」という音がするのを待っていた。実際には鞭で打つときの「ピシッ」という音の方に似ていた。

ズールー時間一九時二分、ファニング艦長がインターコムで、艦内にいる全員にこう告げた。

「垂直浮上、準備！」そのときはまだ、七ノットよりわずかに速いスピードで、一七九フィートの深度を保ったまま航行していた。私は〈ハートフォード〉がこれから砕こうとしている氷を見ようと、上方を撮影しているカメラに目をむけた。水中では、上から見るよりもはるかに多くのひび割れや分離が見えた。潜水艦に乗りこんだときよりも、潜水艦をでて氷の上に立つときの方がずっと危険に思える。私は、この氷がどれだけちゃんとヘリコプターを支えることができるかは考えないことに決めた。

　ズールー時間一九時一二分に、ファニング艦長が告げた。「本艦は最終アプローチに入る。指示があったときは、しっかりつかまること」ズールー時間一九時一六分、艦長が「オール・ストップ」を命じた。〈ハートフォード〉は、浮上ポイントに向けて静かに進んでいく。五分後、〈ハートフォード〉は一〇〇〇ヤード（約九一〇メートル）離れた地点で最終アプローチに入る。艦長が再度インターコムで艦内に指示をだした。「全員、足を踏ん張れ」

　そのあとの三分間で、艦長は潜水艦の速度を巧みに下げていった。一〇〇〇ヤードで四・五ノット、九〇〇ヤードで三・九ノット、八〇〇ヤードで三・五ノット、七〇〇ヤードで二・九ノット、五〇〇ヤードで二・八ノット……。そして残り四〇〇ヤードを切ったところで、艦長が「オール・ストップ」と叫び、潜水艦の推進装置をとめた。さらに減速が必要だった。一九時三一分、艦長が「エンジン逆転、三分の二」と叫んでエンジンを逆転させて出力を三分の二にするよう指示した。一・七ノットに減速。一九時三二分、再度「エンジン逆転、三分の二」さらに一・一ノットまで減速。

〈ハートフォード〉は、いよいよ最終段階に入る準備が整った。「垂直浮上、準備完了！」ファニング艦長はそう叫ぶと、もう三回繰りかえした。「垂直浮上！　垂直浮上！　垂直浮上！」いまや、チームは一連のブローに取りかかった。潜水艦のバラスト・タンクから水を放出して、代わりに空気を入れるのだ。氷を通して「コルクを飛びださせる」ための手順だ。「五〇〇〇（ポンド）放出！」「三〇〇〇放出！」「五〇〇放出！」

艦長はふたたび言った。「全員、足を踏ん張れ！」

いまは操舵者たちが、傾斜が五度になるまで少しずつ〈ハートフォード〉を傾けていた。この傾斜はわずかなものだったが、ブリッジに立っていると、足元の床が動くのが感じられた。私の体は重力に押されたためか、ほんの少し前方に傾いた。

「四〇〇〇放出！」「二万放出！」そのときの深度は、一四〇フィートから一三〇フィートへと変わっていた。

ズールー時間の一九時三八分、〈ハートフォード〉は深度一二〇フィートのところにいた。上部撮影用のカメラを通して、潜水艦から立ちのぼる気泡が氷の底辺にあたって跳ねかえるのが見えた。「八〇〇〇放出！」

艦長は乗組員に対して最後の指令をだした。「しっかりとつかまれ！」そして、最後の放出が続けざまに行われた。一〇〇〇、二万、五〇〇〇。深度八〇フィート、傾斜五度、五〇〇〇ポンドと一万ポンドの最終放出——そのときそれが聞こえてきた。船体が氷をこするような柔らかな音、空気の吹き込む音、そして氷をかき分けて進む音。上部撮影用のカメラは、いまは真っ青な北極の空を映していた。

ファニング船長はインターコムで、乗組員の健闘をたたえた。氷を突き破って安全に浮上するのは、潜水艦の乗組員にとって最も困難な作業のひとつだ。浮上すれば当然ながら、北極を観察しているすべての目の前に姿をさらすことになる。それは、見つからないように行動するのが仕事の潜水艦にとっては、かなり意図的なことだ。

「北極での天然資源の開拓という活動は、ここが我々の排他的経済水域であるという主張を裏づけることになる。そして我々の潜水艦部隊は、アメリカ東海岸や世界中で活動するのとまったく同じように、北極で活動することができるのだ」と、ファニングは言った。

こんにちでは、アメリカと敵対しているロシアと中国が、潜水艦部隊の能力と活動範囲を拡大し、そのメッセージを発信していることが、危険をもたらしている。

「ゴロトン（コネティカット州）」の港を出るときはいつも、私は自分が厳しい環境で作業をしているのだと想定している。そしてそれを想像するのはさほど難しいことではない。潜水艦は水に囲まれていて、我々にとっては常に厳しい環境だからだ」と、ファニングは言った。「誰か他の相手がそこにいると常に想定すべきで、我々はそれに対応できるようにしておかなければならない」

◉教訓

いま現在生きているアメリカ人のほとんどが、アメリカの軍事的優位性が確固としていて挑む者のいない世界で育ってきた。だがそんな時代は終わった。中国もロシアも着実かつ急速に軍事力を拡大していて、アメリカの軍事的優位性を解消し、それぞれの国が影響力をもつ地域でアメリカが軍事力を発揮するのを妨げようとしている。その地域とは、ロシアにとっては旧ソ連邦諸国を、中国にとっては北京政府が「第一列島線」と呼ぶ、日本と台湾の西方と北方、およびフィリピンとボルネオの北方にある水域を指している。中国とロシアの潜水艦部隊への投資は、この戦略をはっきりと示している。その明確なミッションは、沿岸にいるアメリカの空母群を破壊する一方で、実力と核攻撃力を危険なほどアメリカ国土に近いところにまで及ぼすことだ。

アメリカ軍の司令官たちは、いまだに脅威的な潜水艦部隊を率いる者も含めて、中国やロシアの挑戦に耐えられると自負している。しかし、彼らにしても、アメリカの優位性は縮小しており、アメリカ側に戦略的かつ技術的な変化がない限り、やがては消えてしまうということを知っている。この変化には、より速くより静かなアメリカの潜水艦と、敵の速く静かな潜水艦を監視する能力が必要となる。敵の挑戦に立ち向かっていくには、新たな投資と、中国がすでに先行していると思われる超音速兵器のような次世代兵器システムの開発も必要だ。旧式艦——おそらくは、称賛を浴びている空母群も含む——に投資するだけでは、アメリカの優位性を維持するには十分ではない。アメリカにとって危険なのは、アメリカとロシアと中国が、大西洋、太平洋、地中海そして北極において繰り広げている「新グレート・ゲーム」に負けるという衝撃的な見通しだ。

第九章 シャドウ・ウォーに勝つ
――ロシアと中国が勝つのだろうか？

ロシアと中国が、シャドウ・ウォーに勝つのだろうか？　この本で述べた戦場では、彼らは新たな領土を占領し、アメリカと同盟諸国に損害を与え、主には盗みだした国家安全保障上の機密というかたちの戦利品を獲得した。ロシアはいまだにクリミアとウクライナ東部の大部分を支配している。中国もいまだに南シナ海につくった人工島を支配し、そこで軍事的存在感を増している。ロシアと中国は、アメリカの宇宙資産を脅かす衛星攻撃兵器を首尾よく配備して試験を行った。中国による、アメリカの国家機密と民間部門の知的財産の窃盗は、その効果が衰えていない。ロシアと中国のどちらもが、アメリカの政党と選挙システムへ介入する能力を示した。彼らの目的は、アメリカの政治プロセスに干渉することにあり、今後の選挙に関する不安材料となっている。それに加えてロシアは、トランスニストリア（沿ドニエストル・モルドバ共和国）に、さらなる軍事拠点を設けた。そして、二〇一六年にモンテネグロで起きたクーデター未遂事件のような非軍事的手段を使って、東ヨーロッパのいたるところで混乱を生じさせている。

こうした戦いにおける損失や失敗は、この二大敵対国とのより大きな世界的競争でアメリカが負けたことを意味してはいない。その競争はいまも続いていて、激しさを増している。だが、シャドウ・ウォーの早期の戦いで優勢となれなかったことが、アメリカの国家安全保障上の重要な利益を損ない、グローバル競争におけるアメリカの地位を弱め、全面戦争が起きた場合のアメリカの地位を弱体化させている。

アメリカの国家安全保障の当局者たちは、アメリカがシャドウ・ウォーに対して戦い防衛するよりよい手段を見つけなければならないという点で意見が一致している。ロシアと中国に行動を変えさせるだけの費用を負わせ、可能ならば彼らがすでに成し遂げた成果を無効とするか、そうした成果を維持できないようにするくらいの負担を強いるのだ。私が話をした現在および過去の国家安全保障および情報当局のトップたちが合意しているのは、いまのところそうした手段がアメリカの安全を守るレベルにはまったく達していないということだ。

なかには、一九三〇年代と比較して、ヒトラーのもたらした脅威に気づくのが遅れたアメリカを、こんにちの新しい野心的な敵対国との戦いで危機感を感じていないアメリカの、不穏な前例と見ている者もいる。第二次世界大戦中、アメリカはパール・ハーバーで日本の奇襲を受けて、ようやく考え方を改め断固とした行動をとるようになった。シャドウ・ウォーに特有の課題は、まさにそうした断固とした行動を起こさせないことを狙っている点だ。戦争になるぎりぎりのところにとどまり、現代のパール・ハーバーなしにアメリカを打ち負かそうというのだ。アメリカの最も重要な制度ともいえる大統領選挙に対する大胆な攻撃も、アメリカの指導者と一般市民を団結させて行動を起こさせるどころか、アメリカ全体をさらに分裂させるのに成功したのだった。

これにはロシア政府も歓喜したにちがいない。

私はアメリカと西側諸国の国家安全保障戦略に直接関わっている指導者たちに、どうすればシャドウ・ウォーに勝てるか意見を求めた。元国家情報長官のジェームズ・クラッパー、元国防長官のアシュトン・カーター、元CIA長官のマイケル・ヘイデン、元MI6長官のジョン・スカーレット——全員合わせると合計で一五〇年以上、国内外の脅威から西側諸国を守ってきたことになる。その誰もが、アメリカとヨーロッパの国家安全保障分野における「大きな視野をもつ人《ビッグ・シンカー》たち」で、定着した考えにとらわれることなく前向きに解決を模索するタイプだ。実際、彼らは、シャドウ・ウォーに勝つには一般的な戦術には当てはまらない対応や解決策が必要だということに同意している。

彼らが概ね合意している第一の、そして最も基本的な点は、アメリカは、ロシアと中国が設定した「ゲームのルール」によると、シャドウ・ウォーに敗れつつあるということだ。

「我々はそう考えている」クラッパーは素っ気ない口調で私に言った。「やつらは、それさえ越えなければアメリカが実際に反撃することはないという限界を心得ている」

「だから中国が南シナ海で何かをしようとするとき、ロシアがウクライナで何かをしようとするとき、やつらはそれぞれの思惑から、アメリカが利害をめぐって第三次世界大戦というリスクを冒すことはないだろうと踏んでいる。そうした計算をしているのだ」

「それに、やつらは我々のことをよく知っている」と、クラッパーは続けた。「中国もロシアも、アメリカのことを実によく研究している。そして、どの程度明確かはわからないが、限界を心得ている。どこまでが許容範囲かを知っているのだ」

ヘイデンも同じ意見だ。中国とロシアは、彼らが設定して用いはじめた「危険なゲームのルール」に基づいて、シャドウ・ウォーに勝ちつつある。

「シャドウ・ウォーは、彼らに有利な戦争だ」マイケル・ヘイデンは私にそう語った。

「そして彼らは多くのことを成しとげた」

この最終章では、彼らが提案した解決策のいくつかを紹介したい。アメリカの防衛強化から抑止力の増強や、中国とロシアに対する攻撃的な行動に着手する危険性の高い選択肢までいろいろある。

① 敵を知る

シャドウ・ウォーに関するひとつの一貫した教訓は、アメリカと西側諸国が、ロシアと中国を根本的かつ継続的に読み違えることによって、地位を失いつつあるということだ。

「希望があるとしたら、それはやつらがアメリカの姿を正確に映しだしているということだ」と、クラッパーは言った。

「ソ連時代が終わったとき、ロシア人は西側諸国の資本主義者によって民主主義体制に引きこまれるものと考えられた。ニクソンの中国訪問にはじまり、中国は西側の自由主義体制に入ることが大いに期待された」

確かに公共および民間部門の意思決定者たちは、いまになってようやく、ロシア政府や中国政府とどんな関係を築くことができるかについて、思い違いをしていたことに気づきはじめている。

「私の個人的意見では、それに気づくのが遅すぎた」と、アシュトン・カーターは言った。「一九九〇年代だったらこうなっていただろう、という期待を抱きがちだ」

「中国に関しては、中国との経済的な関係が、自分や国全体に経済的利益をもたらすという考えを捨てきれない人たちがいる」とカーターは言った。「そうした人々が認めようとしないのは、中国が共産主義独裁政権だということだ。中国はそれ以外の何者でもない。私は中国政府を変えるべきだと言っているのではない。だが、中国の政府がどんな政府かは認めるべきだ」

「同じことがロシアにも言える」カーターはそう続けた。「基本的には、一五年とか二〇年にわたって進んで警告を見逃してきたと言える。その傾向はアメリカだけでなく、ヨーロッパでも広く認められた」

ジョン・スカーレットは、二〇年以上イギリスの情報機関で働いてきた。モスクワの駐在部長も務めた経験があり、ロシアと中国の動機を一貫して捉えそこなったケースを目にしている。

「とりわけ理解しなくてはならないのが、相手の考えだ」と、スカーレットは言う。「そして、自分は相手の考えがわかっているのだろうかと、自問してみるべきだ」

スカーレットの答えは「ノー」だ。それを説明するために彼は、一九九一年にソ連が崩壊した際の西側の反応を例としてあげた。直後とその後の数年間、西側の指導者や政策立案者は、ロシアの指導者と一般市民のすべてもしくは大多数が、すぐに西側の価値観と野心を共有するものと考えていた。その当時スカーレットは、MI6のモスクワ駐在部長としてロシアに赴任していた。

「一九九一年に起こった壮大なスケールの出来事がどんな感情を引きおこしたのか、我々はそれについて十分深くは考えなかったのだと思う」と、スカーレットは私に言った。「私は、そのときその場にいたという事実に影響を受けている。突然起きた壮大で予想外の変化、前触れもほとんどない超大国の崩壊、威信の膨大な喪失、国家のトップレベルでの混乱――」

当時の感情と恨みは、西側の指導者たちが思ったよりも、はるかに深く、持続力のあるものだった。数年後、そうした力がプーチンと彼のロシアが台頭するのを後押しすることになる。プーチンは、失ってしまった超大国としての地位とソ連時代の威信を、西側のライバルの犠牲のもとに取り戻そうと決意していた。

「二〇一六年に人々が感じた驚きの感覚は、我々にはとても印象的だった。それに対していかに心構えができていなかったかが、よくわかったからだ」スカーレットはそう言った。「いまではそれが変わってきていて、それ自体は改善だと言える」

こんにちでは、ソ連の崩壊は、ロシア政府と中国政府の双方にとって教訓となっている。中国の指導者たちは、彼らが破滅的な過ちだとみなしている一九九一年の出来事を、ロシアの指導者たちと同じくらい熱心に研究している。同じ過ちを繰りかえさないためだ。こんにちのロシアと中国の行動は、ひとつにはその不安によるものだと言える。彼らは、そうした権力がもろいものだと知っているからこそ、どんな手段を使っても成長を遂げて権力を維持しようとしている――それもアメリカの犠牲のもとに。権力が崩壊する姿を目の当たりにしているからだ。

当然ながらロシアと中国は、その動機と行動に違いがみられる。クラッパーは、アメリカと中国の貿易関係に言及した。年間六〇〇〇億ドルという巨大な額は、両国の相互依存関係をかなりのレベルまで高めている。アメリカとロシアはそうした取引関係にないので、相互依存関係もそれほどない。

「中国の行動をある程度抑えているのは、アメリカと中国の経済が不思議と結びついているという事実だ」と、クラッパーは指摘する。「一方で、ロシアとは相互排他的な関係にある。ソ連時代もそうだったし、いまも変わらない」

シャドウ・ウォーに勝つには、アメリカと西側諸国の指導者たちが、こうした動機を理解して認識し、ひと世代近く抱えていた思い違いを捨て去る必要がある。こうした変化が、アメリカと西側の情報機関や軍ですでに起こりつつある。そしてそれが、西側諸国の軍事配備に反映されている。NATOは東の国境をロシアの軍事攻撃から守るために、大量の軍隊を配備している。アジアではアメリカが、南シナ海に中国がつくった人工島の周辺で「航行の自由」作戦を数多く展開するなど、軍事力を発揮している（こうした軍事行動については、この章の後半で詳しく述べる）。西側の情報機関は、ロシアと中国を対象とした人的および電子的な情報収集に、より多くの資源を充てている。だが、最も重要なところで危機感が欠如している。それは、アメリカ大統領とその側近の顧問や支持者たちだ。敵に関する認識が統一されていなければ、統一された行動をとるのは不可能だ。

② レッド・ライン（超えてはいけない一線）を設ける

アメリカと西側諸国がしばしば中国とロシアの考え方を理解できないのとちょうど同じように、ロシア政府と中国政府もしばしばアメリカと西側諸国の意図を誤解することがある。これには西側にも責任がある。明確な合図を送り、明確なレッド・ラインを設けることが、さらなる攻撃を抑止するためには絶対に重要だ。たとえば、アメリカの国家安全保障コミュニティでは、アメリカは選挙への干渉に関していまだに明確なレッド・ラインを設けていないという認識が広まっている。主には大統領が、その脅威を優先事項とみなしていないからだ。アメリカとNATOは、ヨーロッパでのロシアによる軍事攻撃に関しては、もっと明確で率直な態度を示していた。エストニア、リトアニア、ラトビアのバルト三国のように、ロシアの脅威に最もさらされやすいNATO加盟国が関わっているときは特にそうだ。

「レッド・ラインはバルト諸国の周辺だ」と、ジョン・スカーレットは言う。

確かにロシアは、このレッド・ラインを試していた。二〇〇七年の大胆なサイバー攻撃にはじまり、バルト諸国の国境でサイバー侵入や軍事行動をいまでも続けている。二〇一四年にロシアがクリミアとウクライナ東部に侵攻すると、NATOは軍事配備と東部国境地帯での軍事演習を増やす対応をとった。ロシアに向けたメッセージは「NATOは加盟国の領土内では、リトル・グリーンメンをはじめとしていかなる軍事活動も認めない」というものだ。少なくともロシア政府はそう受け取ったはずだと、スカーレットは考えている。

「彼らの行動をみれば一目瞭然だ。そしてそこにつけ込むつもりだ」と、スカーレットは言った。「いつだって、ぎりぎりのところを攻めてくるだろう。領空侵犯、海軍活動……だが、本当の武力攻撃と同じではない」

アメリカと西側諸国は、サイバー領域にはそうしたレッド・ラインを設けていない。二〇一八年にアメリカ情報当局の最高幹部が証言したように、トランプ大統領はアメリカの情報機関に対して、選挙を狙った攻撃を撃退するのに必要な手段を講じるように指示をしてはいなかった。中国に関しては、歴代の政権が、アメリカの民間および公共部門に対する強引なサイバー攻撃をやめるよう再三警告してきたが、そうした攻撃はいまも続いている。

③　敵が負担すべきコストを引き上げる

ハイブリッド戦争における中国とロシアの攻撃を妨害して阻止するには、攻撃を仕掛けることで彼らが負担することになるコストを引き上げることが必要だ。これまでアメリカは、比較的控え目な報復手段にこだわってきた。個人や企業に制裁というかたちの経済的コストを科し、敵対的な行為に関与した個人に対して刑事訴訟を起こし、攻撃を命じたり指示したりした指導者の名前を公表して非難してきた。こうした対応はアメリカの敵にとって高くついた。たとえば、ロシアはトランプを大統領の座につけることで、マグニツキー法を廃止もしくは弱体化させようと工作を繰りかえしたが、その結果トランプは大統領となったものの、ロシアの指導者たちは制裁を受けることとなった。だがこうした対応は、ロシアの攻撃的な行動を目にみえるかたちで変えることはなかった。

「アメリカを怒らせたら、プーチンは、自分が痛い目に遭うべきだ。私が思うに、どうもまだ十分に痛い思いはしていないようだ」と、アッシュ・カーターは言った。

最近では、国家安全保障当局者や政策立案者は、より手厳しい制裁を推奨している。中国とロシアの経済部門すべてに対する制裁もそこに含まれる。たとえば、核計画を撤回させるために課された国際的な制裁を北朝鮮が回避するのに手を貸したとして、アメリカは中国の国営銀行に対して制裁措置をとることができる。また、西側諸国がイランの核計画に対して実施したように、アメリカはロシアの石油商社や銀行に対して、ドル建ての金融取引を禁止したり制限を課したりすることもできる。ドル建ての取引を禁止すれば、プーチン本人にもかなりの罰を与えることになる。これまでのところ、オバマ政権もトランプ政権も、そうした大がかりな経済制裁は避けてきた。

「敵を知る」「容認できない行動を示す明確なレッド・ラインを設ける」「その容認できない行動をした場合のコストを引き上げる」――アメリカとヨーロッパ諸国は一貫性には欠けるが、ロシアと中国の攻撃に対抗してこうした方策を実施しはじめたところだ。しかしアメリカとヨーロッパの指導者や政策立案者は、攻撃と防御のための行動を網羅するさらに包括的な対応を、いまだに考案し議論しているところだ。

シャドウ・ウォーにおける形勢を変えるには、防衛と攻撃の組み合わせが必要だ。防衛には、ロシアと中国の宇宙兵器からアメリカの宇宙資産を守ることから、東ヨーロッパのNATO加盟国をロシアの軍事攻撃から守ることや、アメリカの選挙システムをサイバー攻撃や海外からの干渉から守ることまで含まれる。そして攻撃には、アメリカ独自の宇宙兵器を配備することから、海外の敵対国にサイバー攻撃を仕掛けることまで含まれる。

防衛に伴う課題は、アメリカの政策立案者や一般市民の目には緊急とも明白とも思えないような脅威に、かなりの資源をつぎこむことだ。二〇一六年の大統領選挙でのロシアの干渉に対する煮え切らない対応は、たとえ危険が緊急で明白なものであっても、それが必ずしも統一された適切な対応につながるわけではないことを示している。

「我々アメリカ人は、まだ自分の身に起こっていないことに対処するのがあまりうまくない」とクラッパーは私にそう言うと、論点を明確にするためにひとつの仮説を提示した。「二〇〇一年の夏に、当時CIA長官だったジョージ・テネットがこんな発表をしていたとする。『我々はアルカイダに懸念を抱いている。ハイジャックした旅客機をミサイル代わりに使ってビルに突っ込ませる計画を立てていると知ったからだ。計画の詳細はわからない。だがその結果、いま全国民に、二時間前に空港に行き、検査のために靴を脱ぎ、持ち込む液体を一〇〇ミリリットル以下として、電子スキャンを——場合によってはボディチェックも——受けてもらうことになる』テネットはいったいどんな対応を取るべきだったと、きみは思う？」クラッパーがそう訊ねた。

「テネットの言うことは、真剣には聞き入れてもらえなかっただろう。陰で笑われていたかもしれない。誰しも、自分で実際に経験していない脅威を、本当に理解することはできないからだ」

「同じことがサイバー領域や宇宙についても言えると思う。どちらも直接目にすることはないからだ」と、クラッパーは言った。

防衛に関する課題は、うかつに広範囲におよぶ紛争を引きおこしたり、アメリカが敵に対して仕掛ける行動よりも深いダメージをアメリカにもたらすような報復を招いたりしないよう、攻撃的な対応を調整することにある。その目標は、アメリカの得意分野でロシアと中国に勝つこと、つまり実際の武力戦争になる直前のところにとどまりながら、シャドウ・ウォーで優位に立つことだ。だが、アメリカはどうやってそんなバランスをとるのだろうか？　そしてサイバー戦争を引きおこす契機となる基準は、どこにあるのか？　NATOの東部国境地帯？　宇宙？　その不安定なバランスをとることが、いまでは国家安全保障コミュニティで大きな議論の的となっている。

極めて重要なのは、攻撃と防衛が密接に結びついていることだ。フットボール場におけるものとまったく一緒で、信頼できる攻撃《オフェンス》は、信頼できる防御《ディフェンス》なしにはあり得ない。そしてシャドウ・ウォーにおいては、西洋社会特有の開放性のために、アメリカやヨーロッパ諸国が本当に信頼できる攻撃を仕掛けられるかどうかは、はっきりとわからない。これは、特にサイバー領域について言えることだ。

「私は、ホワイトハウスのシチュエーションルームで、これについての長時間の議論に何度も参加してきた」と、クラッパーは言った。「そこで私が認識した問題は、防御力によほど自信があって、万が一報復を受けたとしても回復できるようでない限り、サイバー攻撃について話し合ってもほぼ無意味だということだ」

危険なのは、アメリカはシャドウ・ウォーにおいて非常に脆弱なので、実体的な変化をともなわない費用の増大を負担しきれないかもしれない、ということだ。

④ 防衛を強化する

銃後を守る

アメリカの情報機関と軍の指導者たちは、シャドウ・ウォーに勝つための戦略は、まず信頼できる防衛からだという点で意見が一致している。そして、二〇一六年の選挙へのロシアの介入によって露わになった脆弱性を、繰りかえし指摘している。ロシア、中国、そしてその他の海外敵対国は、何十年も前からアメリカの選挙に干渉しようとしてきた。だが、サイバー力が、それを首尾よく実行するための能力を大幅に増加させたのだ。ロシアが民主党や民主党全国大会(DNC)から電子メールを盗みだして公表したような情報活動と、より警戒が必要なアメリカの選挙システムそのものに対する攻撃も、そこに含まれている。二〇一八年七月、司法副長官のロッド・ローゼンスタインは、今後もロシアによる投票関連の不正が主要な懸案事項として残ることを明らかにした。ロシアは投票システムを破壊するような攻撃はいまだしていないが、当局者の多くは時間の問題に過ぎないと考えている。そのため、そうしたシステムを守ることが、差し迫った重要な課題となっている。

「どこから手をつければいいかというと、最初にすべきことは防衛力の強化だ」と、ジョン・スカーレットは言った。「そのいい例が、選挙プロセスの防衛だ。実行するには資源が必要だ。技能も必要だ。そしてなにより理解が必要だ」

選挙システムと選挙結果に対する有権者の信頼の維持に注力しなければならないと、スカーレットは言う。ひとたびその信頼を失ってしまうと――二〇一六年のロシアによる選挙への干渉が、すでに多くのアメリカ人の信頼を損ねている――修復するのは難しい。

「それが余計な手出しを封じる最善の策だ」と、スカーレットは言った。

アメリカの投票システムは多岐にわたっているが、情報や国家安全保障の当局者はどこを対象にすべきかわかっていて、その対象のサイバー保護を補強する手段をもっている。ひとつ障害となるのは、法律と伝統に従って自分たちで投票プロセスを管理している州だ。なかには、連邦の支援を求めたり受け入れたりするのをよしとしない州もある。それを干渉とみなしているのだ。

さらに広く目を向けると、ロシアと中国は、アメリカの重要インフラ——発電所から、送電網、水処理プラント、政府と民間部門の電子メール・システムとデータベースまで——をまんまと一通り標的にしてきたので、防衛はアメリカ全土を網羅しなくてはならない。そうした試みが一〇年以上もなされてきたが、攻撃者の方がたいてい一歩先を行っている。アメリカの国家安全保障関係者は、敵の優位性を排除するか少なくとも軽減するために、さらなる国家的努力を求めている。

いつまでたっても解消されない問題もある。それは、誰もが犯し得る「ユーザー・エラー」というリスクだ。ロシアは、スピアフィッシングのような武骨なサイバー・ツールを使って、アメリカの政治組織や個人をこぞって標的とした（クリントン陣営の選挙対策責任者のジョン・ポデスタもこれで狙われた）。そうした攻撃に対して、もしユーザーが餌に食いついてしまえば、世界のサイバー防衛力は大差ないものとなる。

「これは、我々の防衛力がほとんど役に立たないといういい例だ」と、クラッパーは力説した。「そのせいで、鉄壁の防衛を築くのが極めて困難になっている。ほとんど不可能だということだ」

その解決策は、サイバー専門家の言う「サイバー衛生」だ。サイバー攻撃者に利するような習慣を変えて個人が自分の身を守ることが、システム全体の防衛につながるのだ。エストニアは二〇〇七年にロシアのサイバー攻撃を受けたあと、国民にそれを徹底させるのに成功した。

現在は、「サイバー衛生」がエストニア国民の「信仰」となっている。だが、エストニアの一〇〇倍の人口をもつアメリカのような国でそうした変化をもたらすのは。とてつもなく困難だ。

内部分裂を煽らずに軽減する

シャドウ・ウォーから得られる一貫した教訓は、アメリカの受けた被害のいくつかは自ら招いたものだということだ。なかにはアメリカの開放的で民主的な社会の産物ともいえるものもあり、それがシャドウ・ウォーの戦術に対してアメリカが敵対国よりも脆弱であることを際立たせた。たとえば、民主主義は開放性が高いというだけで、情報活動に対してより脆弱だと言える。中国政府は独自の「万里のファイアウォール」をもっていて、インターネット上の批判的な意見を監視してそれに制限を加えている。ロシア政府は、実質的にロシアのニュース・メディアのすべてを国有化することに成功した。

だが、現在のアメリカにおける政治的分裂は、情報活動に対するアメリカの脆弱性を増幅させ、アメリカ一般市民への干渉を許すまでになっている。二〇一六年の選挙期間中、ロシアの流したフェイクニュースは、まず極右の片隅に格好の場所を見つけ、そこからより大きな保守政党基盤へと移動し、ときには大統領にまで到達した。

「そうしたフェイクニュースは、アメリカ人のつくったミーム（インターネットで拡散される画像）を捉えてソーシャルメディア攻撃に利用する。たいていはオルタナ右翼のものだが、ときには大統領のものを使うこともある」と、ヘイデンは指摘した。「ひそかな感化によってできるのは、せいぜいが、ひび割れを見つけてそれにつけ込むことくらいだ。だから、こうした感化から身を守りたければ、まず自分がしっかりするしかない」

ヘイデンは著書『The Assaults on Intelligence』のなかで、「国歌斉唱の際にひざまずく《テイク・ア・ニー》」で抗議したＮＦＬの選手に対する保守派の怒りが爆発的に高まった事態について、ある話を紹介している。ロシアのボットは、この論争が起こった早い段階で利用価値のある標的を見つけ#takeaknee #NFLというハッシュタグをつけて、何千ものメッセージを投稿しはじめた。面白いことに、こうしたメッセージの投稿元を突きとめる手掛かりとなったのが、文法的な間違いのある#takethekneeというハッシュタグだった」

「翻訳するのが一番難しいのは定冠詞だ」ヘイデンは、微笑みを浮かべてそう説明した。「テイク・ザ・ニー」はトレンドの三位となり、それをオルタナ右翼が偶然見つけ、やがてFOXニュースの『ハニティー』や『フォックス・アンド・フレンド』で取りあげられ、ついにはトランプ大統領がそれをリツイートした。

「それぞれが、自分の目的のために行動したまでだが、最終的には誰もが同じ場所に到達した」と、ヘイデンは言った。「我々は自らの最悪の敵とだと言えるだろう。敵に機会を与えているのだから」

アメリカは、こうした分裂をすぐに解消することはないだろう。だが、国家安全保障の専門家のなかには、こうした分裂につけ込まれないようにする方法を、戦争とは関係ない手段も含めて知っている人たちがいる。ヘイデンは、アメリカでも最も支配力をもつソーシャルメディア会社であるフェイスブックとそのアルゴリズムに目をつけた。アメリカ人のユーザーをネット内のそれぞれのコミュニティに深く入りこませるからだ。

「フェイスブックのビジネスモデルは、ユーザーがとどまることを求める。利益がクリック数に掛かっていて、対象に費やした時間をもとに計算されるのだ」と、ヘイデンは言った。「長くとどまればとどまるほど、フェイスブックのアルゴリズムは、ユーザーを同じ考えをもつ人たちのもとへ連れていく。なぜなら、アルゴリズムは科学的に、ユーザーが長くとどまるのは、感化を受けているためだと知っているからだ」

「フェイクニュースを掲載したとして、ザッカーバーグに文句を言うことはできる。政治広告と同じ規則に従うべきだと苦情を申し立てることも可能だ。だが、それだけでは済まない」と、ヘイデンは続けた。「隔離された空間の暗い片隅にアメリカ人を追いやっているのが、まさにそのビジネスモデルだからだ。実際は、国全体を動かすようにつくられている」

「フェイスブックのビジネスもアルゴリズムもうんざりだ」と言った。元CIA長官の口からこんな言葉を聞くとは驚きだった。

ヘイデンの解決案？　それは政府によるソーシャル・メディア・ネットワークの規制を認めるよう、フェイスブックに協力を要請することだ。それには、アルゴリズムとビジネスモデルの変更を命じることも含まれている。

アシュトン・カーターは、海外政府の情報活動に対するアメリカの脆弱性は主には国内の問題だという議論に、苛立ちを隠さない。

「我々が話しているのは、ロシアがアメリカを攻撃しているのかどうかだ。アメリカが直面している最大の問題かどうかではない」と、カーターは私に言った。「アメリカ国内の分裂がロシアのせいだなどとは誰も言っていない。そんなことは問題にしていない。問題なのは、外国政府がアメリカで事態を悪化させようとしていることだ。それも攻撃の一種だ」

ヘイデンは、ロシアがこれほど強引かつ臆面もなくアメリカを攻撃してくる、その厚かましさを非難している。だが、ますます広がる国内の分裂と、その分裂につけ込もうとする一部の政治家の動きが、実際にはロシアの行動を助長していると考えている。「現在、ある大きな動きが進行していて、大統領がそれを支持している。それは、アメリカを『血と土と歴史共有』の国として再定義する動きだ」と、ヘイデンは言う。「この種の自己の再定義は、他の動きよりもずっと厄介なものだと思う。移民政策にも、疎外感にも、国際関係を関係ではなく取引とみなすいまの考え方にも、それが見てとれる」

そうした分裂の拡大を目にして、ロシアはアメリカをさらに分裂させ弱体化させる方法を見いだしたのだ。

アメリカの分裂を修復するのは、大掛かりな時間のかかる政治的課題だ。だが、そうした分裂を増幅させる目的をもつフェイクニュースやその他のソーシャルメディアの攻撃から、アメリカ人を切り離すことは、短期間の対応で可能だ。アメリカは海外に手本を探すことができる。たとえばイタリアは、フェイクニュースを見分ける方法を学生に教育する国家プログラムを実施している。

シャドウ・ウォーに対する有意義な防衛に関しては、アメリカの国家安全保障当局者の多くが、こうした情報活動に関してアメリカ国民を教育することが、ハイテクなサイバー・ツールと同じくらい——あるいはそれ以上に——重要だと考えている。

レジリエンスを高める

サイバー領域と宇宙領域の両方において、アメリカの技術進歩が脆弱性を生みだしている。アメリカは宇宙とサイバー能力にあまりにも依存しているので、そうした能力に狙いを定めた攻撃に影響を受けやすい。その依存を減らすには、アメリカ国民が容認するとは思えない経済的および社会的費用がかかる。そのため、国家安全保障当局がいま繰りかえし訴えているのが「レジリエンス」だ。つまり、攻撃を受けても完全に停止することなく持ちこたえることができるようなシステムを構築することだ。

宇宙における「レジリエンス」は、配備する衛星の数を大幅に増やすことで、衛星がいくつか消失したり損傷を受けたりしても、ＧＰＳのような衛星依存型の技術が地上で機能し続けるようにすることを意味している。衛星は当然ながら、つくるにも打ちあげるにも莫大な費用がかかる。そのためアメリカ軍と民間部門は、より小型で、製造するにも宇宙に打ち上げるにも費用が安く済む新世代の衛星の設計に取り組んでいる。マイクロ衛星（第六章で取りあげた）の活用も、宇宙でレジリエンスを築くひとつの可能性だ。同じようにサイバー領域においても、サイバー攻撃を受けた場合に、たとえそのさなかにあっても活動を継続できるようなシステムを設計したり、企業や政府機関を組織したりすることを意味している。その目的は、完全に機能を停止することなくサイバー攻撃に耐えることで、理想的には、そのあいだも基幹業務をこなせるようになることだ。

二〇一八年の国家防衛戦略は、宇宙とサイバー空間での戦闘におけるレジリエンスを強調している。「国防総省は、レジリエンス、再構成、宇宙能力を確保するための作戦への投資を優先する。また、サイバー防衛、レジリエンス、サイバー能力の軍事作戦全般への継続的な統合にも投資していく[1]」

国防総省は、そうしたレジリエンスを、民間部門のパートナーや請負業者にもますます求めるようになっている。

⑤　攻撃

攻撃手段に関して言うと、アメリカの戦略家たちは、ロシアや中国との戦争に駆りたてるような観点では物を言っていない。実際彼らは、アメリカも中国もロシアも武力戦争は望んでいないという点を強調している。しかしその多くが、戦争となる一歩手前の敵対的行為を阻止するには、信頼できる攻撃能力が必要だと考えている。

「核の時代には、それは対兵器攻撃《カウンター・フォース》と対価値攻撃《カウンター・バリュー》と呼ばれていた。対兵器攻撃の目的は〝敵の武装を解除する〟ことだ。対価値攻撃の場合は〝敵の武装を解除することはできないが、武器の行使をすっかり断念させることはできる。なぜなら、敵が大切にしているものを危険にさらすことができるからだ〟」

それでは、アメリカはどうやってシャドウ・ウォーにおいて「対価値攻撃」のための手段を整えることができるのだろうか？　ひとつ根本的な疑問がある。ロシアと中国にとって大切なものは何だろうか？　よりあからさまに言うと、プーチンと習近平にとって大切なものとは？　そしてアメリカは、挑発を受けた場合に、どうやってそれを奪い取ることができるのだろうか？

情報活動

アメリカにとってのひとつの選択肢は、独自の情報活動をロシアと中国に対して行うことだ。

最も危険なのは、プーチンと習近平自身を標的とすることだ。二〇一六年の選挙にロシアが干渉している最中に、オバマ政権はプーチンの膨大な金融資産に関する情報をハッキングし、それを公表してプーチンが不正な手段で取得した金融資産を暴露することで、ロシア国内の彼の支持基盤を弱体化させることを考えた。二〇一八年のロシアの大統領選挙期間にそれをすれば、特に影響が大きかったに違いない。

「それは制裁を超えて、プーチンの合法性に疑問を投げかけることだった」と、カーターは言った。

アメリカは、ロシアがアメリカでやったのと同じように、ロシア国民に疑念と混乱の種を植えつけることもできる。アシュトン・カーターは、ロシア軍の海外での軍事行動の実態をロシア国民に暴露する例を挙げた。ロシア政府は、ウクライナとシリアで、どれだけのロシア兵士がどのように命を落としたかを秘密にしている。親族に嘘を伝え、金を渡し、ときには恫喝までして真実を隠蔽したのだ。アメリカにはその真実を証明する手段があり、そうした情報をロシア国内で広めることができる。

「我々は、ロシアがシリアで行った残虐行為や、シリアから戻ってきたロシア兵士の遺体袋について語ろうとしたことは一度もない」と、カーターは言った。「それは、アメリカがいままでしてこなかったことだ」

「何が本当で何が本当でないかという疑問をロシア国民に植えつけるのは、ロシアがネット上の煽り《トロール》でアメリカ国民にしたことだ」と、カーターは続けた。「それをやり返すことはできる。ただそれは、いままでのアメリカのやり方ではない。誰もがそれをすぐにうまくやれるとは言わないが、非常に得意としている人間はいる」

元MI6長官のジョン・スカーレットは、プーチンを含む海外の指導者を狙った情報活動は思わぬ反撃をくらうことがあると警告している。

「プーチンは即座に、そうした情報活動が自分に向けられたものだと考えるだろう」と、スカーレットは言った。「すぐに自分に結びつけて考える、かなり被害妄想の強いタイプだからな。西側は彼を陥れようとしている、西側はロシアを弱体化させようとしている——それがプーチンの考え方と公に話す内容の大きな特徴だ。そして、プーチン自身も彼の側近たちもそう考えているのだと思う」と、スカーレットは続けた。

危険なのは、プーチンの違法行為を明らかにするための情報活動が、逆にすべてはプーチンの失脚を狙った西側の策略だという彼の主張を正当なものにしてしまい、ロシアがさらなる攻撃に出る恐れがあることだと、スカーレットは警告している。

「現時点でプーチンを安心させるのは不可能に思える。もし我々が組織的にプーチンを狙っていたのだとしたら、彼を挑発し、その被害妄想が正しいと思わせるだけだ」

これまで、アメリカの政府当局は、アメリカは冷戦以降、ロシア政府に密かな手段で攻撃を加えようとしたことはないし、いまもしていない。

「我々は、ロシアの人権や民主主義について率直に語っている。プーチンはそれが気にいらないのだと思うが、我々は何も秘密にはしていない。ロシアに対して、サイバー領域でスパイ行為は行うが、サイバー攻撃を仕掛けることはない」と、カーターは言った。

もしアメリカが特にロシアと中国の指導者を狙った情報活動によって干渉を加速させようとし

ているとしたら、問題は彼らがどんな反応を示すかだ。

インフラへのサイバー攻撃

上限のレベルまで行くと、それはロシアや中国などの国の重要なインフラへサイバー攻撃を仕掛けるか、あるいはその意思を示すことになる。二〇一四年一一月、「平和の守護者《ガーディアンズ・オブ・ピース》」と名乗る集団が、ソニー・ピクチャーズのシステムに不正侵入して、経営幹部の電子メール、給料情報、未公開の映画の映像を盗みだして、インターネット上で公開した。アメリカは、この攻撃を北朝鮮によるものと判断した。ソニー・ピクチャーズが公開を予定していた映画『ザ・インタビュー』が、北朝鮮の専制君主の金正恩を、魅力のない滑稽な姿で描いていたのが理由だと考えたのだ。翌月の二〇一四年一二月、北朝鮮のインターネットが数時間にわたってつながらなくなった。アメリカ政府は一度も関与を主張したり公式に認めたりはしなかったが、その機能停止は、ソニーへのハッキングに対してアメリカが報復した結果だという噂が広くささやかれていた。そして二〇一五年三月、下院国土安全保障委員長のマイケル・マコール下院議員が、それが真実であることを仄《ほの》めかした。マコールは、戦略国際問題研究所（ＣＳＩＳ）での演説のなかで「北朝鮮に対してサイバー対応を実施した」と言ったのだ。[2]

「スタックネット」と呼ばれるアメリカとイスラエルが共同で開発したウイルスを使った、イランの核計画に対するはるかに大規模で重要なサイバー攻撃が、いまではサイバー戦争における画期的な出来事とみなされている。二〇一〇年に発見されたスタックネットを使った攻撃は、ロシアや中国などの国々に、自分の国の攻撃的なサイバー能力を拡大させたと考えられている。

アメリカの国家安全保障の専門家の多くは、そうした積極的なサイバー攻撃は、外国勢力のアメリカに対する深刻で致命的な攻撃といった、ある特殊な状況のもとでは正当化されると今も考えている。課題となるのは、そうした状況を定義することと、想定される結果を見極めることだ。多くの専門家が、インフラへのそうした攻撃は、すぐにもっと広範囲におよぶサイバー戦争か、最悪の場合には武力戦争へとエスカレートすることがあると、警告している。

「我々が積極的になれなかったのは、非常に正確で精密であろうと心がけ、馬鹿正直に法律を守ろうとしていたからだ」と、クラッパーは説明した。「敵も同じように、正確で精密であろうと心がけ馬鹿正直に法律を守ろうとするものだと期待してはいけない。積極的にサイバー攻撃による反撃をすることを目論んだ場合、常につきまとうのは、攻撃対象となる敵国が反撃に対する報復として何をするだろうかということだ」

アメリカはすでに、好きなときに海外の重要なインフラにサイバー攻撃を行う手段をもっている。この能力は秘密にされたままで、軍の指導者たちは、どんな状況になったらその使用を推奨するかを決めるための議論を続けている。

二〇一八年二月の国防総省《ペンタゴン》による「核体制見直し」の発表は、新たな警戒すべき可能性を提起した。アメリカは、非常に限られた状況において、破壊的なサイバー攻撃への対応として核兵器の使用を命じることができるというのだ。アメリカ軍の司令官たちは、限定的な核による応答を引きおこすような「非核戦略的攻撃」は、極度に限られていると警告を発した。彼らはさらに具体的に、サイバー攻撃は非常に大きな損害をもたらす可能性はあるが、核による応答を正当化するほど多く一般市民の死傷者を出すことはありそうもないと強調した。だがそうした可能性に関する公の議論によって前面にでてくる攻撃的なサイバー手段に関する論争を、敵国が見逃すはずがなかった。

抑止手段の配備

シャドウ・ウォーはハードパワーの使用を伴うため、アメリカの情報および軍の当局者たちは、西側はハードパワーを使う能力と意欲があることを示さなくてはならないという点で意見が一致している。中国の「ハイ・ロー」軍事戦略の要素を拝借するには、アメリカは「ローエンド」に関与しながら、「ハイエンド」に関与する準備をしなくてはならない。

アメリカをはじめとする西側諸国が、すでにロシアと中国に対して、ある程度この戦略を用いていることはほぼ間違いない。南シナ海における、アメリカ海軍のいわゆる「航行の自由」作戦は、アメリカがそれらの紛争水域とその領空を国際水域および国際空域とみなしているということだけでなく、中国が何を建造しようが何を法的に主張しようが関係なく、アメリカには軍事力を行使する能力があることを示すものだ。アメリカ海軍の軍艦が台湾海峡を通行するのは、台湾に関して同様のメッセージを発信する意図がある。

アメリカの軍司令官たちは、中国の人工島に関して、さらに明確なメッセージを発してきた。二〇一八年六月、ひとりのアメリカ軍将軍が、アメリカ軍は軍事衝突が起これば、これらの島々を一瞬にして破壊する力があることを明らかにしたのだ。

「アメリカ軍は、西太平洋で小さな島々を破壊した経験を豊富にもっている、とだけ言っておこう」統合参謀本部のディレクターである海軍大将のケネス・マッケンジー・ジュニアは、記者に向かってそう語った。彼の発言は、アメリカは中国の人工島を吹きとばす力をもっているのかという、ひとりの記者の質問に答えたものだった。

そして彼は、単に「歴史的事実」を述べているだけだと続けた。

「アメリカ軍は、第二次世界大戦中に小さな孤島を破壊した経験が豊富にある。アメリカ軍が以前に経験している中核となる能力《コア・コンピテンシー》だ。歴史的事実を表明したに過ぎない[3]」

中国が人工島の建設に取りかかったあと、アメリカの軍事当局者たちは非公式に同じことを私に語っていた。そして、アメリカが、そうした島々を全滅させることのできる強力なミサイルを保持しているのは本当だ。だが、マッケンジー・ジュニアの公的な警告は驚きだった。

翌日、中国が反撃にでて、中国の位の高い将軍が、アメリカ当局と軍事司令官による南シナ海に関する発言は「無責任」だと述べた。

「他国の無責任な発言は、まったく許容できない」何雷将軍は、シンガポールで開催された国際フォーラムでそう語った。「南シナ海の島における軍隊と武器の配備は、中国の主権の範囲内であり、国際法で認められているものだ[4]」

アメリカは、NATOの東部国境地域での脅迫的な行動に関してロシアに同様のメッセージを送るために、バルト諸国への戦闘機と海兵隊の派遣を含む、追加の軍隊を東ヨーロッパに配備した。NATOは、共同軍事演習を拡大した。そしてアメリカは、P－8対潜哨戒機をヨーロッパに配備して、当該地域でのアメリカの潜水艦の活動を活発にした。

「我々はみなソフト・ウォーに駆られている。そして、敵がハード・ウォーを戦うための能力を築くためにしていることに、まったく注意を払っていない」と、元国家情報長官のクラッパーは警告する。

「敵はその能力を使うだろうか？　そうは思わない。なぜなら、そうしたら何が起こるかわかっているからだ」と、クラッパーは続けた。「我々と同様に、それが自殺的行為だとわかっているのだ」

アメリカが海外での軍事配備と演習を拡大させると、ロシアと中国もそれに倣った。そのため、そうした配備と演習を脅威に見合うものにするというのが、現在の課題だ。その適切なバランスを見つけるのは、アメリカの軍事力の限界を常に試している敵対国との絶えない戦いとなる。「ソ連時代にそうだったように、彼らは、世界超大国の地位に対する自分たちの主張を正当化するものに、多額の投資をしている」と、クラッパーは言った。

宇宙での武器？

アメリカは地上での軍事配備を拡大してきたが、政策立案者たちは、宇宙における攻撃力の配備についてはいまだに決断を下していない。サイバー戦争と同じで、攻撃に攻撃で対抗することで、両者がすべてを失うところまで紛争をエスカレートさせてしまう危険を懸念しているのだ。宇宙の場合、限定的な紛争であっても、宇宙のかなりの部分を何十年も使えない状態にしてしまう可能性がある。いまのところアメリカは、アメリカの宇宙資産に対する攻撃の効力を少しでも軽減すべく、衛星の防衛力を強化してレジリエンスを高めることに力を入れている。だがやはりサイバー戦争と同じで、問題は、信頼できる報復手段なしに抑止が可能かどうかという点だ。いまのところ、この問題は解決されていない。

⑥ 結果を警告する

効果的な抑止の中核をなすのは、攻撃の結果をできるだけ明確に伝えることだ。これは、核戦争が中心的なリスクだった冷戦時代と同じく、シャドウ・ウォーにおいても言えることだ。だがここでも、特に政府の最高首脳部からの、明確で一貫性のあるメッセージが欠如している――アメリカの軍事計画立案者が、シャドウ・ウォーのために、ロシアや中国などの敵対国に最も過酷な結果をもたらすような計画を考案しているとしても。

「それが何を意味するか、あくまで機密でない範囲で言うと、我々がロシアの攻撃に対してもたらすことのできる結果のすべてを、より明らかに示すということだ」と、カーターは言った。「ロシアは、攻撃のすべてを防御しきれないほど広大な国だ。それが脆弱性の一環となっていて、我々は戦争になれば――断じてないだろうがその他の場合でも――そこにつけこんで、そうした攻撃が自分にも降りかかることを思い知らせてやるのだ」

「ロシアは制御できないほど膨大な国境があり、大きな脆弱性を抱えた社会だ」と、カーターは続けた。「バルト諸国のようなところで行動を起こせば、周囲三六〇度から圧力を感じることだろう」

アメリカの指導者たちは、ロシアと中国そしてその他の敵対国に対して、アメリカにシャドウ・ウォーを仕掛けた場合の結果が明白で破壊的なものであることを、明らかに示さなければならない。

⑦ サイバー領域と宇宙のための新たな条約

現在まで、ロシアと中国は、何の規則にも抵触せずに、アメリカに対して宣戦布告なしの戦争を仕掛けている。シャドウ・ウォーにはジュネーヴ条約に相当するものはなく、宇宙やサイバー空間には海洋法にあたるものがない。超大国間の核戦争が想定された冷戦の最中でさえ、アメリカとソ連と中国は、程度の問題はあるが、核兵器の使用を抑制する何らかの合意によって守られていた。小さな紛争が第三次世界大戦に発展する可能性を軽減しようという思いが共有されていたのだ。そうした条約や合意は、ある程度は効果があった。現在および過去の国家安全保障の当局者たちは、アメリカは、新たな戦場に適用される新たなルールを決めるために、同盟国や敵対国と交渉を始めなければならないという点で、意見が一致している。

「私にとって、いい譬えが海洋法だ」と、クラッパーは私に言った。「海洋法は、何百年もかけて徐々に形ができたもので、一般的に言うと、いまではほとんどの海洋国家が海洋法を理解し、それに従っている。それがないのだ。国際的に承認された規範ができるまでは、海洋法がそうであるように、開拓時代と言えるだろう」

⑧ 同盟を維持して強化する

国家安全保障に携わる共和党員と民主党員は、中国とロシアという二つの国家を前に、国際的な同盟を維持し強化する重要性を強調している。中国とロシアの戦略は、大部分がそうした同盟を実質的に分裂するところまで弱体化させ、西側諸国を打ち破るという考えに基づいている。アジアでは、アメリカと日本、韓国、フィリピンのあいだの軍事同盟や、ＡＳＥＡＮがその対象となる。ＡＳＥＡＮ加盟国は、台頭する中国への対抗勢力として、アメリカが一大地域勢力としての立場を維持していることで恩恵を受けている。

ヨーロッパでは、ソ連が崩壊した以降は、ＮＡＴＯはそれほどの関連性も必要性もなかった。ロシアの脅威を最も強く感じているヨーロッパの政府高官は、ＮＡＴＯの役割を特に焦点を絞ってながめている。

「我々が団結し、共通の価値観を育て、それを説明し、互いを安心させ、防衛を確実なものにする必要性を強調するには十分だ。それらはすべて、非常に強力な論拠となっている」と、スカーレットは言った。規則に基づく国際秩序の追求と保護は、両政党の政権を通して数十年にわたりアメリカの外交政策の焦点となっている。ＮＡＴＯや他の軍事同盟だけでなく、世界貿易機関、世界銀行、国際通貨基金、その他の国際機関や国際協定へのアメリカのコミットメントがそれを示している。共和党と民主党の両政権に仕えた多くの元国家安全保障分野の当局者たちは、アメリカがそうしたコミットメントを弱めることで、アメリカの安全保障を危険にさらしていると考えている。

「アメリカの大統領もそれを促している」と、クラッパーは言う。「ロシアと中国の描いた筋書きとハイブリッド戦争の原理にまんまと取りこまれて、やつらのしていることを助長しけしかけているのだ」

⑨ リーダーシップ

アメリカの情報および軍事部門のリーダーたちは、こうした解決法のすべてが、トップの明確なリーダーシップなしにはあり得ないと力説している。アメリカをはじめとする西側諸国は、指導者自身が敵国の性格に関して、あるいはシャドウ・ウォーが起こっていることにさえ同意していなければ、シャドウ・ウォーを戦い勝利することはできないと、彼らは言う。この一貫性の欠如は、やがて関係する国の国民に徐々に知れわたっていく。

「シャドウ・ウォーの脅威を、広く国民に説明して把握してもらうことが重要だ」と、スカーレットは言った。「そうすれば国民は、何が起きているかを理解するようになる。いまはまだ、よく理解していない状態だ」

「さらに警戒が必要なのは、アメリカのシステムが、一部の関係者の行動のせいで脆弱になっているということだ」と、スカーレットは言う。

トランプ大統領は、アメリカに対するロシアの悪意ある行動――なかでも二〇一六年の選挙への干渉――に関してアメリカが下した評価を何度も無視してきた。またときには、その他のロシアの攻撃的な行動に関するアメリカの政治的立場を否定した。たとえば、クリミアは合法的にロシアに属すると示唆したこともあった。二〇一八年に開かれたヘルシンキ・サミットで、プーチンの隣でトランプが見せたパフォーマンスは重要な分岐点となった。ロシアの攻撃全般に関するプーチンとの直接会談に失敗したとして、党を超えた激しい怒りを招いたのだ。

究極的には、シャドウ・ウォーの勝敗は、アメリカ国内と西側同盟国のあいだの共通の使命感に基づいて決まるのかもしれない。西側の分裂は、ロシアと中国にとっては好ましいものだ。実際、そうした分裂こそが、シャドウ・ウォーの成果であり目標なのだ。シャドウ・ウォーの戦術を打ち破るには、西側諸国が何のために戦っているのかについて、理解を統一する必要がある。

「シャドウ・ウォーから身を守る最善の方法は、我々が何を言おうとしているのか、自由民主主義とは実際に何を意味しているかについて、いまよりもはるかに明確な概念をもつことであるのは間違いない」と、ジョン・スカーレットは言った。「我々の指導者が、自由民主主義の価値をわかりやすい言葉で説明できることが理想だ」

「政治家がいるのはそのためだ。代弁者となり、明確に話し、説明し、伝えるのが政治家の役目であることは明らかだ」と、スカーレットはつけ加えた。

シャドウ・ウォーに勝つには、敵が見せるのと同じ程度のコミットメントと統一性をもって反撃しなければならない。そしてアメリカは、パール・ハーバーや9・11のような惨事がなくてもそうした対応をする必要がある。なぜなら、シャドウ・ウォーはまさにそうした出来事を避けるよう考案されたものだからだ。アメリカは実際に、シャドウ・ウォーの最も本質的な特徴を覆さなくてはならない。それがうまくできるかどうかが、今後のアメリカの安全保障の状態を決めるのだ。

エピローグ

海外特派員として二〇年も世界を取材していると、戦争、政権交代、テロ攻撃、その他目の前で展開する悲しい出来事のあいだにつながりがあるのに気づくようになる。同じニュースが繰りかえされているわけではない。それぞれの出来事や、そうした出来事を経験した人たちはそれぞれ違っていて注目されて然るべきだ。深く関わりあっているのは、そうした出来事の背後に潜む根本的な原因と当事者たちだ。

私は数年前に『警察国家のプレイブック（The Police State Playbook）』という記事を書いた。独裁国家で私がした一連の仕事を記者としてまとめたものだ。私は何年にもわたりロシアと中国で働いただけでなく、ミャンマー、ジンバブエ、エジプト、サウジアラビア、シリアでも取材を行った。それぞれの仕事が独特なものだった。それでも、文化、歴史、地理、宗教がまったく異なる国々が、絶対的な権力を国民に対して行使している様子は、おどろくほど似ていた。

彼らのプレイブックは、こんな感じだ。自国における問題は、すべて海外の敵国のせいにする。過去に受けた迫害を並べたてて、国民を現在の共通利益のもとに結集させる。反体制派や批判者を裏切り者として追放する。国民に偽の情報を流す。そして、それらをすべて使って、恐怖や憎悪による悪質な行動や非難に値する行動をすべて正当化している。

私はこのプレイブックが、大陸をまたいで使われていたところを直接目にした。ミャンマーでは、数千人の僧侶による大衆革命を軍事政権が鎮圧する場にいた。ジンバブエでは、ロバート・ムガベが、あからさまな不正投票と血も凍るような暴力——対立党首の妻の殺害容疑を含む——によって選挙を勝ち取るところを目にした。エジプトでは、カイロのタハリール広場に集まった民衆の抗議によって、ホスニー・ムバラクが退陣を迫られる場にいた。結局、別の軍人がすぐに取って代わっただけだったが。

だが、ロシアと中国は、真に驚異的な独裁政権で、数十年かけて完成されていた。私はロシアの大統領選挙を取材したが、まともな選挙がないのは明らかだった。対立候補やその支持者は、尾行され、嫌がらせを受け、投獄され、ときにはもっとひどい目に遭うこともあった。中国はもともと選挙など行っていないが、どんな小さな反抗の兆しも見つけだして抑えこみ、反対意見は表に出てくるまえにもみ消していた。

早い時期から、私は個人的に「警察国家ハンドブック」のやり方に遭遇することが多かった。一九九四年の香港で、中国政府はテレビ局に対して、私が初めて記者としてまとめた記事を没にするよう命じた。それは私が、中国本土での海外ビジネスマンの虐待に関して取材した記事だった。それは新米記者が小さなテレビ局のためにまとめた小さな記事だったが、私はさっそく、中国政府の権力がどこまで及ぶかを思い知らされたのだ。私はそこを退職して、新しい仕事を見つけた。

二〇〇七年のロンドンで、私はロシア反体制派のアレクサンドル・リトビネンコの毒殺を取材したあとで、放射線被曝の検査を受けた。リトビネンコがロシア人の暗殺者たちと行った場所をいくつも訪れていた私は、他の多数のロンドン市民と同じように、イギリス政府のいうロシアが海外で行った最初の放射能テロ攻撃の犠牲者になっていたかもしれなかった。

これらの警察国家はすべて、共通点をほとんどもっていないが、同じ残虐なプレイブックに倣って、ほぼ同じように権力を行使していた。

数年後、私はアメリカに戻って、CNNで国家安全保障を担当する主任記者の仕事についた。そして、これらの警察国家が海外の敵国、特にアメリカに対して権力を行使する、似たようなパターンを目にしたのだった。ロシアのウクライナへの密やかな侵攻や二〇一六年のアメリカ選挙への干渉から、中国の南シナ海での人工島の建設やアメリカの知的財産の強引な窃盗まで、その攻撃はさまざまだった。過去数年にわたって、彼らのやり口はさらに拡大して攻撃性を増し、この宣戦布告なき戦争を海中からはるか宇宙にまで広げている。

だがこうした出来事の報道やワシントンでの公の議論では、ほとんどがつながりのないものとして扱われていた。私はそうは思わなかった。時とともに、それぞれの攻撃的な行動が、ひとつの、より大がかりな戦略にしっくりと当てはまってくるのだった。その戦略とは、いたるところでアメリカを攻撃し、戦争になった場合には、世界最強の軍事国家であるアメリカと対等に戦えるようになるというものだ。中国とロシアは、地理も歴史も文化も異にしながら、アメリカを弱体化させ追い越すというほぼ同じ戦略に従っていた。それは私たちの目の前で起こっていたが、アメリカはそれに対抗する包括的な戦略をもっていなかった。多くの分野におけるアメリカ当局者や議員は、対応すべき脅威が存在することにすら気がついていなかったのだ。

私は数年前から、一見したところまったく異なるこれらの出来事を記録していて、必要ならば陸でも海でも出かけていって、直接自分の目で見て調べるようにした。

二〇一二年から二〇一三年にかけて、在中国アメリカ大使の首席補佐官として働いていたとき、アメリカ企業が、中国政府と中国国営企業によって機密や知的財産を組織的に盗まれるのを目にしていた。その窃盗は個人ではなく、アメリカを弱体化させて中国に利益をもたらすことを狙った政策によるものだった。私は他にも中国の悪意ある行動を目にした。中国国内や世界中にいる体制批判家の口も封じていた――安全な場所だと思ったアメリカに逃れた人たちも例外ではなかった。中国は力を得たように感じていて、国際法や国際機関あるいはそうした法律や機関に対するアメリカの防衛をものともせず、自国の利益を追求したのだった。

私がジャーナリストとしての仕事に戻ったとき、こうした対立を目にする機会が増えていた。二〇一四年にロシアが密かにウクライナ東部への侵攻をはじめたとき、私は現地に行ってヨーロッパの主権国家を混乱させようというロシアの作戦をこの目で見た。当時ウクライナは、選挙を実施しようとしていた。ロシアはウクライナ東部の投票所を焼き払って、選挙結果を無効にしようと試みた。

二〇一五年、私は国防総省から許可を得て、南シナ海上空で任務につく偵察機に同乗した。ジャーナリストに搭乗が許されたのは、これが初めてだった。私は、水面からわずかに先端をのぞかせていただけのいくつかの岩礁を、中国がわずか数か月で巨大な軍事施設に変えてしまったのをこの目で目撃した。

その後私は、国防情報局のあるチームを訪問した。このチームは、MH17便がウクライナ上空で姿を消してから数時間以内に、ロシアが支配する地域から発射されたミサイルが、二九八名の乗員乗客を乗せたこの旅客機を撃墜したことを突きとめていた。明らかだったのは、アメリカがその日のうちに、ロシアが犯人であることを知っていたということだ。明らかでなかったのは、アメリカがいかにして次の暴力的行為を防ぐかということだった。

それぞれの攻撃は、ロシア政府と中国政府の計り知れない大胆さと、アメリカの対応の遅さと不明確さを浮き彫りにした。そしてアメリカのこの不確実な対応は、次の挑発行為と権力の掌握を煽るものに思えた。ロシアと中国は、明らかに戦略をもっていた。アメリカをはじめとする西側諸国はもっていなかったのだ。

二〇一六年の選挙へのロシアの干渉は、その攻撃を新たな警戒すべきレベルに引きあげた。私はCNNの国家安全保障担当の主任記者として、ロシアによる干渉がだんだんと明らかになり、アメリカの情報当局の最上層部さえもが驚いている様子を目にしてそれを報道した。オバマ政権は、ロシアにこれ以上の干渉をやめるよう警告するのと、選挙と当選が期待されるヒラリー・クリントンへの信頼が損なわれるのを避けるので忙しく、動きがとれなくなっていた。

ロシアの干渉は、アメリカ自身が抱える脆弱性も露呈させた。ロシアの煽り《トロール》は、政治プロセスにフェイクニュースを投入することもあれば、単にすでに存在している分裂――黒人人権運動から銃による暴力や気候変動まで――を増幅させることもあった。フェイスブックといった、アメリカで最も高い評価を受けている企業のいくつかは、後になって、対応が遅く、本当はロシアの干渉がどの程度であったかを必死に隠そうとしていることがわかった。二〇一六年は、アメリカにとって恐ろしい見通しを提示した。今後の選挙は、本当に自由で公正で誠実なものになるのだろうか？

次の政権まであと二年となったいま、私は同じ過ちがいくつも繰りかえされるのを目にしている。トランプ大統領は、公のコメントのなかで、ロシアを非難することを拒み、その攻撃に関するアメリカ情報機関の評価まで台無しにしている。そしてオバマ政権がとらなかった措置を講じ、サイバー攻撃を許可して宇宙資産への脅威に対抗する必要性を強調している。また、アメリカの機密を盗んだとして、中国をけんか腰に非難した。だが、さらに広く見てみると、政権内部、議会、防衛および情報コミュニティ、民間部門は、アメリカを弱体化させようとするロシアと中国の試みに対応するための戦略を明確にする必要がある。アメリカはシャドウ・ウォーに勝つ計画をもっているのだろうか？　そもそもシャドウ・ウォーが進行していることに気がついているのだろうか？

この本を書こうと思った私の個人的な動機は、政治とはかけ離れたものだ。私は、単に懸念を抱いているアメリカ人として、この本を書いているのだ。海外で暮らしていると、愛国心が弱まるどころかむしろ強くなると、私は常に思ってきた。海外から見た方が、祖国の弱さがよくわかることが多い。だが、その強さもまた、よく認識できるようになる。構想においては、アメリカが中国やロシアよりも、はるかに多くのものを世界に提供することができるのは間違いない。私は本書が、シャドウ・ウォーとそれがもたらす脅威にアメリカ人が目を向けるきっかけになると考えている。偉大なエリック・セヴァライドが、ジャーナリストについてこう言っている。「我々がしようとしていることはすべて、社会の成長を実感し、歴史の最先端を見抜くことだ」

シャドウ・ウォーはひとつの、そしておそらく決定的な、アメリカの歴史の最先端なのだ。

謝辞

本書は、何人かのアメリカとヨーロッパの情報、軍、政治分野のトップクラスの指導者たちの洞察力のある誠実でときに自己批判的な証言に基づいている。以下の方々に感謝を捧げたい。元DNIのジェームズ・クラッパー、元NSAおよびCIA長官のマイケル・ヘイデン、元国防長官のアシュトン・カーター、元国防副長官のロバート・ワーク、元MI6長官のジョン・スカーレット、元NSA副長官のリチャード・レジット、元FBI対諜報部門責任者のボブ・アンダーソン、戦略軍司令官ジョン・ハイテン将軍、元空軍宇宙軍司令官のウィリアム・シェルトン、元国家安全保障顧問トム・ドニロン、元在ウクライナ・アメリカ大使（現ギリシャ大使）のジェフリー・パイアット。エストニアでは、大統領のケルスティ・カリユライドと外務大臣スヴェン・ミクサー、そして親切にも国内を案内してくれて、ときに東の大国との恐ろしい体験を語ってくれた、元国防大臣のヤーク・アービックソー。最近までOSCEにいたアレクサンダー・ハグは、ウクライナ上空でのMH17便撃墜について比類ない説明をしてくれた。それはいまでも、シャドウ・ウォーの最も衝撃的な出来事のひとつとなっている。ジョイント・スタッフで元第12潜水艦隊司令官のオリー・ルイスは、海中での新たな「グレート・ゲーム」における潜水艦の中核的役割に関する貴重な洞察を与えてくれた。

私をさまざまな任務で世界中に派遣してくれたCNNに感謝する。ウクライナから南シナ海および北極、そしてアメリカ国防および情報コミュニティを訪問したことが、シャドウ・ウォーに対して目を開かせてくれた。ジェフ・ザッカー、リック・デイビス、アリソン・ゴラストは、最初から支援の手を差しのべてくれた――延々と続く全国ニュース放送のあいまにも。長いあいだ私のプロデューサーを務めてくれたジェニファー・リッツォには特に感謝している。この紛争の前線にまで同行してくれた――なかには歓迎されなかったところもあったが。

ロス・ユーン・エージェンシーのゲイル・ロスは、複雑な問題を語る価値のある話にするのを手伝ってくれた。ハーパーコリンズのエリック・ネルソンは本書を読んでくれて心から応援してくれた。ふたりともありがとう。

シャドウ・ウォーをめぐる世界ツアーの行く先々で出会ったアメリカ軍兵士や公務員の人たち。彼らはアメリカの利益増大と、現代の脅威からの国の防衛に命を捧げている。シャドウ・ウォーでは、こうしたアメリカ人が、民間人であろうが軍人であろうが関係なく、アメリカの安全を守るために多くは人目につかない重要な役割を担っている。

寛容さと誠実さをもって私を受けいれてくれたいくつかのチームに特に感謝している。アメリカ海軍潜水艦〈ハートフォード〉と戦艦〈ミズーリ〉の司令官と乗組員のみなさん、私を乗船させてくれてありがとう。そして潜水艦の乗組員のみなさん、あれほど時間を割いてくれて本当にありがとう。彼らが「サイレント・サービス」と呼ばれているのは、海中で敵から隠れるからだけでなく、ほとんどのアメリカ人が知らないところで犠牲を払っているからだ。父が海軍にいたので、「オーダー・オブ・ブルー・ノーズ」の会員となれたのは実に誇らしく思っている。

アメリカ海軍とVP－45哨戒飛行隊〈ペリカン〉は、私とCNNの同僚を、南シナ海上空を飛ぶP－8ポセイドン偵察機に同乗させてくれた。任務についているP－8に、ジャーナリストが搭乗を許されたのは、これが初めてだった。P－8のパイロットやフライトクルーは、ますます緊張が高まる環境においても、物静かで、冷静で、落ち着いていた。

アメリカ空軍宇宙軍は、全国のいくつかの基地に、私とCNNの同僚を受け入れてくれた。そして宇宙における迫りくる衝突とそれに備える「宇宙戦士」を紹介してくれた。彼らは「宇宙の守護者」というモットーに従っている。コロラド州コロラドスプリングスにあるシュリーヴァー空軍基地とピーターソン空軍基地、コロラド州オーロラにあるバックリー空軍基地、カリフォルニア州のヴァンデンバーグ空軍基地、そしてアメリカ戦略軍の本拠であるネブラスカ州のオファット空軍基地――これらの基地で働く人々には、特に感謝を捧げたい。「マスター・オブ・スペース」として知られるシュリーヴァー空軍基地の第50宇宙航空団、バックリー空軍基地の第460宇宙航空団をはじめとする、シャドウ・ウォーの前線にいる非常に有能な部隊にも感謝したい。

アナリティカル・グラフィックス社（AGI）は、フィラデルフィア郊外にある壮大なオペレーション・センターへ私たちを受け入れてくれて、本プロジェクトを通して分析と洞察を提供してくれた。おかげで宇宙におけるロシアと中国の最新の活動を知ることができた。AGIのCEOであるポール・グラジアーニと、ボブ・ホールには特に感謝している。

NSAは、私とチームを、サイバーセキュリティ・スレット・オペレーション・センター（NCTOC）へ迎え入れてくれた。ここは一日二四時間年中無休でサイバー・セキュリティに関するミッションに取りくんでいる中心的存在だ。NCTOC内は、毎日何十万もの攻撃が入ってくる戦場だ。

国防情報局は、CNNの同僚と私を、アラバマ州ハンツヴィルにあるミサイル宇宙情報センター（MSIC）へ受け入れてくれた。ハンツヴィル一帯は、アメリカ宇宙計画の歴史が染み込んでいて、伝説的なロケットのいくつかが、素晴らしく美しい輪郭を見せている。MSICで働く人々は非常に優秀な専門家で、ウクライナ上空でMH17便を撃墜したのが、ロシアが支配する地域から発射されたロシア製のロケットだということを、わずか数時間で突きとめたのだった。

元FBI刑事でサイバー対策部の次官補だったボブ・アンダーソンは、中国によるアメリカの国家安全保障機密の継続的な窃盗と、アメリカを弱体化させるための試みの攻撃性の度合いについて、率直な考えを聞かせてくれた。

海軍戦争大学で戦略学教授を務めるアンドリュー・エリクソンは、南シナ海等におけるシャドウ・ウォーのための中国の戦略に関する、鋭く洞察力のある分析を提供してくれた。

エリクソンは、中国の目標の歴史的基盤を、共産党中国の誕生までさかのぼって明らかにしている。

中国の分析者で語学の達人のオースティン・ロウは、ジョージタウン大学ウォルシュ外交大学院でアジア研究の修士号を取得し、コロンビア大学で「東アジアの言語と文化」で学士号を取得している（そして、たまたま私の甥だった）。ロウは、中国に関する重要な分析と研究結果を提供してくれた。彼が中国本土で生活や勉強に費やした時間は、計り知れないほど貴重なものだ。

クラウド・ストライクとファイア・アイは深い洞察と直接的な体験を提供してくれて、

二〇一六年の選挙へのロシアの干渉を調べて説明するうえでそれが役に立った。ファクト・チェックを手伝ってくれたジュリー・テイトには心から感謝している。

最後に、そして最も大切な家族に感謝したい。家族の支援がなかったら、本書は生まれていなかっただろう。妻のグロリア・リヴィエラは、本書の企画段階から完成まで支えてくれた。そして、最初の粗削りの原稿を、読みやすい話にまとめてくれた。子どもたちにも、感謝させて欲しい。トリスタン、ケイデン、そしてシンクレア——ありがとう。おかげで現代の戦争の複雑さについて八万ワードを書くことに専念できた。

二〇一九年二月

ジム・スキアット

ワシントンDC

Undersea Cables. It's Making NATO Nervous," *Washington Post*, December 22, 2017.
9. "From This Secret Base, Russian Spy Ships Increase Activity Around Global Data Cables," *Barents Observer*, January 12, 2018.
10. 同上。
11. 同上。
12. 同上。

第9章

1. "2018 National Defense Strategy of the United States of America: Sharpening the American Military's Competitive Edge," Department of Defense, January 2018.
2. "North Korea Web Outage Response to Sony Hack, Lawmaker Says," Bloomberg News, March 17, 2015.
3. "US Warns of Ability to Take Down Chinese Artificial Islands," CNN, May 31, 2018.
4. "China General He Lei Slams 'Irresponsible Comments' on South China Sea," *The Straits Times*, June 2, 2018.

エピローグ

1. Eric Sevareid, *Address at Stanford University's 80th Commencement*, June 13, 1971.

Ship", CNN, March 9, 2009.
13."Countering Coercion in Maritime Asia: The Theory and Practice of Gray Zone Deterrence," Center for Strategic and International Studies (CSIS), May 9, 2017.
14.Advance Policy Questions for Admiral Philip Davidson, USN Expected Nominee for Commander, U.S. Pacific Command", Senate Armed Services Committee, April 17, 2018.
15.Bethlehem Feleke, "China Tests Bombers on South China Sea Island", CNN, May 21, 2018.

第 6 章

1. 統合宇宙運用センターは、その後連合宇宙作戦センター（CSpOC）となり、いまでは「ファイブ・アイ」機密情報共有同盟の国際的パートナーが参加している。
2. 空軍宇宙軍団。
3.P. W. シンガー、オーガスト・コール『中国軍を駆逐せよ！　ゴースト・フリート出撃す』(伏見威蕃訳、二見書房、2016 年)。
4.DepSecDef Work Invokes 'Space Control'; Analysts Fear Space War Escalation," *Breaking Defense*, April 15, 2015.
5.History, 50th Space Wing, Schiever Air Force Base, May 2, 2018.
6.Brig. Gen. David N. Miller Jr. is the Director of Plans, Programs and Financial Management, Headquarters Air Force Space Command, Peterson Air Force Base, Colorado.
7.History of Offutt Air Force Base, United States Air Force, August 2005.
8."The 50th Anniversary of Starfish Prime: The Nuke That Shook the World," *Discover*, July 9, 2012.
9."Going Nuclear Over the Pacific," Smithsonian, August 15, 2012.
10.NASASpaceflight.com.
11. 同上。

第 7 章

1.Barbara Starr, "U.S. Official: Spy Plane Flees Russian Jet, Radar; Ends Up over Sweden," CNN, August 4, 2014.
2."Freed and Defiant, Assange Says Sex Charges 'Tabloid Crap'" ABC News, December 10, 2010.
3."A Timeline of the Roger Stone-WikiLeaks Question," *Washington Post*, October 30, 2018.
4."Putin Says DNC Hack Was a Public Service, Russia Didn't Do It," Bloomberg News, September 2, 2016.
5."Joint Statement from the Department Of Homeland Security and Office of the Director of National Intelligence on Election Security," ODNI, October 7, 2016.
6."Transcript: Obama's End-of-Year News Conference on Syria, Russian Hacking and More," *Washington Post*, December 16, 2016.
7.Statement, Office of Senator Jeanne Shaheen, December 12, 2017.

第 8 章

1."Sea Ice Tracking Low in Both Hemispheres," National Snow and Ice Data Center, February 6, 2018.
2."Russian Mini-Subs Plant Flag at North Pole Sea Bed," *Globe and Mail*, August 2, 2007.
3."Is Alaska Next on Russia's List?," Moscow Times, October 14, 2014.
4."Top Navy Official: Russian Sub Activity Expands to Cold War Level," CNN, April 19, 2016.
5."Up to 11 Russian Warships Allowed Simultaneously in Port of Tartus, Syria-New Agreement," RT, January 20, 2017.
6.NATO 連合海上司令部。
7."Presidential Address to the Federal Assembly," Presidential Executive Office, March 1, 2018.
8."Russian Submarines Are Prowling Around Vital

5. 同上。
6. 同上。
7.Transcript, *Fox News Sunday*, John Kerry interview with Chris Wallace, July 20, 2014.
8."Kerry: Ukranian Separatist 'Bragged' on Social Media about Shooting Down Malaysia Flight 17," PolitiFact, July 20, 2014.
9. "A Global Elite Gathering in the Crimea," *Economist*, September 24, 2013.
10. ヤルタ欧州戦略会議 (YES), Yalta, Crimea, September 2013.
11."Ukraine's EU Trade Deal Will Be Catastrophic, Says Russia," *Guardian*, September 22, 2013.
12.Putin's Prepared Remarks at 43rd Munich Conference on Security Policy, February 12, 2007.
13."Putin Hits at US for Triggering Arms Race," *Guardian*, February 10, 2007.
14.Report of the International Advisory Panel (IAP) on its review of the Maidan Investigations, March 31, 2015.
15.Report, Ukraine's Prosecutor General's Office as referenced by IAP investigation.
16."Ukraine: Excessive Force against Protesters," Human Rights Watch, December 3, 2013. 17. IAP Report, March 31, 2015.
18. 同上。
19."Ukraine Crisis: Transcript of Leaked Nuland-Pyatt Call," BBC News, February 7, 2014.
20.Transcript, "The Putin Files," *Frontline*, PBS, June 14, 2017.
21.IAP Report, March 31, 2015.
22.Reuters, March 5, 2014.
23.Transcript, "Address by the President of the Russian Federation," Presidential Executive Office, March 18, 2014.
24.Report: "Flight MH17 Was Shot Down by a BUK Missile from a Farmland Near Pervomaiskyi," Joint Investigation Team (JIT), September 28, 2016.
25. 同上。

第 5 章

1."Air Force History: The Evacuation of Clark Air Force Base," US Air Force, June 12, 2017.
2. ビル・ヘイトン『南シナ海――アジアの覇権をめぐる闘争史』(安原和見訳、河出書房新社、2015 年)
3. 同上。
4.Stephen Jiang, "Chinese official: US has ulterior motives over South China Sea," CNN, May 27, 2015.
5.White House transcript, Remarks by President Obama and President Xi of the People's Republic of China in Joint Press Conference, September 25, 2015.
6."Advance Policy Questions for Admiral Philip Davidson, USN Expected Nominee for Commander, U.S. Pacific Command", Senate Armed Services Committee, April 17, 2018.
7. 注目すべき例外は、1988 年のスプラトリー諸島海戦。中国とヴェトナムの海軍がスプラトリー諸島のジョンソン南礁をめぐって衝突した。この海戦で 64 人のヴェトナム兵士が命を落とした。
8.François-Xavier Bonnet, "Geopolitics of Scarborough Shoal", Research Institute on Contemporary Southeast Asia (IRASEC),November 2012.
9.*The South China Sea Arbitration Award of 12 July 2016*, Permanent Court of Arbitration (PCA Case No 2013-19).
10.State Department Transcript, Daily Press Briefing, Washington, DC, July 12, 2016.
11.Ian James Storey, "Creeping Assertiveness: China, the Philippines and the South China Sea Dispute," *Contemporary Southeast Asia* 21, no. 1 (April 1999): 96, 99.
12."Pentagon says Chinese Vessels Harassed U.S.

原注

第 1 章

1.“The Litvinenko Inquiry: Report into the Death of Alexander Litvinenko,” Chmn, Sir Robert Owen, January 2016, 192.
2. 同上。
3.“Valery Gerashimov, the General with a Doctrine for Russia,” *Financial Times*, September 15, 2017.
4.“The Gerashimov Doctrine: It's Russia's New Chaos Theory of Political Warfare. And It's Probably Being Used on You,” Molly McKew, *Politico Magazine*, September/October 2017.

第 2 章

1. エストニア公共放送 (“ERR”), April 25, 2017.
2. 北大西洋条約機構公式文書、北大西洋条約、April 4, 1949.
3.Statement by the foreign Minister Urmas Paet, *Eesti Paevaleht* (newspaper), May 1, 2007.
4.e-Estonia, Government of Estonia, June 2017
5. エストニア防衛協会 (“Kaitseliit”).
6. 同上。

第 3 章

1.Criminal complaint, *USA v. Su Bin,* 3, filed in US District Court, Central District of California, June 27, 2014.
2. 同 19 ページ。
3. 同 20 ページ。
4. 同 11 ページ。
5. 同 16 ページ。
6. 同 17 ページ。
7. 同 5 ページ。
8. 同 45 ページ。
9. 同 15 ページ。
10. 同 17 ページ。
11. 同 18 ページ。
12. 同 17 ページ。
13. 同 22 ページ。
14. 同 24 ページ。
15. 同 35 ページ。
16.Statement, U.S. Attorney's Office, Central District of California, August 15, 2014.
17.Statement, US Department of Justice, March 23, 2016.
18. 同上。

第 4 章

1.“Ukraine Military Plane Shot Down as Fighting Rages,” BBC News, July 14, 2014; Aviation Safety Network.
2. 翌日の記者会見でウクライナ当局は、Su-25 戦闘機を撃墜したのはロシアの軍用機である可能性が高いとして、ロシアを非難した。親ロシア派反対勢力は、当時 2 機のスホイ戦闘機を撃墜したと主張していた。
3.“Helsinki Final Act: 1975-2015,” OSCE, 2015.
4.Reports: “Crash of Malysian Airlines Flight MH17,” Dutch Safety Board, September 2014 and October 2015.

カバー写真
Timofeev Vladimir/Shutterstock.com
Photo Veterok/Shutterstock.com

ジム・スキアット（Jim Sciutto）
イェール大学卒、フルブライト・フェロー。CNNの国家安全保障担当主任記者、「CNNニュースルーム」アンカー。アジア、ヨーロッパ、中東で20年以上にわたり海外特派員として活躍後、ワシントンD.C.に戻り、国防省、国務省、情報機関を担当した。エミー賞、ジョージ・ポルク賞、エドワード・R・マロー賞、さらにはすぐれた大統領関連報道でメリマン・スミス賞を受賞。「ABCニュース」のジャーナリストである妻のグロリア・リヴィエラと3人の子どもたちとともにワシントンD.C.在住。

小金輝彦（こがね・てるひこ）
早稲田大学政治経済学部卒。ラトガース・ニュージャージー州立大学MBA。訳書にブリタニー カイザー『告発　フェイスブックを揺るがした巨大スキャンダル』（共訳）、フレデリック・ピエルッチ他『The American Trap アメリカン・トラップ　アメリカが仕掛ける巧妙な経済戦争を暴く』（共訳）がある。

THE SHADOW WAR
by Jim Sciutto

Published by arrangement with Harper,
an imprint of HarperCollins Publishers
through Japan UNI Agency, Inc., Tokyo

シャドウ・ウォー
中国《ちゅうごく》・ロシアのハイブリッド戦争最前線《せんそうさいぜんせん》

●

2020年3月30日　第1刷

著者…………ジム・スキアット

訳者…………小金輝彦《こがねてるひこ》

装幀…………岡孝治

発行者…………成瀬雅人
発行所…………株式会社原書房

〒160-0022 東京都新宿区新宿 1-25-13
電話・代表 03（3354）0685
http://www.harashobo.co.jp
振替・00150-6-151594

印刷…………新灯印刷株式会社
製本…………東京美術紙工協業組合

ISBN978-4-562-05748-1, Printed in Japan